LO QUE LA CIENCIA SEGURAMENTE ES
(Y LO QUE NO ES, CASI SEGURO)

LO QUE LA CIENCIA SEGURAMENTE ES
(Y LO QUE NO ES, CASI SEGURO)

Jesús Ignacio Martínez Martínez

PRENSAS DE LA UNIVERSIDAD DE ZARAGOZA

© Jesús Ignacio Martínez Martínez
© De la presente edición, Prensas de la Universidad de Zaragoza
 (Vicerrectorado de Cultura y Proyección Social)
 1.ª edición, 2024

Colección Ciencias, n.º 11

Prensas de la Universidad de Zaragoza. Edificio de Ciencias Geológicas, c/ Pedro Cerbuna, 12
50009 Zaragoza, España. Tel.: 976 761 330
puz@unizar.es   http://puz.unizar.es

une Esta editorial es miembro de la UNE, lo que garantiza la difusión y comercialización
     de sus publicaciones a nivel nacional e internacional.

ISBN 978-84-1340-900-9
Impreso en España
Imprime: Servicio de Publicaciones. Universidad de Zaragoza
D.L.: Z 2136-2024

Para Laura, Mateo y Héctor

PRÓLOGO

Hace unas décadas, en el llamado *Bachillerato Superior* había solamente dos opciones: Ciencias y Letras. Ambas vías tenían una serie de asignaturas en común, pero en la de Ciencias, de modo obligatorio se cursaban Matemáticas, Física y Química, mientras que en la de Letras, las obligatorias eran Latín y Griego. Por otra parte, los catedráticos de Enseñanza Media tenían que ser licenciados en facultad universitaria de Filosofía y Letras y de Ciencias. Una situación bastante simple si lo comparamos con el espectro educativo de hoy en día, donde el número de opciones de bachillerato ha aumentado, y si miramos en el directorio de cualquier universidad española, es posible que no encontremos una «Facultad de Ciencias», sino que se les ha añadido algún apellido, tal como Biológicas, Físicas, Geológicas, Matemáticas o Químicas, debido al aumento de especialización de los estudios, pero resulta más sorprendente encontrase con facultades de Ciencias de la Salud, de la Comunicación, Humanas o de la Actividad Física y del Deporte. También es frecuente toparse con nombres como ciencias jurídicas, ciencias médicas, ciencias de la antigüedad, como si el Derecho, la Medicina o la Historia se hubieran acomplejado y necesitaran estar ligadas a la Ciencia, al menos nominalmente, para alcanzar el «prestigio» que se supone que las Ciencias tienen en el mundo actual.

Ante esta proliferación de materias científicas surge la pregunta de si realmente todas ellas pueden encuadrarse como ciencias, máxime cuando hasta hace no mucho esas materias brillaban con luz propia y no tenían necesidad de camuflarse con otro nombre. Y esta pregunta nos lleva a otra más profunda, ¿qué es la ciencia? Pregunta muy difícil de responder y que el profesor Jesús Martínez ha tenido el atrevimiento de abordar en esta obra.

El título de este libro ya es un indicador de la complejidad de la respuesta ante una pregunta en apariencia fácil de responder. Y, en efecto, el autor hace una búsqueda de posibles definiciones, ninguna satisfactoria en su totalidad, y, además, como profesor universitario que es, cuando parece que se ha encontrado una buena definición o un excelente ejemplo de lo que es ciencia, enseguida plantea nuevas preguntas al lector que hace que prendan nuevas dudas sobre lo que en los párrafos precedentes nos parecía que había quedado meridianamente claro. Para el autor, la ciencia es una herramienta intelectual artificial para ser utilizada en momentos y con objetivos concretos, de modo que a partir de la observación o la experimentación se extraen leyes generales, que pueden validarse (o no) por nuevas observaciones o experimentos. Con ello, tiene ya instrumentos para detectar si una rama de conocimiento es ciencia, o mejor dicho, qué no es ciencia. Presenta varios ejemplos de «no ciencias», que con seguridad no serán del agrado de aquellos que hablan de «Ciencias de…».

El autor es un reputado científico. Catedrático de Física de la Materia Condensada; emprendedor y divulgador, es promotor de una empresa de divulgación científica formada con antiguos alumnos; y ha colaborado con quien suscribe durante bastantes años en tareas de gestión universitaria. Para quienes lo conocemos, no nos sorprenden ciertos capítulos como «La verdad científica», «Ciencia y filosofía» o «Ciencia y creencia», pues somos también sabedores del conocimiento enciclopédico y de lo mucho que ha reflexionado sobre estos (y muchos otros) temas. De este modo, nos va conduciendo a las causas por las que, aparentemente, la ciencia tiene un papel predominante en nuestra sociedad, de modo que en muchos casos ha venido a reemplazar a la religión. Nos pone sobre aviso del peligro que tiene esta visión cientifista, de cómo basta con que uno se presente como científico para que su opinión sobre cualquier tema se tome como una verdad absoluta, pues viene «avalado» por la ciencia. Así tenemos conspicuos ejemplos, como los asesores científicos que, según noticias, van a ser contratados por los distintos ministerios, o el comité de expertos científicos que apoyaba con evidencias científicas actuaciones gubernamentales, aunque ese comité fuese el conjunto vacío. Lo importante es que era «científico».

Dentro de las no-ciencias, dedica casi un capítulo a las pseudociencias, por lo que de amenaza social suponen. Con apariencia científica, tratan de engañar a un público poco crítico que a su vez las propagarán de un modo convencido. El grave problema es cuando los, en teoría, guardianes de la ortodoxia científica son captados por las pseudociencias, y así no es raro encontrar médicos y farmacéuticos especialistas en las llamadas *medicinas alternativas* como homeopatía, o médicos que cuestionan la validez de las vacunas para prevenir enfermedades. En este contexto, era obligado dedicar un espacio a las supersticiones, que en principio no son tan nocivas como las pseudociencias, y que pueden tener, o no, un aparente sustento científico, aunque lo normal es que se apoyen en aspectos culturales o religiosos. Pero como la ciencia en estos tiempos ha ido reemplazando a la religión, surgen nuevas modalidades, y el lector quedará muy sorprendido con la calificación que hace de superstición de una disciplina científica, que cuenta incluso con centros oficiales de investigación con ese nombre, que no voy a desvelar.

Dada su condición de divulgador, no sorprende que la divulgación científica ocupe un espacio en esta obra. Asistimos a la paradoja de que, por una parte, la ciencia es respetada y venerada en nuestra sociedad, y, al mismo tiempo, nos encontramos con personajes públicos que se jactan de ser analfabetos en ciencias, porque «ellos son de letras». Por supuesto, si intercambiamos ciencias por letras, el científico cae en el oprobio más absoluto, pero afortunadamente, las personas cultas en ciencias suelen serlo también en letras. El Dr. Martínez pone de manifiesto los inconvenientes de la divulgación científica si no está bien planeada y a qué público va dirigida, que en ocasiones se trata de personas ya convencidas.

Finalmente, hace una puesta al día de cómo se cuantifica hoy en día la «calidad» en ciencia, que al no familiarizado con el mundo universitario le puede sorprender, pues se ha llegado a extremos de caer en la dictadura de las grandes editoriales que son las grandes beneficiadas del sistema de promoción universitaria tanto en los ránquines de universidades como profesional de los profesores, quienes, por descontado, no perciben ninguna compensación económica como autores, siendo los grandes benefactores de la ciencia (y de las editoriales).

Creemos que la obra que el lector tiene en sus manos no le defraudará, como hemos descrito, abarca numerosas facetas de la ciencia en sus distintos niveles y dimensiones, y continuamente le planteará dudas y opciones sobre los distintos aspectos.

ANTONIO ELIPE
Presidente de la Real Academia
de Ciencias de Zaragoza

INTRODUCCIÓN.
O CÓMO HE LLEGADO YO HASTA AQUÍ

Cuando alguien se pone a escribir, con el objetivo de que otros lo lean, puede tener motivaciones de naturaleza diversa. Tales motivaciones no necesitan ser reveladas, pues la obra se justificará a través de sus lectores, de su aprecio o rechazo. Esto valdría también para este libro, así que una introducción como la que voy encarando podría ser prescindible. Y posiblemente lo es. El lector la disculpará tal vez por el carácter poco convencional de lo que sigue. Ni el tema, ni la estructura, ni el enfoque de este libro se encuentran, me parece a mí, con frecuencia, y me ha dado por pensar que si empiezo explicando qué me ha llevado a escribirlo, podría ser mejor comprendido, o mejor aceptado.

Este libro trata de ofrecer una orientación (primero para mí, espero que también para quien se acerque a él) de cómo sería lógico entender lo que es y el papel que juega en nuestro mundo *eso que llamamos ciencia*. No desvelo un gran arcano, está explícitamente incluido en el título. La cuestión es: ¿de verdad hace falta alguna aclaración al respecto? La ciencia posee una importancia difícil de exagerar en estos tiempos, y un prestigio imponente. No por casualidad: ambas cosas, importancia y prestigio, se las ha ganado gracias a sus contribuciones al bienestar humano. Es seguro que no hay nada que haya influido tanto en nuestro actual estado de desarrollo, en nuestras repetidas, aunque todavía parciales, victorias sobre la enfermedad, sobre la pobreza, sobre el dolor y sobre la propia muerte.

No lo ha hecho directamente, sino a través de su «brazo activo», la tecnología, pero el vínculo entre ambas es tan estrecho, que no afecta a lo que estamos diciendo. Esta es una situación magnífica: la ciencia es algo que practican unos tipos extraños (antiguamente, señores canosos, despeinados y con bata; hoy su imagen ha cambiado, son mujeres y hombres de aspecto juvenil y gesto afable), algo maniáticos y muy listos. La pagamos con impuestos (o, a veces, a través de los beneficios que obtienen grandes empresas farmacéuticas, químicas o de innovación). Forma parte sustancial de nuestros programas educativos. Encontramos muchos medios por los que se divulga: eventos presenciales, revistas, entrevistas televisivas con científicos que han hecho un descubrimiento relevante o están a punto de lograr una gran contribución, divulgadores siempre sonrientes que nos muestran un experimento sorprendente, que literalmente uno nunca esperaría ver… No solo los medios de comunicación, Internet y las redes sociales están llenas de contenidos científicos; ellas mismas desprenden un aroma inequívocamente innovador y tecnológico. Mientras tanto, la ciencia sigue mejorando nuestro mundo, desvelando misterios de nuestro universo, de apariencia inextricable, aportando esperanza para la cura de enfermedades que parecían ser una sentencia firme para quien las padece, logrando alimentar más y mejor a todos los seres humanos.

Bueno, ¿qué más necesitamos? Seguramente habrá filósofos de la ciencia y epistemólogos que reflexionen sobre sutilezas relacionadas con sus fundamentos (hay gente para todo). Y ya está.

No creo que esta sea una manera obtusa o intelectualmente perezosa de plantearse la cuestión. No debo creerlo, entre otras cosas, porque estoy convencido de que es muy mayoritaria, y porque era la que yo mismo tenía cuando, hace ya un buen puñado de años, era un estudiante que deseaba dedicarme profesionalmente a la investigación científica. Desde pequeño me gustaban esos temas, y no se me daban mal. Logré una beca para realizar un doctorado, y a medida que aprendía la profesión y progresaba en ella, el gusto se fue transformando en una auténtica pasión. Quizá podría acabar dedicándome a trabajar en algo que me fascinaba. ¿Cabe mayor felicidad?

En esa época yo solía reflexionar sobre el papel de la ciencia en el mundo, ilusionado por formar parte, ser un pequeño cojinete dentro de esa máquina potente y maravillosa. Mis pensamientos al respecto eran, me temo, algo pomposos.

Poco a poco fui pasando por las distintas etapas (contratos, plazas, oposiciones; formar parte de equipos de investigación, pasar a dirigir proyectos y a decidir la dirección que seguía mi propio trabajo). Debo decir que mi amor por la ciencia se mantenía intacto, que sigue haciéndolo después de todo este tiempo. En verdad, encontraba a veces cosas que no me gustaban, y otras que no parecían conciliar con la idea del mecanismo perfecto que yo me había creado. No le di demasiada importancia: inevitablemente, las personas que intervenían en el proceso científico eran falibles, podían cometer errores o actuar de manera malvada o negligente. Me entristecía que gente involucrada en la ciencia pudiese actuar con poca ética, pero comprendía que la presencia de una minoría de esas características era inevitable.

Sin duda, el proceso por el que fui cambiando mi visión, por el que podríamos decir que se vino a desmoronar una parte del panorama idílico que he descrito, fue complejo. Sin embargo, es curioso (y puede que freudiano) que yo lo asocie a un momento concreto, a un hecho anecdótico y aparentemente sin relación con todo lo anterior. Yo venía viendo cómo en los anuncios televisivos se buscaba respaldar la calidad de los productos con un enfoque científico, hablando algunas veces de supuestos estudios o verdades científicas que confirmaban sus cualidades y beneficios. Esto aparecía especialmente en anuncios de alimentos procesados y de productos de belleza, y podía ser más o menos implícito o sugerido en el mensaje publicitario. Fui constatando que ese tipo de estrategias eran cada vez más claras y tajantes. Un día me encontré con una crema facial sobre la que el locutor aseguraba que «reduce el 83 % de las arrugas». Ante esta afirmación, no había duda de que se estaba haciendo referencia a un resultado basado en la ciencia. Si no, ¿de qué manera podría alcanzarse una precisión cuantitativa tal, en referencia al resultado? Y entonces surgían un montón de preguntas: ¿cómo podía realizarse un estudio así?, ¿existía algo parecido a un *arrugómetro*?, esa reducción, ¿se refería al número de arrugas?, ¿a su profundidad?, ¿a algún otro rasgo cuantitativo que las caracterizara y del que yo no tenía noticia? Todo esto se podía asociar con unos anuncios en los que se combinaban guapísimas modelos (que parecían no necesitar precisamente esos artículos) y señores y señoras con bata en blancos ambientes que sugerían un laboratorio. En España también con la batalla de las marcas de cosméticos para subrayar el mensaje «de venta solo en farmacias», aprovechando la extraña situación de intervención estatal en el mercado de los medicamentos para sugerir que los cosméticos también lo eran, para prometer una especie de «cura de la fealdad física», que evidentemente no era real.

Todo esto podía ser legal, pero para mí encerraba una forma de estafa moral. Lo primero que pensé es que esas empresas se estaban aprovechando del gran prestigio de la ciencia, que esta se había ganado en otras y mejores causas. La solución, me decía yo, sería establecer una especie de «policía del uso de la ciencia», de manera que se persiguieran no solo los mensajes falsos, sino también aquellos que a través de equívocos y sobreentendidos vinieran a sugerir algo como científicamente probado, cuando eso no fuera así. Esto pone en evidencia lo iluso que yo era por aquel entonces.

El siguiente hito que recuerdo en mi avance hacia una especie de estado de perplejidad se produjo viendo una entrevista televisiva. Un investigador (joven, en la treintena) había conseguido crear y liderar un grupo en el que estudiaba la aplicación de ciertos cannabinoides como terapia contra algunos tipos de cáncer. Un problema administrativo, relacionado con las sustancias controladas que debía manejar, habían paralizado su trabajo, por falta de financiación y de acceso al material. El periodista lo había invitado con el evidente objetivo de alimentar el interés que la mezcla de los conceptos *ciencia, cáncer, drogas ilegales* y *prohibición gubernamental* pudiera generar. Nada que reprochar, ciertamente me parece aceptable desde un punto de vista periodístico. Lo que no me lo pareció tanto, desde ningún punto de vista, es que el entrevistado, dejándose llevar por la exaltación que le producía ver cómo se ponían trabas a su trabajo (y, era evidente, también un poco por el ataque que ello suponía para su ego), y animado por el estrado que el medio de comunicación le ofrecía, acusó a quienes le impedían continuar su trabajo de las muertes que esos cánceres fueran a causar al retrasar sus investigaciones. Nada menos. Previamente, él había explicado con cierta vaguedad el estado de su trabajo: de momento, disponía de prometedores resultados *in vitro,* y comenzaba ahora sus primeros estudios en ratones. Para cualquiera que tenga un mínimo conocimiento de cómo se lleva a cabo el desarrollo de nuevas terapias y fármacos es bien sabido que, desde la situación en que se encontraba esa investigación, en la gran mayoría de las ocasiones (más de nueve de cada diez) los resultados no permiten trasladar las promesas a la obtención de una verdadera medicación que funcione razonablemente o no cause más perjuicios que los supuestos beneficios que se esperan. Inevitablemente, aquel investigador debía saberlo, pero lo obviaba y seguía sugiriendo que lo que ocurría estaba próximo a un mero delito de asesinato. El exceso verbal era preocupante, e iba trufado de invocaciones al valor de la ciencia (que se personificaba, claro, en él mismo) frente al oscurantismo inquisitorial de las administraciones, y llamamientos a los enfermos para que se movilizaran contra ese ataque a sus esperanzas. No faltaba ni un ingrediente. El entrevistador no parecía interesado en frenar, o al menos atemperar, todas aquellas afirmaciones gratuitas e irracionales: se limitaba a poner un gesto indefinible, entre la media sonrisa y la preocupación por los sucesos que allí se describían, y a asentir muy levemente con la cabeza.

Yo pensaba que sería magnífico que las investigaciones de aquel sujeto tuvieran éxito, lo mismo que la de los cientos de grupos de investigación que buscan curas contra el cáncer, lo mismo que la de los miles que luchan contra cualquier enfermedad, lo mismo que la de los cientos de miles que empujan para que la ciencia avance y ayude de cualquier manera a la humanidad. Lo que no entendía era que tal cosa le ofreciese amparo para defender sus posturas con esa mezcla de medias verdades, exageraciones e insultos. Por no hablar de cómo estaba abusando de la situación de los enfermos y su oferta de falsas esperanzas, solo para salirse con la suya. Si alguien hubiese defendido con esa misma retórica ideas de otro tipo (políticas, por ejemplo), todos, y en primer lugar el entrevistador, le habrían reprochado la forma de exponerlas, más allá de sus pretensiones u objetivos. Si palabras similares hubiesen sido utilizadas por un conspiranoico defendiendo una pseudociencia, habrían inmediatamente causado risa y alarma al mismo tiempo. Al ser utilizadas por alguien que se colocaba junto al nombre el cartel de científico, la cosa parecía cambiar, el ambiente (al menos así me lo parecía a mí) era otro. Si de verdad era así, algo no iba bien.

Esto me colocó sobre una pista nueva, así que me puse a indagar respecto a lo que decían los científicos cuando hablaban sobre ciencia. Por ejemplo, escuchaba sus debates con defensores de pseudociencias o de creencias que niegan determinados resultados científicos. Digamos que el profeta de la última tontería *new age,* vestido con unos ropajes estrafalarios, con los ojos muy abiertos y una gesticulación excesiva, basaba su postura en la sabiduría plasmada por algún gurú en ciertos escritos iniciáticos. No se podía demostrar la validez del planteamiento, porque no era accesible a todo el mundo, requería un muy particular entrenamiento de la conciencia, y su propia naturaleza lo hacía inasequible a quien no fuera capaz de creer y confiar en él desde un principio. Un planteamiento bastante endeble y sencillo de refutar. Entonces, el divulgador o persona sensata correspondiente, mejor vestido que el profeta, y en un principio con una expresión más moderada, aunque a lo largo del debate se iba exaltando hasta que sus formas no diferían mucho de las del otro, negaba todas aquellas patrañas, enfrentándolas a la indudable realidad de la ciencia. Por desgracia, no podía demostrar la validez de su planteamiento, porque el modelo científico que lo respaldaba no era accesible a todo el mundo, requería un muy particular entrenamiento de estudio, y era inasequible a quien no estuviera dispuesto a formarse en la correspondiente disciplina científica. Así que, para respaldar su validez, se remitía a la autoridad de las figuras científicas que correspondiera.

Y eso era todo: a la vista de un observador neutral, se podía dudar de que el defensor de la ciencia ofreciera una mejor argumentación que la del loco. Claro, es difícil ser un observador neutral en este caso, así que los de uno y otro bando marchaban a casa más o menos satisfechos, enarbolando sus banderas como si hubiesen asistido a un certamen deportivo cualquiera, en el que ambos podían asegurar que habían ganado. Como el bando de los sensatos (por llamarlo de algún modo) suele ser mayoritario, había una sensación de victoria estadística de la sensatez.

Yo tengo muy claro de qué lado estoy, y eso es algo que no se puede asegurar de todos los científicos, que no tan raramente abrazan visiones poco compatibles con la ciencia en algunos aspectos: de esto hablaré un poco a lo largo del libro. Pero no dejaba de sentirme insatisfecho por lo que oía decir a «los míos». Lo desasosegante es el hecho de que, en realidad, temo que una mejor argumentación no es posible: la ciencia actual es muy compleja, a menudo resulta paradójica y antiintuitiva,[1] requiere estudio pro-

---

1 Este es un rasgo que los divulgadores y educadores a menudo obvian o niegan: la realidad científica no pocas veces resulta contraria a nuestra intuición; si fueran siempre de la mano, no habría ninguna razón para sustituir el saber intuitivo por el científico.

fundo y abstracto para comprenderla, e incluso para los expertos, un leve cambio de especialidad implica desconocimiento de los fundamentos que permiten su dominio. Así que no se puede esperar que sea comprendida por el gran público, así que solo es realmente accesible para un reducido grupo de «iniciados» (que son los que inevitablemente formarán a todos los que pretendan seguir sus pasos), así que solo queda pedir a la gente que crea en su validez. Podemos aferrarnos a que está respaldada por la tecnología, pero no olvidemos que el funcionamiento, digamos, de un medicamento desarrollado mediante métodos científicos (cuya descripción siempre es abstrusa, de manera con frecuencia intencionada) resulta difícil de probar, salvo por nuevos estudios científicos. Resulta muy sencillo respaldar un supuesto medicamento, en realidad un fraude, con un informe falso o sesgado que imite la parafernalia científica; lo que nos lleva de vuelta a mi crema antiarrugas.

Esta realidad no parece cuestionable: es inevitable, creo yo, convivir con ella. Lo que a mí me resultaba molesto era la actitud complaciente, y un tanto obcecada, por parte de los de mi bando, de los sensatos, que en lugar de indagar otras formas de aproximarse al problema de los credos irracionales, ignoran las dificultades, denigran a los anticientíficos, y no les ofrecen mejor solución para ser redimidos que la rendición incondicional ante unos postulados de aspecto no muy convincente.

Una consecuencia de todo esto se puede encontrar en las noticias periodísticas que tienen que ver con temas científicos. Hace apenas unas decenas de años, estas eran puramente anecdóticas, y se centraban más bien en cuestiones pintorescas. De repente, afloraron en multitud de medios los «suplementos de ciencia», unas cuantas páginas dedicadas específicamente a temas científicos. Esto obligó a los redactores a buscar procedimientos que les permitieran generar con regularidad una cantidad importante de contenidos de temática científica. Las agencias de noticias comenzaron a proporcionarlos de forma sistemática, e incluso se crearon agencias especializadas en noticias relacionadas con la ciencia. En muchos casos, no era suficiente: si se precisaban más contenidos, o se prefería conseguir algunos originales, había que acudir a las fuentes de la producción científica, los investigadores. Comenzó entonces un diálogo, no exento de dificultades, entre los profesionales de la información y los profesionales de la investigación. Por describirlo brevemente, en general los científicos

eran incapaces para una redacción incisiva y atrayente, que no mate de
aburrimiento al lector poco antes del final de la segunda línea, y los periodistas no entendían ni jota sobre los fundamentos y los resultados que se
disponían a difundir; también sus objetivos íntimos eran muy poco con-
fluyentes: el investigador en seguida vislumbraba una perspectiva de ganar
impacto en medios para su trabajo, su grupo y su propia persona, en un
orden que variaba según su condición; el redactor buscaba una noticia en
la que el valor de la ciencia, y el suyo como periodista, fueran lo destacado.
Los episodios de incomprensión y suspicacia mutua eran frecuentes y el
resultado final se veía afectado por ello: los científicos teníamos la sensación de que el periodista acababa tomando atajos y realizaba una redacción
final poco fiel al planteamiento que nosotros, con gran paciencia, habíamos intentado hacerle comprender. Nos hurtaban una revisión final del
texto, que, en el mejor de los casos, cuando lo leíamos publicado, nos dejaba insatisfechos en cuanto a los elementos que se consideraban relevantes,
y en el peor, contenía incoherencias y hasta errores de bulto en el nivel
técnico. Por su parte, imagino que los periodistas estaban desesperados por
nuestro empeño sistemático por incluir detalles insustanciales y nuestra
actitud no pocas veces arrogante. Durante una temporada, a modo de diversión, estuve guardando artículos de divulgación científica en prensa en
los que aparecían afirmaciones burdas y disparatadas. Tenía una colección
respetable, pero acabé aburriéndome y me deshice de ellos.

Este tipo de problemas de comunicación suele ir corrigiéndose con el
tiempo: algunos de los miembros de ambos colectivos tenían una mejor
disposición, y acababan logrando colaboraciones fructíferas; algunos periodistas se tomaban el tiempo y el interés en obtener una formación en
algunos aspectos de la ciencia, suficiente para divulgarla apropiadamente;
todos, poco a poco, fueron comprendiendo que se necesitaban mutuamente, y fueron aceptando las peculiaridades del otro, y apreciando sus cualidades. Mi impresión, meramente subjetiva, es que esa evolución coincidió
con la progresiva desaparición de los suplementos de ciencia, de los que
hoy apenas quedan unos pocos. Y no se debía a que hubiese desaparecido
el interés por las noticias científicas. Al contrario, ocurrió que los propios
lectores habían cambiado igualmente: los consumidores de esas pocas páginas especializadas podrían identificarse con gente peculiar a la que le
interesaba la ciencia. Esa base social de «raros» se iba extendiendo, y acabaron siendo un grupo, si no mayoritario, suficientemente amplio como

para que se considerase que podían salir del gueto de un suplemento acotado. Los periódicos pasaron a tener secciones de ciencia (o de ciencia y tecnología), e incluso si no es así, ya es raro no ver en cualquier edición un puñado de noticias científicas, o para mejor decirlo, noticias en las que una cierta cantidad de enfoque científico es incluida. Todo esto ha acabado en algo que podríamos llamar una normalización de la noticia científica. ¿Y cuál es esa situación normal? Sin cargar en exceso los adjetivos, podríamos afirmar que parte de un retrato idealizado, edulcorado, de lo que la ciencia es y de lo que puede hacer por nosotros. Cada nuevo descubrimiento supone una revolución en ciernes; quienes lo realizan, se ubican inequívocamente en el lado bueno del mundo. Quienes lo ponen en duda son atacados con saña, descalificados mediante análisis simplistas que explican al vulgo cuál será la calaña de esos individuos, si defienden tales ideas. Se dan situaciones paradójicas, como noticias en las que determinado descubrimiento modifica radicalmente un modelo previo (la premisa de que los descubrimientos que aparecen en una noticia auguran un cambio cualitativo en nuestra comprensión del mundo es irrenunciable), aunque ese otro modelo tal vez había sido aplaudido por noticias anteriores, no tan lejanas en el tiempo. Nadie guarda siquiera uno de los últimos párrafos para decir: «vaya, en el modelo anterior parece que los investigadores no estuvieron muy finos, o deberían haberse asegurado de hacer los experimentos que se presentan ahora, y nos habríamos ahorrado un pequeño tropezón». Toda noticia es una victoria. Yo diría que la única excepción está en esos malvados científicos que plagian sus trabajos, y son convenientemente descubiertos y denunciados por la comunidad de sus colegas, a los que horroriza ese tipo de acciones, porque ellos solo están aquí por nuestro bien.

Esto es particularmente evidente en las entrevistas a científicos, que están, al parecer, influidas por esa corriente de periodismo que se ha ido extendiendo, particularmente en el deportivo, y a la que podríamos definir como 'del lado humano'. La última estrella emergente en las ligas de *cricket* (por hablar de un deporte del que no conozco absolutamente nada) es entrevistada por un redactor incisivo, que apenas le pregunta por aquello de lo que sabe (detalles técnicos sobre el deporte en cuestión, su trayectoria y devenir desde la práctica infantil hasta alcanzar el estatus de figura profesional, lo que le cuentan su entrenador y sus compañeros para mejorar su rendimiento, qué sé yo). Él centra sus preguntas en que el deportista se explaye contando sus aficiones, sus ideas filosóficas y políticas, sus posiciones sobre geoestrategia o sobre el futuro de las instituciones plurinacionales. No digo que tales cuestiones no sean de interés para sus incondicionales seguidores, solo sugiero que seguramente sus opiniones en aspectos no relacionados con el *cricket* no serán sustancialmente mejores, más creíbles o interesantes que las de otro cualquiera.

Con los científicos ocurre lo mismo, agravado por el hecho de que nadie parece cuestionar que un científico, tras haber descubierto cualquier cosa, o recibido un premio por sus contribuciones en determinado campo, es muy listo, no ya en lo suyo, sino que debe de poder hablar sobre lo que sea. No diré que todos se comporten así, pero son un buen puñado los que, en cuanto el periodista le ofrece la oportunidad (y siempre se la ofrece) se dedican a pontificar sobre cuestiones que les son ajenas, incluso sobre cuestiones científicas que les son ajenas, en los que practican sistemáticamente, e indisimuladamente, una forma de supremacismo, entre intelectual y creencial: somos los más inteligentes, y hemos aplicado esa inteligencia a la disciplina ganadora: no nos podéis cuestionar. No necesito ejemplos, animo al lector a acercarse a ese tipo de documentos, que son abundantes, en periódicos y libros impresos, bajo esta consideración de partida, y los encontrará bien abundantes.

Así estaban las cosas, o al menos así me lo parecía a mí. En todo caso, yo no me resignaba a aceptar que estaba pasando de ver a los defensores de la ciencia como héroes benefactores de la humanidad a representármelos como intolerantes intelectuales, egoístas y sectarios. Debería existir un término medio donde ubicarlos, que no comportara semejantes desproporciones morales.

Me encanta la ciencia, pero indiscutiblemente tiene sus defectillos.

Suelo hacer uso de una perpectiva científica de las cosas, pero hay muchos aspectos en la que no es útil, lo mismo que otros enfoques no son apropiados cuando lo que se debe resolver necesita de la ciencia.

La visión que se ha difundido en la sociedad sobre la ciencia es más bien confusa en estas dos cuestiones, que a mí me parecen muy relevantes.

Fue entonces cuando me topé con *El mundo y sus demonios,* un libro de reflexiones autobiográficas del famoso astrónomo y divulgador Carl Sagan.

Como cualquiera, creo que incluso sus detractores, yo me siento fascinado por su figura desde que, a la edad más apropiada para ello, al principio de la adolescencia, devoré su serie de televisión *Cosmos*. Años después he vuelto a verla: no ha envejecido demasiado bien, y tanto su impacto visual como su guion parecen desfasados. Pero creo que incluso esto es debido a su enorme éxito e influencia en la divulgación audiovisual: *Cosmos* marcó un camino que otros se apresuraron a recorrer y desarrollar, con tanta rapidez y eficacia que dejaron a la serie que había revolucionado la manera de mostrar la ciencia al público convertida en un resto arqueológico, valioso pero gastado, tras apenas una veintena de años.

El libro al que me refiero es posiblemente su última publicación importante antes de su fallecimiento, y se vislumbra en él un tono de testamento intelectual. Tal vez si yo lo hubiese leído sin pasar por todas esas sorpresas, incomprensiones y desacuerdos internos que acabo de explicar en los párrafos anteriores, me habría limitado a emocionarme por el indudable mensaje de amor a la ciencia que inspiran todas sus páginas, todas sus frases. Y me habría sentido de nuevo emocionado y en comunión con él. Pero, ay, algo había pasado, y eso ya no podría ser. Debo decirlo: el libro me fue llevando desde un asombro incómodo, a momentos de disconformidad, incluso de auténtica indignación. Lo que Sagan describía como *la ciencia*, aquello por lo que él declaraba su amor y de alguna forma vindicaba como la justificación de su vida, no era, estaba lejos de ser lo que yo entendía como tal. Su ciencia era una posición dogmática y excluyente, poseedora de las virtudes, no solo intelectuales, sino también morales y hasta ideológicas (porque es evidente que Sagan viene a defender que hay una posición ideológica más próxima a la ciencia que otras). Fuera de ella, todo estaba sumido en un «continuo entre la pseudociencia, la superstición y la religión, de límites confusos» (no cito literalmente), y describía a todas esas masas alienadas por la falta de ciencia como crédulos capaces de indescriptibles monstruosidades. Lo hacía, desde luego, en un tono agradable, de buen escritor, con un talante que parecía conciliador. Sin embargo, no rehusaba filtrar flagrantes tergiversaciones, como cuando venía a sugerir que la vigencia de las pseudociencias provenía de una confabulación global de intereses políticos, editoriales y educativos que hacían que la disponibilidad de información pseudocientífica y el analfabetismo científico en los países desarrollados fueren mayoritarios frente a la cultura científica. Eso no podía ser defendido honestamente a mediados de los noventa del pasado siglo. O cuando dibujaba la labor de los científicos de forma idealizada (pese a que, como profesional de la investigación, debía de conocer sus entresijos, defectos y vicios menos confesables), como seráficos monjes, infatigables buscadores de la verdad, del uso inmaculado de la duda y la indagación para lograr un mayor progreso de la humanidad: había, sí, algunos malvados trabajando para grandes corporaciones e industrias armamentísticas, pero se les podría señalar fácilmente como colaboradores del Mal (el Mal pseudocientífico) si todos nos poníamos a trabajar juntos por un mundo más científico y mejor.

No insistiré sobre este tema. Para mí es doloroso atacar las afirmaciones de quien fue una de las personas que me inspiraron en mi juventud. No voy a entrar en una crítica detallada de *El mundo y sus demonios,* ni este libro busca ser una enmienda de aquel. Volveré a hablar de Sagan en algunos momentos, más adelante, pero no me centraré demasiado en su figura. Por lo demás, lo que aparece en esas memorias no es una causa, sino un síntoma de lo que está pasando hoy en día con la ciencia, debido a una serie de circunstancias que tienen que ver con lo intelectual, con lo sociológico, y con la evolución del sistema de valores imperante. Lo que sí ocurrió es que Sagan me había permitido comprender por dónde podrían ir los tiros. Me había llevado a centrar la cuestión en la búsqueda de un correcto significado de lo que ha sido y es la ciencia, de las claves que permiten comprender la manera en que nos influye, y particularmente cómo lo hace en cuestiones para las que se suponía que no había sido inventada. Me daba una voz de alarma, porque si una de las figuras más influyentes de la divulgación científica (incluso hoy en día, veinticinco años después de su desaparición) podía plasmar todos aquellos planteamientos distorsionados con la tranquilidad que ofrece la expectativa de una acogida en general positiva de su público entregado, existía un verdadero problema que se debía encarar. Porque se ha instalado, desde hace ya mucho tiempo entre nosotros, una retórica grandilocuente para todo lo que está relacionado con la ciencia. Esta parece ostentar toda la verdad, todo el bien, todo lo positivo que aporta nuestra civilización, y hasta cuando determinados científicos se pasan al «lado oscuro», contribuyendo a la clonación humana, o a la tecnología de guerra (que quienes la respaldan llaman de defensa), o lo que es mucho peor, vendiéndose a las pérfidas garras del capital, estos son certeramente identificados, y la ciencia, en sí, parece salir indemne de tan turbios manejos. Como la Fuerza en la famosa saga de ciencia ficción, la ciencia en nuestro mundo lo impregna todo, algo así como si estuviese generada por unos benéficos midiclorianos microscópicos, y de ella podemos esperar nuestra salvación como individuos y como especie. Nadie parece interesado en rebajar un poco el nivel superlativo de todas estas afirmaciones. Desde luego, no los científicos, encantados por el papel socialmente preponderante que les reserva el prestigio de su actividad laboral (a lo largo del libro pondremos de manifiesto que tal vez no deberían colocarse en una situación así con tanta alegría). Tampoco los divulgadores, ni los economistas, ni los políticos ni los politólogos, ni siquiera los filósofos, que pueden sentir cierto resquemor porque la ciencia los vaya desplazando del protagonismo del debate intelectual, pero al parecer se conforman con que todo eso respalda inexorablemente una visión materialista del mundo, que ya nadie parece dispuesto a poner en duda. Ni los que atacan a la ciencia dejan de reconocerle una primacía en cuanto a su importancia e influencia: los conspiranoicos la consideran tan importante que ha sido capaz de crear una secta de incontrolables consecuencias, de dominio absoluto de nuestra vida y nuestra ilusoria libertad. Quienes se la representan como el arma principal en manos de laicistas o agnósticos, de comunistas o de capitalistas, le reprochan su carácter deshumanizador o su imposición de un pensamiento único, dando por sentado que la ciencia posee semejante poder y lo está ejerciendo sin más miramientos.

Y este es el punto al que arribaron mis preocupaciones sobre el tema y a la vez el punto de partida de este libro. Yo mantengo que nada de esto tiene que ver en realidad con la ciencia, y que semejantes hipérboles son falsas, innecesarias y perjudiciales para la propia ciencia. Es mi hipótesis de inicio, si bien espero poder fundarla apropiadamente a lo largo de los capítulos siguientes. Intento hacerlo, como siempre que se desea desentrañar el nudo de una maraña retorcida y misteriosa, arrojando luz, mirando con detenimiento, y procurando no mantener ideas preconcebidas ni suposiciones sin respaldo, aunque solo sea el de algún ejemplo que ofrezca pistas sobre mis percepciones.

Así que voy a preguntarme *qué es eso que llamamos ciencia,* y si logro dar con una definición razonable, la exprimiré para ver cuáles son las consecuencias de ella, y desde esa indagación, cuál debería ser su papel en el mundo, cuál está siendo y cómo podríamos actuar para que ambas cosas no se diferencien demasiado. Este plan supondrá un itinerario por muchos aspectos de nuestras vidas, a los que espero aproximarme desde una posición sosegada. No neutral, porque tal cosa posiblemente no existe, pero sobre todo porque la experiencia me dice que un empeño obsesivo por conseguir la neutralidad suele constituir un sesgo insalvable (por mejor decirlo, al modo de Wilde, un amaneramiento del estilo) que contamina el buen razonamiento: me conformo con ofrecer planteamientos comprensibles, y por ello aceptables, siquiera sea *humanamente aceptables, dentro del error.*

Si todo esto que pretendo es necesario, o pertinente, o si he acertado aunque sea parcialmente al hacerlo, ya quedará para el juicio del lector, que si ha tenido la paciencia de concluir esta introducción, ya puede saber cómo he llegado yo hasta aquí.

Algunas cautelas

A continuación voy a ofrecer algunas explicaciones adicionales sobre cómo entender lo que sigue: ¿así que, no solo me explayo en una larga justificación para lograr algo así como un perdón preventivo para el libro que el lector tiene en sus manos, sino que voy a decirle lo que tiene que entender, y lo que no, a medida que lo lea? Lo lamento, así es. Mi excusa para ello es que afronto un tema delicado, por sí mismo y por las connotaciones personales y afectivas que tiene para mí: es la ciencia, nada menos. Deploraría que se malograse por una interpretación desenfocada de quien lo lea, bastante riesgo asumo por los meros desaciertos que sin duda he cometido.

Comenzaré especificando el género del libro. Ya sé que tal cosa debería, de nuevo, ser evidente a partir de su propia lectura. En este caso, sin embargo, no está tan claro. Ya he dicho que intento comprender lo que es la ciencia, y ello puede tener tantas implicaciones, conceptuales o prácticas, que más vale acotar. Este es un libro de divulgación, podríamos decir, de la ciencia y sus aledaños. No aspira a más, y ya es bastante. El lector no deberá dejarse despistar por los títulos algo tremebundos que encontrará en capítulos y epígrafes, y que hacen referencia a la filosofía, la verdad, la política… La ciencia, lógicamente, se relaciona con todas ellas, así que me he aproximado a sus posibles vínculos, sin pretensión de hacerlo ni de manera exhaustiva ni excesivamente técnica. Tengo para ello mis razones, que son sencillas: no sé gran cosa sobre economía, ni sobre lógica, ni sobre política, ni desde luego sobre filosofía. Podría aducir que tengo de filósofo lo que queda en esa palabra de su significado etimológico, pero eso sería todavía peor, porque conecta inevitablemente con los sabios de la antigua Grecia, lo que aún me dejaría más en evidencia. No se espere, por tanto, más sobre todo ello que lo que pueda ofrecer un libro dirigido a revisar algunas ideas sobre la ciencia, sus virtudes y sus límites. Si se lee un texto bajo el título, pongamos un ejemplo, «ciencia y ética», el lector deberá comprender que es la primera, y no la segunda, el centro de la discusión. Como cada uno, tengo mis opiniones, y hasta mis reflexiones hechas, en relación con la última. No me avergüenzo de ellas, pues las considero una obligación para todo ser pensante, pero este libro no se dirige a expresarlas, a mostrarlas ni a defenderlas de ninguna manera. En el caso, siguiendo con el mismo ejemplo, de que yo considere que argumentos científicos se inmiscuyen de manera inapropiada en un debate ético, eso no debe entenderse como un posicionamiento dentro de ese debate: puedo secundar una posición y a la vez defender que la intromisión de la ciencia para ello es incorrecta. Tendré mayor o menor éxito en este empeño, pero pido al lector, como hacen los réprobos, que en este aspecto me juzgue más por mis intenciones que por los resultados. Otra cosa es que él no comparta, o critique, mis afirmaciones sobre la idoneidad o no de esa aplicación de la ciencia a la cuestión ética, para lo que puede sentirse absolutamente libre.

Incluso dentro de estos límites, las credenciales con las que cuento para implicarme en semejante misión pueden considerarse pobres, insuficientes o inapropiadas. Seguramente, cualesquiera lo serían, pues el reto planteado resulta formidable. Llevo bastantes años dedicado a las labores científicas de manera profesional, en el ámbito de una universidad. En ella vengo desempeñando tareas docentes y tareas de investigación, con tanto aprovechamiento en ambas como he sido capaz. He hecho bastante trabajo también de divulgación de la ciencia, en distintos medios y formatos, y aparte de mis campos de especialidad, he tenido gusto por leer bastante sobre otras disciplinas, sus resultados, sus éxitos y sus debates internos. Eso es todo, combinado con un, por llamarlo de algún modo, estilo de razonamiento que también procura ser directo y sencillo de seguir.

En aquello de lo que hablo, hay cosas que me parecen incorrectas y así lo recojo en el libro, porque deseo no esconderme y expresar lo que pienso.

Con todo, se crea o no, mi intención no es generar escándalo, ni molestar ni criticar a nadie. Agradeceré que se tenga bien en cuenta que no denuncio individuos, sino actitudes, en las que todos, y yo mismo, podemos incurrir. Me gustaría que esta fuese una lectura de reflexión, y no de exhibición punitiva, y menos aún para personas concretas, pese a que los ejemplos que utilice deberán inevitablemente nutrirse de ellas.

Sobre esto añadiré una aclaración, relacionada con una anécdota personal. Durante mis años de profesión, he pasado algunos realizando tareas de gestión de la educación en varios centros universitarios; unas de las ocupaciones más relevantes y a la vez oscuras e ingratas que se precisan dentro de las instituciones dedicadas a la formación. Entre burocracia, casos particulares y situaciones no esperadas, se consumen muchísimos esfuerzos, y no parece haber espacio para las reflexiones y las estrategias de mejora… Lo cierto es que, al final del día, a menudo se habían dedicado todos los desvelos a resolver los problemas causados por alumnos que no alcanzaban los mínimos, o que no habían cumplido los plazos, o a los que había que aplicar normas que les impedían progresar, «apenas por unas décimas». Con el tiempo, se quedaba uno con la desagradable impresión de que todo eran dificultades y situaciones irregulares. Así que de vez en cuando había que parar un momento, tomar aire, consultar las estadísticas de resultados académicos y charlar con un alumno con el que por azar uno se cruzara por el pasillo, para recordar que los casos normales, que lograban progresar adecuadamente en su aprovechamiento, los casos de éxito de las tareas formativas no requerían nuestro tiempo y esfuerzo, pero eso no significaba que no fueran muy mayoritarios. Cuento esto porque me temo que puede darse aquí algo parecido: que denuncie, con más o menos énfasis, situaciones indeseadas no significa que sean la norma, o que todo el mundo esté incurriendo en ellas. Como máximo, se puede concluir que, en mi opinión, se producen con más frecuencia de lo apropiado. No niego que estoy identificando problemas, pero no necesariamente tienen que ser generalizados.

No creo ofrecer en ninguna de las páginas de este libro un planteamiento original. Me conformaría con que la forma en que conecto unos con otros sea razonable, y por eso, útil a quien se acerque a él. El problema es que no he hecho una aproximación erudita, por lo que el germen de todas esas ideas que bullían por mi cabeza, y a las que he dado esta pobre forma, es incierto. Algunos podrán encontrar el hilo que les lleve al origen de estas cavilaciones, pero por desgracia yo lo he perdido, y no me he tomado el tiempo y la molestia de realizar una arqueología de mis pensamientos, esfuerzo a menudo penoso, cuando no frustrante. Como Asterión, quizá haya yo conocido y asimilado todas estas reflexiones de escritos y libros que leí hace tiempo, pero ya no me acuerdo. Así que el texto va sin apenas referencias, y prácticamente ninguna de fundamentos intelectuales sobre los que basarme. Podría decir que esto es intencionado, que dado que este es un libro dedicado a la presencia de la ciencia en el mundo, que maneja ideas simples y conclusiones llevaderas, el aparato de erudición más bien le perjudicaría, y lo he sacrificado en aras de la ligereza del texto, fundamental para mis objetivos. Y se podría pensar, tal vez con acierto, que esta es una excusa poco convincente para justificar mi pereza al estructurarlo y mi incultura en un ámbito en el que he tenido la osadía de implicarme. En lo que sí seré honesto es respecto a la autoría en la redacción, y puedo garantizar que no reproduciré ni una sola frase textual de manera consciente sin citar la fuente, a menos que incluso en la literalidad, mi memoria me traicione. Afirmo pues con tranquilidad de conciencia que no seré reo de plagio doloso, y espero que tampoco, culposo.

He organizado el texto siguiendo una estructura de tres niveles: capítulo, apartado y epígrafe. Todo lo escrito (exceptuados la introducción y el epílogo) está encuadrado de esta manera, lo cual me parece que simplifica su seguimiento. En cuanto al contenido, puede que algunos temas o aspectos no resulten particularmente divertidos, pero todos ellos están ahí siguiendo lo que yo he entendido como un orden lógico. Por ello, desanimo a quien sienta la tentación de acudir directamente a los capítulos que le resultan, por su título, más atractivos, saltándose los menos sugerentes: se compartan o no, será imposible comprender mis ideas sobre ciencia y superstición, por ejemplo, si antes no se ha revisado cómo interpreto la relación entre la ciencia y la verdad. Aunque el lector es libre de actuar como desee, pues el libro está en sus manos, yo cumplo lanzándole esta advertencia.

Con todo esto establecido, considero que ya podemos pasar adelante: es momento de indagar en busca de una definición de la ciencia.

1.
EN BUSCA DE UNA DEFINICIÓN

Caminando entre diccionarios

La Academia y la polisemia

Me he permitido la pequeña frivolidad de titular el apartado haciendo referencia a una de las series televisivas de divulgación que marcó un hito, utilizando una mezcla de imágenes filmadas y otras generadas por ordenador para ofrecer un relato hiperrealista (hasta donde podemos concebir que fue) de las escenas cotidianas en la Tierra durante el Mesozoico. Ni que decir tiene que me apasionó, tanto por sus estupendos contenidos como por el juego de fantasía que suponía pensar en unas cámaras ubicadas en el paisaje hace millones de años, con la misma naturalidad con la que hoy se desplazan a los espacios protegidos de África o Asia para captar una naturaleza que, por desgracia, también está llamada a desaparecer, en un espacio de tiempo demasiado corto. Este tipo de magia visual, que creó el cine, resulta particularmente impactante en divulgación científica cuando se le da un uso apropiado.

Además, no considero que el título sea solo un juego de palabras: me hace gracia la imagen de hurgar en los *diplodocus* de la lengua, los diccionarios, y pensar que las definiciones sobre ciencia que perseguimos son como esos pequeños mamíferos que se movían entre sus enormes patas, luchando por sus oportunidades en un mundo que aún no les pertenecía.

Dejemos esto. La cuestión es que, si queremos una definición para *eso que llamamos ciencia,* deberíamos empezar por los lugares donde se recogen las definiciones. El idioma español tiene una estructura normativa que permite establecer una primacía del *Diccionario usual de la Real Academia Española* (en adelante lo abreviaremos como *DRAE*). Así que vamos a por él. Cualquiera puede acometer tan sencilla búsqueda y encontrará lo que yo. Cuando se indaga sobre una palabra común de nuestra lengua, encontramos varios significados, fruto del uso habitual del término a lo largo de circunstancias y modas entre los hablantes. Por eso es frecuente la aparición, para los sustantivos, de construcciones adjetivadas que modifican de manera sustancial el significado común: aparecen, por ejemplo, «ciencias exactas» (que no hace referencia a unas ciencias más correctas o precisas que otras, sino a las matemáticas), o «gaya ciencia», que en realidad es algo que no consideraríamos una ciencia, sino la poesía. Nos interesan los cuatro significados diferentes que se recogen al principio, y también los de algunas de estas construcciones. Sobre todo, el primero, que podría contener la definición más general, esa que andábamos buscando. La transcribo:

> 1. f. Conjunto de conocimientos obtenidos mediante la observación y el razonamiento, sistemáticamente estructurados y de los que se deducen principios y leyes generales con capacidad predictiva y comprobables experimentalmente.

Bueno, esto es lo que da de sí el *DRAE*. No está mal, y como ofrece una referencia estándar entre los hablantes del español, más valdrá no dejar de tenerla en cuenta. Es mejor que algunas otras definiciones que encontramos en el mismo diccionario, referidas a cuestiones científicas, y que aparecerán a lo largo de este libro: fuerza, energía, entropía, calor... En todas ellas veremos importantes (y preocupantes) dificultades de orden lógico. Con respecto a la de ciencia, tenemos algo con lo que comenzar, aunque es evidente, sin salir de la propia entrada del diccionario, que faltan cosas y sobran cosas. Para empezar, la parte final de la descripción no concilia demasiado bien con las propias *ciencias* que la misma entrada enumera: ¿cómo deberíamos entender la capacidad predictiva y la comprobación experimental en las «ciencias humanas», en las que se incluyen, según el diccionario, «la historia, la filosofía y la filología»? ¿Se puede realizar un experimento filosófico? Incluso si encontramos un ejemplo, que yo soy incapaz de concebir, ¿existen experimentos filosóficos para todas las actividades de esa rama científica? Algo parecido ocurre para las que definen como «ciencias sociales», por ejemplo, la antropología y la sociología. No parece que debamos, para las ciencias humanas y sociales, usar esta acepción de manera completa, como sí parecería apropiada para las «ciencias naturales». E incluso en estas últimas, el acceso a la experimentación en algunas disciplinas es cuestionable. Por otro lado, no especifica cuál es esa capacidad predictiva ni se aclara cómo se debe realizar una comprobación experimental (al acudir a la voz «experimento», encontramos que su definición se restringe exclusivamente a las ciencias fisicoquímicas y naturales, lo que excluiría a las humanas y sociales de su propia definición, pero también a las ciencias exactas). De hecho, muchas pseudociencias y creencias recurren al razonamiento, están estructuradas, deducen leyes generales y generan predicciones. Estas suelen fallar, claro, pero también le ocurre algunas veces a la verdadera ciencia. Tanto es así, que en la misma entrada se describen las «ciencias ocultas». Lógicamente, su definición debe aparecer, porque corresponde al idioma, pero en ella no se hace ninguna diferenciación sobre su veracidad o fundamentación, que pueda discriminarlas de las otras: se limita a incluir el adjetivo «misteriosas», que desde luego podrían compartir muchas ciencias positivas en su actual estado de desarrollo: tal es su nivel de abstracción, aparato matemático y entramado lógico más bien contrario a la intuición convencional. En cambio, a un parapsicólogo, las ocultas no se lo parecerán, en absoluto.

Y por otra parte, percibimos carencias: cuando un político afirma en sus discursos: «debemos mejorar la ciencia española», o cuando un divulgador insiste en que «la ciencia debe ayudarnos a liberar a la sociedad de la religiosidad supersticiosa», estamos usando la palabra con acepciones claramente distintas, que requieren su correspondiente definición.

Hay aún otra cosa enigmática: al principio de las entradas del *DRAE*, aparece el origen etimológico de la palabra. No parece muy sorprendente que en nuestro caso sea el término latino *scientia*. Ahora bien, este significaba 'conocimiento', y venía a ser una traducción del término griego *epistéme*. La pregunta es: ¿cuándo, y por qué, una palabra que englobaba todo el conocimiento restringió su significado para referirse solo a una de sus formas, el conocimiento científico? Puede que en esta evolución encontremos alguna pista interesante.

Así que hemos avanzado algo, no podemos negarlo, pero también nos hemos encontrado con dificultades importantes: «ciencia» es una palabra polisémica, cuyos significados pueden incluso cruzarse y seguir direcciones contrapuestas; y perseguirlos mediante la búsqueda en cadena de las definiciones de los propios términos con que el diccionario las define es un ejercicio más bien decepcionante.

Esto ocurre a menudo al usar los diccionarios, que pese al planteamiento teórico de que deben permitir una coherencia lógica completa, son grandes dinosaurios con capacidad para deglutir muchísimas palabras, pero que encuentran bastantes problemas para su digestión detallada. No es una crítica a nuestros apreciados académicos, creo que es un defecto inevitable en obras tan ambiciosas.

Otras consultas

La conclusión del epígrafe anterior nos lleva a indagar en otros diccionarios, si bien la ambición al hacerlo no es superar las inconsistencias o faltas del *DRAE* respecto a nuestra definición, pues parece seguro que todos tendrán problemas similares, sino más bien plantearnos otros enfoques que nos ayuden a tener una idea inicial tan amplia como sea posible, para que se acomode bien a nuestras indagaciones y podamos usarla como referencia a lo largo del libro. Lo que ya será mucho, si lo logramos.

Me limitaré a un par de ellos. Como escribo en español, comenzaré por el *María Moliner,* un diccionario que conserva un gran prestigio social, forjado a través de la hermosa historia de esfuerzo personal de su autora, trabajando fuera de las instituciones. He consultado la cuarta edición (de 2016), para encontrarme una definición mucho más próxima a la etimología:

> Conjunto de los conocimientos poseídos por la humanidad acerca del mundo físico y del espiritual, de sus leyes y de su aplicación a la actividad humana para el mejoramiento de la vida.

Esta es la segunda acepción que aparece, pero como la primera se refiere al conocimiento individual, sin duda la aquí recogida es la que nos conviene.

Su lectura me deja algo perplejo. El *María Moliner* tiene fama de ofrecer una visión menos formal, más llana y popular, del significado de las palabras. Debo decir que, en este caso, percibo cierta confusión entre llaneza y sentimentalismo. Tengo entendido que los cálculos que se realizan para el lanzamiento de un misil balístico, como los que utilizó Hitler para bombardear Londres, son puramente científicos, pero conciliarían mal con el final de la frase. Lo lamento, pero no puedo aceptar, para la definición que manejaremos, esa condición moral. Eso no significa que no ansíe que los hombres decidan de una vez limitarse a usar la ciencia para ayudarse unos a otros, solo digo que los ejercicios de voluntarismo bondadoso deberían quedar fuera del diccionario, al que, para su función, le conviene un cierto nivel de frialdad de ánimo.

Como ya he indicado, esta definición parece más próxima a la del mero conocimiento: incluye el mundo físico y espiritual. No sé si se trata de un explicativo, poniendo en evidencia las dos facetas que el mundo ofrecería, y, por lo tanto, nos habla de todo el conocimiento, o si es especificativo, y considera que existe otro mundo distinto del físico y el espiritual, cuyo conocimiento no sería ciencia. Me inclino por la primera posibilidad, porque me veo incapaz de identificar ese otro. La mención a la humanidad tampoco parece perseguir un objetivo concreto, más allá de hacer algo más estética la frase. Nada, o muy poco, sobre los métodos de conocimiento científico, más allá de suponer que existen leyes acerca del mundo: y aquí de nuevo se está realizando una suposición voluntarista incluyendo en la definición algo que más bien estará en el anhelo de quien define, pues no es fácil asegurar que vaya a ser así para todo el conocimiento.

La exploración del *María Moliner* no ha resultado esclarecedora. Por cambiar un poco el planteamiento, he pensado utilizar la definición en un diccionario de otra lengua. Y de nuevo, llevado por criterios de prestigio (los cuales, lo reconozco, siempre pueden ser cuestionados), me he dirigido al famoso *Oxford English Dictionary*. Aquí la cosa se complica, porque no hay un solo diccionario, sino toda una colección de ellos, desde el completo a distintas ediciones resumidas o específicamente dirigidas a estudiantes de inglés. Al parecer, *Oxford English Dictionary* también suministra contenidos a las definiciones del ubicuo buscador de Internet Google.

Pese a la variedad de formatos, se podría pensar que existirá cierta similitud en las definiciones para una palabra tan común como *science*. La verdad es que la relación entre las distintas definiciones, en mi opinión, es menor de lo esperable. Muestro algunas de ellas.

En el diccionario principal, lo que se reproduce en el *Shorter Oxford Dictionary*, nos encontramos varias definiciones que se mueven entre el mero conocimiento, ya sea individual o colectivo, o ramas de este, o el aprendizaje de ese conocimiento. Es como si el diccionario estuviera esquivando la cuestión. Al fin, en la cuarta acepción, encontramos nuestro objetivo (intentaré ser fiel en la traducción):

> 4. En un sentido más restringido: una rama de estudio que se ocupa de un cuerpo conexo de verdades demostradas o de hechos observados, sistemáticamente clasificados y más o menos ligados mediante su unión bajo leyes generales, y que incluye métodos confiables para el descubrimiento de nueva verdad dentro de su propio dominio.

Muchos ingredientes, poca concreción. Para no verse atrapados por la necesidad de leyes científicas, afirma que los hechos, una vez clasificados, se someten «más o menos» a leyes generales, lo que tiene su aquel: ¿cuánto sería el mínimo de sometimiento a una ley general para que el conjunto de datos constituya una ciencia? Algo parecido podemos decir de los «métodos confiables»: una aclaración sobre el alcance de ese adjetivo sería muy deseable.[1]

Por otra parte, si acudimos a la definición del buscador de la Red, lo que encontramos no es, en realidad, demasiado parecido:

> La actividad intelectual y práctica que abarca el estudio sistemático de la estructura y el comportamiento del mundo físico y natural a través de la observación y el experimento.

Parece que hemos abandonado la intención de mantener un cierto equilibrio entre el saber general y las ciencias positivas, o naturales, y que nos hemos inclinado por estas últimas, incidiendo en la observación y el experimento. Para seguir con la confusión, hay una diferente en el *Oxford Advanced Learner's Dictionary* (siendo para estudiantes avanzados, podríamos esperar una definición certera):

---

1   La definición utilizada procede de una edición de 2005. He podido consultar una más moderna, en la que se introduce una mención al método científico y las hipótesis falsables, que para mi gusto en poco o nada contribuye a mejorar los defectos que reúno en este párrafo.

Conocimiento sobre la estructura y el comportamiento del mundo físico y natural, basado en hechos que se pueden probar, por ejemplo, mediante experimentos.

Las dos últimas, que están lejos de poder considerarse equivalentes, comparten el rasgo de ser menos detalladas, más difusas, que la del *DRAE;* lo mismo ocurre con la primera, solo que mediante otro procedimiento, pues los detalles que se ofrecen resultan inconcretos. Se podría pensar que eso es conveniente, al hablar de un concepto tan amplio, y que estas definiciones del *Oxford* son más generalistas. Pero no es el caso: la falta de detalle, particularmente en la última, conduce a una descripción más imprecisa. Por no hablar de la incongruencia de «... probar, por ejemplo mediante experimentos». *¡Por ejemplo!,* ¿cómo ayuda eso a la definición? ¿De qué otros modos se pueden probar, y cómo se puede saber eso a través de un ejemplo?

Después de tantos bandazos en las definiciones y tan poca solidez, nos quedamos con la impresión de que los redactores del *Oxford* se han dejado llevar por el espíritu práctico, tan británico, y ante un reto, la delimitación de un término muy complejo, pensando que podría superarles, han preferido escurrir el bulto. En cambio, los hispanohablantes del *DRAE* no han podido reprimir el impulso quijotesco, y se han lanzado contra el molino de viento, dispuestos a derribarlo, sea o no un gigante.[2]

---

2 Me ocurrió una vez que, durante el proceso de revisión por pares de un manuscrito enviado a una revista científica, uno de los revisores anónimos nos acusaba, al principio de su informe, de «pelear contra molinos de viento», al haber presentado un modelo bastante elaborado para interpretar unos resultados experimentales que, en nuestra opinión, no conciliaban con el previamente aceptado. Tras ello, durante dos páginas, realizaba una detallada y bien fundamentada crítica al manuscrito. Por la redacción del informe, para mí resultaba evidente que aquella persona era un hablante nativo del inglés, y en sus giros yo creí ver a un británico. Por nuestra parte, todos los autores éramos españoles, así que la alusión no ofrecía dudas. Yo me sentí indignado por ella, y en el primer párrafo de mi respuesta, quise dejar claro que aquello nada tenía que ver con una lucha contra molinos de viento, en dos frases rotundas pero educadas. Después, dediqué seis páginas a una cuidada discusión sobre los puntos de la estupenda crítica que nos había realizado, modificando algunas partes del manuscrito y justificando por qué me ratificaba en otras. Unas semanas después de enviada esta respuesta, el revisor anónimo devolvió un mensaje sencillo: «Todo correcto, el manuscrito puede ser aceptado», y definitivamente se publicó. Puedo imaginármelo, mientras redactaba esa escueta frase en su despacho, esbozando una leve sonrisa.

Hasta aquí ha dado de sí mi voluntad de explorar diccionarios. Mi impresión es que no ganaremos mucho más consultando otros, y como esto no es una monografía sobre las definiciones del término y cómo apañárselas con ellas, convendrá plantearnos si podemos obtener algunas conclusiones de todo esto.

¿Nos quedamos con algo?

Trataremos de ser metódicos para ello. Una primera aproximación puede ser seleccionar aquello que todas las definiciones tengan en común. Y lo más importante que encontramos en ese sentido es la inclusión de referencias a la sistematización de conocimiento y a la presencia (que como ya he comentado a mí me parece algo problemática) de leyes generales. Pese a que lo he criticado, a este último respecto me gustaría conservar el «más o menos», pero no donde lo ubicaba la definición del *Oxford,* sino afirmando que lo que encontraremos son «leyes más o menos generales». Definamos como definamos esa generalidad, más vale que nos permitamos cierta flexibilidad, porque sin hacer una indagación muy profunda, me vienen a la cabeza bastantes modelos científicos en los que aparecen leyes específicas o parciales, y muy pocos para los que podamos enunciar leyes tan amplias como para considerarlas generales sin sentir cierta insatisfacción.

En todo caso, la sistematización sí parece una base útil. Las memorias dispersas de un anciano e ilustre científico pueden resultar sugerentes y atractivas, pero no constituyen un conocimiento que se pueda calificar como ciencia. La sistematización, y esto es una cuestión importante, conlleva una premisa, no solo respecto a qué vamos a hacer con el conocimiento que se va obteniendo, sino con qué tipo de conocimiento nos conviene obtener. Un diletante que, digamos, por la mañana estudie la entalpía de una mezcla de gases, y por la tarde, las costumbres de apareamiento de una tribu amazónica perdida, no podrá soñar con agruparlos ambos bajo un mismo discurso. Sistematización, por tanto, evoca una idea de especialización. Así que nuestra primera conclusión es algo inesperada: la propia condición de ciencia implica que no haya una sola ciencia, sino muchas, tan especializada cada una de ellas como imponga la necesidad de entenderla como un conocimiento sistemático. Para poder seguir el hilo de los argumentos, citaremos en adelante todas esas ciencias como disciplinas científicas, especialidades o ámbitos de aplicación de la ciencia.

El segundo elemento que se repite es la referencia a la observación, a la experimentación, o a ambas. Con todos los problemas que ofrece la concepción de estos procedimientos en las distintas materias científicas, y de las que ya hemos hablado un poco, estas alusiones hacen referencia a un proceso activo, individual y creativo. Si obtenemos conocimiento de la mera lectura de lo realizado por otros, no practicamos ciencia, solo la aprendemos. Tendremos que mancharnos las manos o la vista (permítaseme el abuso del lenguaje), para observar y experimentar, para que nuestro esfuerzo reciba tan noble calificación.

Todo lo recogido hasta aquí nos conviene. Recopilaremos también otras cosas comunes a las definiciones, si bien, menos evidentes. Me refiero a algunos, podríamos decir, clamorosos silencios. El principal, para mi gusto, es la nula referencia en todas las definiciones al archifamoso «método científico» (salvo la mención, entre paréntesis y no muy significativa, en la definición más actual del *Oxford*). Más adelante le prestaremos atención. Parece chocante dado que, siempre que alguien explora el origen del saber científico, en cursos, charlas o libros, las referencias al método son poco menos que inevitables. Este tiene que ver con la sistematización de los conocimientos, tiene que ver con la obtención de leyes científicas, y tiene que ver con el proceso de observación y experimentación. Sin embargo, todas las definiciones presentadas evitan incluir una descripción clara a él. No estoy muy seguro del porqué: quizá los redactores de los distintos diccionarios prefieren evitar la mención directa, temiendo que eso reste generalidad a la definición, y en particular dificulte la inclusión dentro de ella de las llamadas *ciencias blandas* (ciencias humanas o sociales). Si esa fuera la razón, creo que andan bastante descaminados, porque basta con una visión algo menos rígida de la concepción del método (y dejaremos claro que eso también es necesario en las «ciencias duras» o naturales) para que todas se vean beneficiadas por él.[3]

---

3 Podría también estar relacionado con el hecho de que algunos filósofos de la ciencia modernos han negado categóricamente la existencia del método. Dado que no es difícil ver en esas proclamas una cierta intención provocadora, y que tales aseveraciones han quedado como contribuciones significativas de estos filósofos en sus biografías y reseñas, creo que eso son más bien evidencias en favor de la existencia del método, pues no se consideraría muy relevante ni provocador negar la existencia de un objeto obviamente ilusorio.

Otra cuestión que es evitada por el *DRAE,* y pasada de soslayo por los demás diccionarios, es esa tajante distinción didáctica que en español se produce entre «ciencias y letras», que parecen excluir a las segundas del saber científico.[4] El *María Moliner* recoge la acepción, sin tampoco ayudar a responder a la pregunta que surge: ¿hay algo que justifique postura tan radical? Aunque no pase de ser un tema más o menos popular, esta diferenciación, replicada, ya en los textos literales de las leyes educativas españolas, ya en la forma en que se resumen o son entendidas por el público, es crucial para dar cuenta de muchas connotaciones vinculadas al término *ciencia* en su uso cotidiano. Y eso no se resuelve soslayándolo por ser un significado no técnico, sino de la calle. Pues si una cuestión está vigente para el público común, de poco le servirá al estudioso creer que la ha superado mediante cualquier sesudo estudio que, o no fue aceptado, o nadie llegó a conocer. Las soluciones a problemas socialmente relevantes exigen, además de reflexión atinada, crédito social. En el caso que nos ocupa, más nos vale tener claro que la diferencia entre ciencias y letras, a menudo utilizada con una intención de menosprecio por las segundas, estará en el fondo de las mentes de muchos de los que utilicen el término, más allá de cuál sea la definición más apropiada.

Las tres ciencias

Conversaciones cotidianas

Hemos comentado que existen, al menos, otras dos acepciones de ciencia que no parecen encontrar hueco en los diccionarios, pese a su importancia en las noticias que tienen que ver con ciencia y hasta en las conversaciones cotidianas: de hecho, mucha en las que yo suelo mantener con otros colegas científicos, y sin duda bastante incluso entre personas que no se dedican profesionalmente a ello.

Empezamos por la más concreta: ya se habló de las referencias a los sistemas de ciencia nacionales. La ciencia en las instituciones tiene su pre-

---

4   En inglés, la diferenciación se produce entre «Sciences and Arts», si bien el matiz es distinto.

supuesto, su estrategia, sus objetivos. Es común, en los grupos de investigación, cuando se comenta la proyección de un joven en su etapa posdoctoral, comentar que «hace muy buena ciencia». Así, esta acepción de ciencia sería: «ciencia es lo que hacen los científicos en su actividad profesional». Se produce un desplazamiento del significado. Inicialmente, un científico es una persona que practica la ciencia. Después, como la definición, según venimos viendo, resulta complicada, nos aplicamos en establecer lo que es un científico (en nuestra época burocratizada resulta relativamente sencillo, a través de acreditaciones, contratos y demás aparato administrativo), y damos la vuelta a la conexión lógica. Nos ahorramos dificultades intelectuales, porque es más sencillo identificar a una persona, al pasar, como un científico (sobre todo si lleva colgando un cartel en el que lo pone), que identificar una idea, al pasar, como científica, ya que esta no tiene bolsillo de la camisa en la que prender ningún cartel. Podemos compararlo con la definición que surgiría para la poesía si la describiésemos como: «lo que hacen los poetas». Si el ejecutor es mediocre, o lo pillamos en un momento particularmente poco inspirado, acabaremos calificando como poesía una producción carente de los más mínimos restos de lírica. Ciertamente, por lo que hemos dicho antes, puede ser algo más sencillo etiquetar como «científico» que como «poeta». El sistema posee medios para identificar correctamente su producción como científica, pues esta se plasma en informes, artículos y otros productos que son sometidos a los correspondientes escrutinios de calidad. Esto puede resultar tranquilizador mientras no leamos el capítulo sobre política científica, dentro de unas decenas de páginas, y veamos cómo está organizada la producción sistemática de los científicos en la actualidad.

Pese a todo, en ambos casos, ya sea «poesía» o «ciencia» puede ser aceptable ese significado si somos conscientes de cuál estamos usando en cada caso, en cada conversación.

En cuanto a la tercera acepción del término, es más difícil de encuadrar, aunque para mí no hay duda de que existe y es sustancialmente diferente de las otras dos. Desde el desconocimiento, me atrevería a atribuirle orígenes históricos, a ubicarla en el debate de las ideas que tenía lugar en Europa en los siglos XVIII y XIX. La irrupción de la revolución científica que, por sí mismo, había supuesto Newton, de la no menos relevante aparición de Linneo, y otros hitos que marcan el comienzo de la ciencia moderna, coincidió con un importante replanteamiento de las bases filosóficas sobre las que se venían fundando las relaciones sociales y políticas. Los hay que han visto en estos dos fenómenos una relación causal (curiosamente, hay defensores de la relación en ambas direcciones, planteando que la aparición de la ciencia fue causa, o efecto, del otro debate). En mi humilde opinión, no es imposible que simplemente coincidieran en el tiempo, o incluso que estuvieran originados por una pulsión más profunda que los engendrara a ambos. Lo cierto es que aquellos nuevos tiempos ansiaban nuevos métodos, y los teóricos de la revolución burguesa establecieron su diferencia en el uso de la razón (a la que llegaron a divinizar). La ruptura con el Antiguo Régimen se fundamentaba en la razón como base sobre la que organizar la sociedad, en contraposición con las herramientas de cariz religioso, que hallaban su respaldo en el trasnochado saber escolástico (el desprestigio de la escolástica llegó a ser proverbial, y nos alcanza hasta hoy).

Las revoluciones francesa y americana, más allá de sus éxitos o fracasos prácticos como formas políticas, exportaron sus ideas por todo Occidente y establecieron un nuevo esquema de relaciones sociales, que sorprendentemente quedó pronto desfasado en cuanto a su vigencia como vanguardia intelectual: rápido aparecieron teóricos afirmando que la emergencia de la burguesía como clase dominante (las credenciales de cuna quedaban sustituidas por las credenciales del dinero) no suponía más que un cambio de amos que perpetuaba la injusticia social, y se indagaron las causas y, sobre todo, las soluciones para liberar a campesinos, artesanos y obreros manuales, cuyo rasgo común era la pobreza. La mera razón ya no parecía un buen fundamento para las nuevas ideas, pues había sido la coartada de los burgueses, así que los nuevos revolucionarios defendieron sus planteamientos como «científicos». Sus argumentaciones presumían de poseer la precisión quirúrgica de la ciencia. Los escritos de Marx machaconamente inciden en el carácter «científico» de todas sus teorías, al punto que su escuela filosófico-política acabó siendo conocida como materialismo científico (adjetivo que podría desde luego ser cuestionado). No es el único, también otros socialistas y anarquistas del siglo XIX afirmaban que sus ideas procedían de un análisis «científico» de la realidad social.

Tampoco afirmo que este proceso haya implantado la nueva acepción de ciencia, solo que, como mínimo, muestra un estado de cosas apto para que eso ocurriera. Fuera de esta o de otra manera, en algún momento la ciencia acabó siendo asociada a la reflexión frente a lo establecido por la autoridad del tiempo; a lo profundo frente al mero análisis superficial; a lo preciso y fiable frente a lo cualitativo e inconsistente; a lo obtenido desde primeros principios frente a la acción del prejuicio. En este significado, sería una manera global de pensar, de la que los resultados del método científico aplicados al estudio de la naturaleza constituirían simplemente algunos de sus productos: habría otros, como una filosofía científica o una moral científica (ya hemos visto cómo algo de esto se cuela en la definición del *María Moliner*). Además, se produce una identificación entre la realidad y el saber científico, que por lo tanto se considera la correcta forma de percibir todo lo existente, frente al subjetivismo irreflexivo (y, por lo tanto, erróneo) de otras aproximaciones.

Si se pregunta a la gente por esta visión maximalista de la ciencia, es normal que afirmen no secundarla; sin embargo, impregna buena parte de las connotaciones que términos como *ciencia* y *científico* arrastran cuando son usados.

Hasta aquí, mi presentación de las tres ciencias. Debo también justificar por qué, si es tan evidente que existen estas acepciones y las percibo tan bien diferenciadas, no encuentran su sitio en las definiciones de los distintos diccionarios. La razón que puedo aportar es que los diccionarios no suelen incluir usos derivados de recursos literarios en los que las palabras correspondientes se ven involucradas, incluso si estos están acuñados por la costumbre. Por ejemplo, la frecuente metáfora «el amor es una rosa», tan querida para nuestro Juan Ramón Jiménez, permite identificar ese significado en sus poemas, pero no da lugar a una acepción en la correspondiente entrada del diccionario. En un caso más mundano, cuando hablamos sobre las dificultades que alguien atraviesa, debidas a circunstancias heredadas de situaciones pasadas, podemos decir que acarrea una pesada mochila. El uso metafórico («las dificultades heredadas son una pesada mochila») es comprendido por todos, pero no encuentra un hueco en el diccionario, sin duda porque los académicos entienden que los desplazamientos de significado debidos a usos literarios son libres, pueden extenderse de manera indefinida (y a menudo inesperada) y no deben quedar maniatados en un diccionario.

En nuestro caso, las dos nuevas acepciones son ejemplos de metonimias, si bien tienen sus peculiaridades: para la primera, ya hemos dicho que se sustituye la relación causal de los términos *científico* y *ciencia:* los primeros deberían ser definidos como los que practican la segunda, mientras que, en el uso descrito, la segunda queda definida como la práctica de los primeros, lo que conlleva un indudable abuso de la lógica. Solo que se trata de un abuso corriente, y no nos causa dificultad. Respecto a la otra, se estaría tomando la parte (la ciencia) por el todo (una imagen del mundo), dando por sentado que la primera conlleva inevitablemente la segunda. Y estos ya no son problemas de diccionario, sino más bien de otra índole.

¿Dónde está el problema?

La polisemia es una situación habitual para muchas palabras, en cualquier idioma, y los hablantes convivimos razonablemente con ella. Se producen malentendidos, claro, más o menos graciosos o engorrosos, los aceptamos y seguimos adelante. En estos tiempos en que las personas se organizan con gran facilidad para reclamar que se modifiquen normas o usos que parecen establecidos y que son denunciados por su incorrección, entre nosotros no parece existir una facción que luche contra la existencia de la polisemia en los idiomas, o al menos no tienen el eco suficiente para que haya llegado a mis oídos. Parece que, en cierta medida, incluso nos agrada. Oímos a expertos decir que la polisemia es una riqueza del lenguaje. Puede ser. Yo creo que para considerarlo así, es necesario poner en uso esa parte de nuestra mente que no es tan racional o analítica. Estoy seguro de que para las inteligencias artificiales, esas que, según algunos afirman, pronto nos dominarán, convirtiéndonos en poco más que siervos útiles para sus planes de control universal hasta que puedan prescindir completamente de nosotros, digo que para ellas, seguramente la polisemia no es agradable, e intuyo que preferirían un idioma que posea una palabra para designar cada cosa, aunque solo se diferencie de otra en un matiz, y que en cuanto se hagan con el poder, lo inventarán y lo impondrán. En realidad, tampoco lo es para nosotros cuando los usos son más prácticos: para los viajeros que se desplazan entre dos países cuya moneda se denomina dólar, pero tiene valores diferentes, supone un incordio ese nombre común, y preferirían que alguna de ellas lo modificase.

Si nos apoyamos en esa versatilidad de nuestras lenguas para convivir con la polisemia, para hacer de ella una riqueza cuando debería ser una molestia, ciertamente no debería incomodarnos la de esta palabra para las tres ciencias que venimos describiendo. No habría un problema. Si lo hay, es por dos circunstancias: una, bastante evidente, y otra, que ya ha sido nombrada. En primer lugar, entiendo que tal riqueza se pone de manifiesto cuando el hablante es capaz de utilizar los significados cruzados con un provechoso conocimiento de causa, sacando fruto de una medida contaminación entre ellos, de forma que se pueden trazar figuras irónicas y ambivalencia controlada. En lo que me parece que no hay riqueza es en el embrollo, en la suplantación malintencionada de una acepción por otra, o en la simple desaparición de los márgenes entre ellas, de manera que al final nadie sepa a lo que nos estamos refiriendo cuando se usa el término. Este libro está motivado, en gran medida, por un estado confuso entre las tres ciencias, que a menudo se amontonan en la misma frase sin mayor sutileza intelectual, solo desde la irreflexión o con fines de manipular al interlocutor. Mi impresión es que acierto si supongo que la mayoría de los lectores no habían sido demasiado conscientes de esas diferencias de significado hasta que las han visto plasmadas en los párrafos anteriores. Si es así, constituye una prueba de peso respecto a la primera circunstancia.

La segunda es que las dos peticiones de principio lógicas sobre las que se apoyan los tropos que permiten definir esos nuevos significados son más que cuestionables. En cuanto la ciencia se convierte en «lo que hacen los científicos», y, sobre todo, en cuanto estos se lo creen, empiezan los líos. Todavía más, si asimilan también sin mayor análisis la idea de que la ciencia es un saber superior a los otros en todos los órdenes, filosófico, moral y vivencial. De ahí procede el pecado gremial de los científicos, que sin duda es la arrogancia intelectual.[5] Y de ahí, si no nacen muchas de las situaciones inapropiadas que se recogerán en el libro, sí se crean las dificultades que existen para evitarlas, compensarlas y lograr que no empeoren.

En efecto, mantengo que los científicos hacen muchas cosas al cabo del día, y no todas ellas son ciencia. Es más, que algunas de las cosas que hacen durante su trabajo no tienen por qué ser ciencia, y desde luego,

---

5 Como cualquier explicación general, se trata de un estereotipo: no afirmo que todos los científicos sean arrogantes intelectuales, sino que tal rasgo se presenta entre ellos de manera más abundante que la media, y, desde luego, mucho más abundante de lo que sería conveniente.

que sus opiniones, incluso sobre temas científicos que les resultan próximos, y aún más en temas científicos en los que no son especialistas (y esto es muy difícil de detectar por quien les oye y les lee, si ellos no tienen la honestidad de reconocerlo así), y no digamos en cuestiones no científicas, no son ciencia, en absoluto. También defiendo que la ciencia es un sistema de conocimiento adecuadamente restringido en cuanto a sus temas de interés, métodos y alcance, por lo que, si se practica bien, no se inmiscuye en otros, es compatible con muchas formas de pensamiento en los ámbitos que le son ajenos, y no hay lugar a identificarla con disciplinas que no le son propias. Y, por supuesto, que no se puede establecer ninguna preeminencia de la ciencia frente a esos otros saberes que se dedican a resolver problemas que no son los de la ciencia.

Mostraré un ejemplo de este tipo de razonamiento viciado, al que he llamado «la falacia de Sagan», no porque él la haya acuñado, usado por primera vez o de manera más clara o definida que otros: creo que existe desde hace mucho tiempo. El nombre se lo he puesto porque es típico de *El mundo y sus demonios,* libro al que ya nos hemos referido. Sagan está hablando sobre la predicción de eclipses, y concluye afirmando: «La ciencia es mejor que la religión». Tácitamente, se entiende que la frase se completa: «… para predecir eclipses». Nadie cuestionaría una afirmación tan obvia. Lo que pasa es que Sagan ha eliminado ese final, y en lo que sigue, considera probado que la ciencia es mejor que la religión (al faltar el complemento, el comparativo adquiere una dimensión moral de la que carece si la frase incluye el contexto en el que tiene lugar la comparación: ¡pues sí que resulta útil la polisemia, después de todo!).

El camino se podría recorrer en sentido contrario, con resultados igualmente rechazables: «la religión es mejor que la ciencia», podría afirmar alguien en el contexto «… para ofrecer un enfoque sobre la importancia de nuestra dimensión trascendente». Por muy mal que lo haga una religión al respecto, lo hará mejor que la ciencia, ¡porque la ciencia no dice nada sobre el tema, no es su campo de conocimiento! Si pretendemos que sí lo dice (incluso para negar la existencia de lo trascendente), no estamos aplicando la ciencia, sino las creencias de algunos científicos. Si no es admisible extralimitarnos en las conclusiones en este caso, tampoco lo será en el otro. Es equivalente a afirmar que las fresas son mejores que los martillos. Deberíamos especificar para qué. No, desde luego, para clavar clavos.

Cuál será nuestro planteamiento

No parece sensato renunciar a una acepción de una palabra que esté acuñada por los hablantes, simplemente porque no nos satisface: la lengua pertenece a todos sus hablantes (y hasta a algunos de sus no hablantes, por lo que tiene que ver con la expectativa de que lleguen a serlo) y a ninguno en concreto. Lo que sí puede serlo es denunciar un estado de cosas, en su uso, que no esté contribuyendo al objetivo inexcusable del idioma, favorecer la comunicación, lo que significa entenderse unos con otros apropiadamente. A este derecho me aferro para explicar cómo actuaremos respecto de estos usos, podríamos decir, desplazados, que hemos descrito en los epígrafes anteriores.

Para la segunda acepción, considero que podemos razonablemente evitarla. No la necesitamos. Si en algún momento tenemos la percepción de que los científicos están haciendo cosas que toman por ciencia, sin serlo, así lo diremos, y no será preciso ningún enunciado confuso al respecto. En los pocos momentos en los que pueda necesitarla, para hablar de la organización gubernamental, o corporativa, de producción científica, me referiré a ella mediante expresiones que puedan ser identificadas sin dificultad, bien hablando de ciencia institucional, bien de sistemas de ciencia.

Este libro está dirigido, entre otras cosas, a negar la necesidad de la tercera, que podrá seguir siendo utilizada por quien así lo estime apropiado, pero que si se ha dado la circunstancia de que él o aquel a quien se dirige conocieran los argumentos que aquí presentaremos, como mínimo deberán reconocer que tal uso no está respaldado por una lógica inevitable, y que alguien podría muy bien oponerse sin ser un bruto irracional (un anticientífico, como él mismo diría).

Con esto, vamos a recapitular nuestros avances, antes de plantearnos otros métodos para continuar nuestra indagación. Tenemos entre manos, al parecer, un conocimiento sistemático, variado y con ambición de especialización, que indaga las cualidades de aquello que desea conocer mediante observación y experimentación (lo que a su vez sugiere una relación con el mundo físico, con lo externo a nosotros), y que no parece conformarse con una mera recopilación de la información obtenida, quiere condensarla en unas estructuras, aún no definidas, a las que llamamos leyes. Y permanecen no pocas preguntas sobre cómo se hace todo esto, de lo que nos podrá informar, tal vez, cómo se ha ido haciendo en el pasado.

Un poco de historia

¿Hubo una ciencia primitiva?

Por lo tanto, me parece imprescindible, para terminar de perfilar nuestra definición, que ya cuenta con algunos elementos fiables, repasar algunos hitos históricos sobre su aparición y su evolución. Me limitaré a hechos generales que, en mi opinión, son relevantes para terminar la faena que nos habíamos encomendado en el capítulo; las referencias históricas volverán, sin duda, cuando hablemos sobre la verdad o sobre otras cosas que la relacionan con la sociedad.

La historia siempre es cuestionable (hasta podríamos decir que es uno de sus atractivos), así que los habrá que no compartan mi visión de esos hitos, y hasta nieguen su influencia o incluso su realidad. El lector verá, en todo caso, que no presento más que ideas bastante convencionales, y mi análisis se limitará a organizarlas y comentarlas según lo que pueda resultarme conveniente.

Procuraré empezar por el principio, si eso es posible en nuestro caso. Para ello, deberíamos remontarnos, ya no a referencias históricas, sino anteriores, a la información disponible gracias a la paleoantropología. Por fortuna, no necesitamos ser expertos en esta (preciosa) disciplina, pues nos bastará con algunos elementos básicos sobre el pensamiento de nuestros ancestros primitivos para continuar nuestras indagaciones. Son los siguientes: en primer lugar, sabemos que utilizaron distintas tecnologías, muy particularmente en la construcción de herramientas y armas de piedra, hasta el punto de que utilizamos sus rasgos para caracterizar las distintas «culturas» prehistóricas, que no se refieren solo a nuestra especie, pues incluyen restos asociados a todo el género *Homo,* y tal vez también a *Australopitecus;* en segundo lugar, se ha podido establecer una cierta gradación en la sofisticación de esas tecnologías, de forma que podríamos comenzar en las «tecnologías no humanas» que encontramos en algunos primates actuales, como chimpancés o bonobos, e ir avanzando de manera más o menos continua hasta tecnologías primitivas, pero ya históricas.

La pregunta de partida, ante estas evidencias, es: ¿son esas tecnologías fruto de un conocimiento científico? O, planteado de otra manera, para facilitar la discusión: ¿existe una forma ajena a la ciencia de relacionarse con el mundo material y generar tecnología?, y si es así, ¿cómo podemos diferenciarlas?

Planteada de esta segunda manera, la pregunta se responde sola, y yo diría que de una manera muy sugerente: todos los seres vivos se relacionan con el medio. La mayoría generan actitudes y acciones repetitivas e identificables ante estímulos semejantes. En no pocos casos, esas reacciones al medio se ayudan de elementos ajenos al propio individuo, e incluso no son raros los ejemplos en los que esos elementos son intencionadamente modificados, o al menos seleccionados, para cumplir con una misión. Así que tenemos relación con el entorno y la tecnología, o algo al menos que se le parecería mucho si aceptamos una definición abierta del término. Todo esto, fuera de los seres humanos, y sin posibilidad de ser confundido con la ciencia. Si lo identificamos, cuando encontremos comportamientos similares en nuestra especie, podremos suponer que lo que ahí está ocurriendo no es saber científico. Comparte con él algunas cosas, pues ese conocimiento, al que podemos en principio denominar intuición,[6] se relaciona con la observación, y conlleva un cierto nivel de abstracción, lo que sería una forma sencilla de sistematización. Por lo demás, me atrevo a definir algunas diferencias importantes, que deberían ayudarnos a no confundirlos: el conocimiento intuitivo del medio no se preocupa por las generalizaciones y el enunciado de leyes, sino que se limita a encarar un problema práctico, concreto, con objeto de darle solución; no intenta realizar una sistematización profunda, más allá de la obtención de esas soluciones, por lo que tanto sus procedimientos de observación como los de experimentación son básicos y mínimamente cuantitativos; su método más frecuente de avance, que sin duda lo caracteriza, es el de prueba y error, por lo que en general puede ser considerado un conocimiento puramente experiencial (o, cuando ese tipo de soluciones, mediante un proceso misterioso e indudable, son asimiladas por nuestros genes, y transmitidas de padres a hijos, un conocimiento instintual). Se suele aceptar un relato convencional en el que el conocimiento occidental anterior a la explosión racional griega de los presocráticos (identificados también como precientíficos) estaba

---

6   Soy consciente de que estoy usando un significado muy específico, y más bien poco convencional, de esta palabra; matizaré todo esto más adelante.

sumido en una oscuridad supersticiosa, bloqueada por creencias en lo so-
brenatural. Un mito de magnitud comparable a la de los antiguos. Para
empezar, el prejuicio popular de que nuestros antepasados eran más tontos
que nosotros carece de sentido. Para continuar, la vinculación de ideas
irracionales a todo tipo de conocimiento, incluido el científico, es un hecho tan humano que sigue gozando de buena salud en nuestros días, como
veremos a lo largo de este libro. Los sistemas de creencias han evolucionado, al menos formalmente, en cuanto a sus usos tanto individuales como
sociales, pero por muy prehistóricos que fueran aquellos tatarabuelos, no
tengo duda de que gestionaron su conocimiento práctico y su tecnología
con la sabiduría suficiente como para que el respeto a sus estructuras religiosas no perjudicara la utilidad de sus hallazgos, pues nada menos que su
bienestar y supervivencia se ponían en juego.

De nuevo, algunos rasgos que caracterizan lo que no es ciencia nos
ayudarán a mejorar nuestra definición. Aunque en este caso, vemos en
seguida que los bordes no están demasiado definidos. En primer lugar, las
hazañas tecnológicas que se alcanzaron mediante estos métodos de pensamiento no científico solo se pueden calificar de espectaculares: la industria
lítica prehistórica que hemos citado alcanzó cotas de perfeccionamiento
muy grandes, y las dos posteriores revoluciones metalúrgicas (la capacidad
para alear cobre y estaño, obteniendo bronce, y luego la de fundir minera-
les de hierro en atmósferas reductoras, logrando un metal que casi no
aparece libre en la naturaleza) fueron éxitos impresionantes; el conocimiento de las plantas y de las hierbas, y la observación de los animales,
sobre todo desde que son domesticados, no solo mejoró la alimentación,
sino que estableció bases para una medicina germinal; la sistemática observación del cielo permitió la consecución de calendarios muy precisos, que
ayudaban a controlar los ciclos anuales de las cosechas; y lo que van desvelando los arqueólogos nos demuestra que las capacidades arquitectóni-
cas y urbanísticas de algunas de las civilizaciones antiguas en absoluto
pueden calificarse de rudimentarias. Todo esto nos va llevando, de cultura
en cultura, hasta Roma, el que todos consideramos como punto culmi-
nante de la Antigüedad. Y nos demuestran que, más que una ruptura, la
aparición de la ciencia consistió en la depuración de unos procedimientos
que fueron perfeccionándose durante toda esa etapa anterior. La observación se va refinando progresivamente, e incluso algunos experimentos
cuantitativos van encontrando un hueco; las conexiones lógicas entre

fenómenos aparentemente distintos se van haciendo evidentes, y dan lugar a cierto grado de generalización; también el poder establecido se hace consciente de la necesidad de conservar y mejorar las tecnologías disponibles, y un gremio de especialistas, que se van formando en esas técnicas y saberes, se va abriendo paso. Todo esto ocurre progresivamente, y da lugar a situaciones tan modernas como la de la obra civil en Roma (sobre todo conducción de agua, construcción de caminos y otros avances urbanísticos, que eran tecnologías concebidas por ellos como eminentemente asociadas al avance de los ejércitos), o la de la agrimensura egipcia, que se organizaban como auténticas tecnologías de Estado con muchos puntos en común respecto a la actualidad.

Simultáneamente a este proceso de mejora de la gestión social del conocimiento y de la tecnología, se produce el otro del que hemos hablado antes, la eclosión de la filosofía en Grecia. Circunstancias históricas, económicas y políticas permitieron que tuviera lugar este fenómeno (además, no deberíamos olvidarlo, de la aparición de un puñado de generaciones consecutivas de individuos particularmente brillantes, desde Tales hasta Platón y Aristóteles). No veo improbable que algo parecido haya ocurrido en otros momentos de las civilizaciones, y probablemente la falta de testimonios escritos nos impide conocer apropiadamente sus antecedentes. Me atrevo a sospechar que no se trató, en realidad, de un advenimiento tan nuevo e inesperado, que la reflexión filosófica apareció también mediante la progresiva evolución y maduración de una manera diferente, genuina, de usar los medios humanos (la mente y los sentidos) para relacionarse con el medio.

Porque aquí sí nos encontramos con una forma de enfoque eminentemente ligada a nuestra especie, a lo que, sin tener demasiado definido, llamamos inteligencia, o consciencia, a eso que nos diferencia del resto de animales. Los habrá que piensen que tales diferencias son solo de intensidad, y que no existe ningún rasgo mental exclusivamente humano. Aun así, no parece muy sensato negar una manifiesta superioridad intelectual.

A este respecto, suelo siempre recordar la afirmación de un paleontólogo de bastante notoriedad en los medios que, preguntado por lo que pudo llevar al *Homo sapiens* a desplazar, a vencer en términos evolutivos, al *Homo neanderthalensis,* una especie que poseía, al menos, la misma capacidad cerebral y una comparable capacidad cultural, como poco a poco vamos verificando, dio una respuesta inesperada para mí. En un tono bastante natural, respondió: «no lo tengo claro, pero apuntaré como probable un rasgo muy marcado en nosotros y que tal vez otros homínidos no poseyeron, y es nuestra capacidad para el pensamiento delirante. Nuestra propensión a creer en las grandes ideas, a estar dispuestos a movilizarnos por ellas con toda nuestra convicción y voluntad, da lugar a situaciones extravagantes, pero también a logros como ninguna especie, nunca, ha sido capaz de producir en nuestro planeta. Tal vez, eso fue todo». No estoy seguro de que se pueda demostrar nuestra superior inclinación al delirio frente a la de nuestros primos neandertales, pero la cita me parece una descripción magnífica de lo que nos distingue, no sé si como especie, aunque seguro como civilización.[7]

¿A qué viene esto? Viene a que la irrupción de la filosofía solo puede entenderse en relación con este rasgo. Sin que ningún indicio amparase semejante planteamiento, los hombres han pensado obsesivamente que el mundo, el *Kósmos* griego, puede ser globalmente comprendido y delineado por nuestra mente. Y prescindiendo de un análisis lógico, que habría puesto de manifiesto sin lugar a la duda que tal cosa era ridículamente imposible, los hombres emprendieron la misión, tropezando a cada paso, realizando afirmaciones insostenibles que carecían de significado o coherencia, rescatando lo que de ellas podía salvarse y comenzando de nuevo, sin que las obvias dificultades les causaran el más pequeño desánimo, y sin detener su avance. La primera filosofía es a las obras intelectuales lo que las pirámides son a las obras materiales, un prodigio de la voluntad, un *tour de force* con la que la humanidad hacía patente lo que se podía esperar de ella, no ya en el ámbito práctico, para lo que parecería que la naturaleza

---

7   Tuve el privilegio de conocer y compartir una comida con otro paleontólogo, un sabio de cuyo nombre sí quiero acordarme y que se llamaba Emiliano Aguirre. En aquella sobremesa, él nos contó: «los paleoantropólogos tendemos a exagerar las diferencias entre los restos de los homínidos que estudiamos, empeñados en definir una nueva especie, que es lo que da mejores publicaciones y más renombre. Pero la verdad es que, si las diferencias entre los miembros del género *Homo* se encontrasen en otros animales, nos limitaríamos a calificarlas, como máximo, de subespecies. Para mí, todo lo que se engloba dentro de nuestro género es indudablemente humano». Así las cosas, más bien deberíamos hablar de nuestros hermanos neandertales. Y sobre la manera en que los científicos tendemos a deformar la ciencia para adaptarla a nuestros gustos o simplemente a nuestras ambiciones personales, hablaremos más adelante.

había inventado el cerebro, sino en otro inesperado, radical y de incierto destino. Es construyendo pirámides, esos edificios que ya no eran edificios, que no podían entenderse como la simple evolución de una arquitectura que partía de la cueva para evolucionar a la cabaña o al templo, y filosofía, ese nuevo pensamiento, como aquellos monos pelones evidenciaban que no habían aparecido simplemente para tomar otro relevo más entre las especies que ejercieron por un tiempo su hegemonía entre los animales y las plantas del planeta.

Aquí está el ingrediente que faltaba: cuando se lograra insuflar algo de esa locura maravillosa en el conocimiento tecnológico, la ciencia, aunque no había nacido todavía, estaba lista para ser descubierta.

El advenimiento del modelo científico vigente

Influidos por la manera en que están estructurados nuestros estudios universitarios, los físicos tenemos tendencia a pensar que la ciencia comienza con Galileo y Newton, y que lo hace como una reacción a la autoridad de Aristóteles, que había establecido unas leyes para la mecánica incorrectas, las cuales habían sido aceptadas acríticamente por el conocimiento clásico y medieval. Hay algo de verdad en este planteamiento simplista, que desde luego requiere ser matizado.

Como ya hemos dicho, los elementos para crear una forma de conocimiento sobre la realidad física esencialmente distinta estaban disponibles: la tecnología práctica nacida de procesos intuitivos basados en una observación superficial y un método de prueba y error, y la idea de que nuestro intelecto podía desarrollar leyes generales que describieran esa realidad. No eran fáciles de combinar, y durante siglos se produjeron intentos, titubeos y pruebas fallidas. A menudo se ha exagerado la importancia científica de algunas ideas de los filósofos griegos.[8] Ni los átomos de Leucipo y Demócrito, ni la fuerza de Aristóteles y Arquímedes, tienen en realidad demasiado que ver con los conceptos científicos modernos. Los

---

8 Me refiero a ellos, en general, para hablar de la filosofía de la Antigüedad, pues aunque se desarrollara en el entorno helenístico, y posteriormente en el de Roma, ofrece una continuidad de planteamientos y soluciones reconocible.

ingredientes, por sí solos, no bastan para lograr un buen guiso. Si considereramos que, por ejemplo, los cuatro sabios que hemos citado fueron grandes genios, y, sin embargo, no dieron con la clave, podemos imaginar que la receta no era sencilla de diseñar.

Aunque se suele asignar a Francis Bacon el establecimiento del método experimental (quizá influido por el otro Bacon, Roger), posiblemente la cosa no fue tan sencilla; ya nuestro Menéndez Pelayo indicaba que el filósofo español Luis Vives se había anticipado a las ideas de Bacon, y no me sorprendería que pudiese seguirse su pista, más o menos definida, desde más atrás, a lo largo de todo el periodo escolástico, y posiblemente antes.[9] No creo que aquellos egregios pensadores de la Edad Media no dieran con un método de indagación de la naturaleza a través de la experiencia y un apropiado protocolo de pensamiento por falta de capacidad para hacerlo, sino más bien por desinterés. Para empezar, el saber práctico no se tenía por elevado, se consideraba más bien cosa de artesanos. Y además, todavía más importante, había una creencia implícita de que el mundo podía ser comprendido, abarcado mediante el uso del intelecto humano, que debía existir una Ley General que englobara armónicamente todo, incluyendo lo espiritual, lo físico e incluso lo trascendente. Llama la atención que en el ámbito del cristianismo (una religión que desde sus orígenes enfatiza la necesidad de la fe para comprender los misterios teológicos) el más grande de sus filósofos, Tomás de Aquino, siguiendo a Aristóteles, se coloca en una posición mucho menos maximalista, y del *Credo quia absurdum* de los padres, avanza hasta una posición en la que razón y fe deberían complementarse, y en la que la primera, de hecho, tiene capacidad para dar cuenta del mundo. En este paradigma de conocimiento, es lógico que los filósofos consideraran los distintos fenómenos físicos como un problema menor dentro del formidable reto de construir un modelo global que incluía lo intangible, cuya influencia en lo material nadie cuestionaba.

---

9   Seguramente esta indagación ya habrá sido realizada. Lo que ocurre es que no ha sido capaz de permear la negativa visión que ha quedado en el imaginario colectivo respecto a los escolásticos, a quienes todos se representan discutiendo sobre el sexo de los ángeles con el ejército turco a las puertas, gracias a una imagen afortunada que seguramente es apócrifa, y que en todo caso poco tiene que ver con el saber medieval.

El caso es que los tiempos cambiaron, y aquella idea cayó en crisis. Los nuevos intelectuales eran burgueses, hijos de profesionales liberales, o vivían en ciudades, entre ellos, y ya no veían tan descabellado preocuparse exclusivamente por la comprensión del mundo físico, habida cuenta de que los excesos escolásticos habían acabado por desprestigiar su búsqueda del saber sublime. Por no hablar de que el caos teológico en el que había desembocado la Reforma, con muchas iglesias en lugar de una Iglesia, y todas ellas más o menos en pie de guerra, no ayudaba a tener confianza en que lo trascendente y espiritual ofreciera buenas soluciones a los problemas reales. Seguramente este cambio en las condiciones sociales, económicas y (sobre todo) de mentalidad imperante, era el empujoncito que le faltaba a la ciencia para nacer. Sin por ello quitar mérito a aquellos colosos que plantaron sus bases.

Además, había ido ocurriendo otra cosa, no en la forma típica de revolución abrupta, que tanto complace a historiadores y sociólogos, porque parece que eso ayuda a considerar creíbles las teorías más atrabiliarias, sino mediante un proceso gradual, sistemático e imparable, a través de siglos. Me refiero al advenimiento de las matemáticas como un corpus de conocimiento maduro y poderoso. Nacidas de las humildes necesidades prácticas, la aritmética, que fue deviniendo en álgebra o en teoría de números, la geometría y la astronomía se fueron desarrollando desde antiguo, fueron mejorando sus métodos, demostraciones y relaciones; desarrollaron un llamativo «tráfico de ideas», cuyo eje fue la cultura árabe clásica, que recibió la influencia de la Grecia antigua, de las contribuciones persas e indias (además de sus aportaciones originales), y llegó al Renacimiento occidental, un poco a la sombra del conocimiento oficial (filosofía y teología). Y para cuando algunos avispados, como Galileo, quisieron darse cuenta, las matemáticas eran el sistema de conocimiento mejor estructurado de su tiempo. Habían realizado el trayecto desde la utilidad intuitiva al saber culto, prefigurando el que llevarían a cabo las ciencias experimentales; y, sobre todo, ofrecían unas bases a la vez cuantitativas y abstractas sobre las que desarrollar toda la ciencia posterior: «la naturaleza es un libro escrito en el lenguaje matemático», dice la famosa cita de Galileo. Ante todo, eran la herramienta fundamental sobre la que se podía trabajar en ciencia de una forma como nunca se había hecho: los elementos de Euclides presentaban el espacio donde ocurrían los fenómenos, un elegante lugar con tres dimensiones, triángulos rectos que cumplían el teorema de Pitágoras, rectas paralelas que jamás se cortaban, y rectas secantes que solo lo hacían en un punto. Los instrumentos de medida ofrecían resultados numéricos, sobre los que se podían establecer relaciones mediante operaciones aritméticas, y predicciones muy precisas mediante la resolución de ecuaciones. Definitivamente, cualquiera que quisiese hacer física tenía las herramientas para empezar a trabajar... Bueno, en realidad le habría faltado una. Lo contaremos dentro de unos párrafos.

Por ahora quiero volver al método: más que en un protocolo rígido de trabajo, consiste en una especie de exacerbación de los procedimientos que venían aplicándose desde antiguo al desarrollo de las tecnologías. Salvo que es tan extremado, que provoca un cambio cualitativo en su búsqueda y resultados. El objetivo ya no era obtener un determinado producto con la mayor calidad posible, sino dar con una idea que pudiese conducir a ese producto. Avanzando un poco más, la idea ya no estaba mediatizada para su inmediata aplicación, podía ser interesante como mera comprensión del fenómeno que condujera a esa o a otras consecuciones prácticas relacionadas. Lo ilustraré mediante un ejemplo. Frente a los métodos tradicionales para tallar herramientas de piedra, se podría plantear la búsqueda de una ley conceptual que describiera la dureza y fragilidad de los guijarros, en relación con el impacto mecánico de otros materiales en distintas direcciones, para después aplicarla a ese cometido; pero el planteamiento es tan indirecto y artificial que a nadie centrado en su necesidad práctica le habría parecido razonable. La nueva ciencia, sin embargo, la vindicaba, bajo la esperanza de que, una vez realizado semejante esfuerzo intelectual, todo eso sirviera para bastante más que para construir los utensilios y las armas de la tribu. En qué basaban sus seguidores las esperanzas de que tales ideas pudiesen existir o cumplir esa misión, resulta misterioso.

Ese enfoque tan peculiar implicaba formas de actuar y de pensar igualmente diferentes: la observación debía tender a ser tan analítica y cuantitativa como fuera posible. Considero importante recalcar que se trata de un comportamiento muy antinatural: la observación convencional, si una persona no es entrenada en el método científico, busca simplemente captar la mínima información necesaria para hacer una composición cualitativa, o a lo más semicuantitativa, de la situación para, lo antes posible, gestionarla en función del archivo experiencial del cerebro. En eso está basada la interacción intuitiva con el entorno, que lleva impulsando la evolución de los sistemas nerviosos de los seres superiores desde que se vienen desarrollando en la Tierra. El científico debía imponerse unos métodos de detección y observación desproporcionados, sin hacer concesiones a ninguna licencia de la mente, a la que no consentía ya sugerir «ya tenemos suficientes datos» o «ya tenemos una estimación suficientemente precisa». Teniendo, además, en cuenta que el objetivo ya no era una aplicación práctica directa, sino la elaboración de una idea, cuyos límites y alcance no podían delimitarse con antelación, los más ínfimos datos o elementos podrían tornarse relevantes, por lo que la observación requería una atención, tanto a lo global como a los minuciosos detalles, que no tenía precedentes. Hoy en día, sigue siendo difícil entrenar a los alumnos de estudios científicos en las técnicas de observación, incluso a los más duchos en los desarrollos teóricos, porque verdaderamente se está violentando la manera natural en la que uno se plantearía esa actividad.

Otro tanto ocurre con las verificaciones experimentales: las ideas científicas plantean predicciones sobre lo que ocurrirá: tales predicciones deben ser todo lo cuantitativas, precisas y detalladas como sea posible. Y su contraste requiere un procedimiento de observación del nuevo fenómeno (sobre el que se ha realizado la predicción) igualmente minucioso. A ser posible, se compondrá el entorno en el que el fenómeno vaya a ocurrir para que lo haga en condiciones controladas y medibles.

A la manera en que esa nueva forma de observación es gestionada por la mente para generar la idea científica, y a la manera en que esa idea da lugar a nuevas predicciones, se las denomina *inducción y deducción*. El modelo científico depende por completo de ellas, pues no es tal si no procede de la observación, de una manera racional (no hemos definido cómo se hace eso, confiaremos simplemente en la concepción que el lector pueda tener sobre la racionalidad), y tampoco si no es capaz de realizar predicciones que se consideren nuevas, esto es, que no se limiten a una mera repetición de los fenómenos ya observados, a partir de los que se indujo la idea, y que por lo tanto esta se ponga a prueba, o sea, se pueda determinar si la predicción se cumple. Y si no se cumple, o el procedimiento deductivo seguido es incorrecto (supondremos también en este caso que se desarrolla como un proceso racional), o es el modelo el que encierra algún fallo, por lo que el proceso inductivo, ahora con una nueva evidencia, la del experimento que no verificó las predicciones, debe ponerse de nuevo en marcha para generar una nueva idea científica mejor.[10]

Y esto es, en esencia, lo que aquellos protocientíficos de hace cuatrocientos años se propusieron. Diré que tal vez ellos no se lo habían planteado de una forma tan explícita y a la vez tan radical. Como ya se ha comentado, no había demasiados indicios para asegurar si esta forma maniática y quisquillosa de afrontar la comprensión del mundo material podría tener éxito. Máxime cuando los procesos de inducción y deducción, pese a sus descripciones más o menos técnicas, no admitían en ningún caso el establecimiento de un protocolo estandarizado para su realización. La verdad es que eran (y siguen siendo) eminentemente creativos, tan dependientes del talento individual como lo puedan ser las viejas seis artes, o la filosofía a la que pretendían relevar.

Lo menos que puede decirse es que este programa ofrecía una perspectiva incierta sobre su futuro. Tal vez permitiera algunos avances, tal vez se pusiera de moda durante algún tiempo, o tal vez fuera perdiendo seguidores, y los que se dedicaban al ejercicio de pensar se aficionaran a otra cosa. En estas estábamos, cuando ocurrió algo. Algo inesperado, distinto, y que cambió la Historia para siempre. Ese algo se llamaba Isaac Newton.

En los siguientes capítulos habrá tiempo para hablar sobre algunas de las sombras del personaje, pero ahora nos centraremos en sus luces. Si un científico hubiese realizado tan solo uno de los logros menores de Newton (digamos, los hallazgos sobre el espectro de colores de la luz, o sus manejos con el binomio al que dio nombre) habría pasado a la historia como un genio: en Newton, solo merecen unas pocas líneas de su biografía. Si un científico hubiese realizado solo uno de sus tres logros mayores, a

---

10   Existen no pocas discusiones sobre si la elaboración de las ideas científicas sigue este proceso, u otro, o varios, y sobre si tales procesos necesitan ser más o menos matizados. Los debates llegan a puntos tan pintorescos como el de los pensadores que afirman que la teoría es preconcebida por el investigador *antes* de que realice el experimento. Lamento no poder dar crédito, en etapas tempranas de nuestra exploración, a planteamientos tan truculentos, a los que me referiré en el capítulo sobre filosofía. De momento, si el lector no es un experto en epistemología o sociología de la ciencia, tendrá suficiente con estos rudimentos; y si lo es, y pese a ello sigue deseando leer este libro, deberá tener paciencia para que hablemos un poco sobre esas cuestiones.

saber, el desarrollo del cálculo diferencial, su modelo de mecánica y el de la interacción gravitatoria, eso lo ubicaría inmediatamente entre los más importantes de todos los tiempos, pues habría sido el padre de una revolución científica. Polémicas aparte sobre asignaciones de descubrimientos y precursores más o menos aceptados, con Newton se verifican esas tres revoluciones, y tras su paso por la historia del pensamiento, el proyecto de un saber específico al que hoy llamamos ciencia, más o menos pergeñado como un objetivo o una voluntad, se transforma súbitamente en una disciplina madura y perfectamente establecida.

El cálculo diferencial (el pequeño ingrediente matemático que faltaba), además de abrir un campo nuevo y fecundísimo en las matemáticas, permitía definir con toda precisión relaciones entre la posición de un objeto y el tiempo, cuando el concepto de *velocidad* resultaba insuficiente. Aquí es pertinente demorarnos en una descripción algo detallada. Los objetos que se movían de manera constante (recorrían espacios iguales en intervalos de tiempo iguales) podían, antes de él, ser comprendidos; pero cuando se topaba con un movimiento en el que los objetos comenzaban con un desplazamiento lento, y con el tiempo iban sucesivamente más rápido, todos los estudiosos que se aplicaban en alcanzar su comprensión se topaban con enormes dificultades. Así, la caída libre de un objeto: es evidente que, al principio, nada más soltarlo de nuestras manos, está parado, y que su rapidez va aumentando a medida que se desplaza. ¿Cuál es la forma apropiada, cuantitativa, apta para realizar ciencia, de describir ese movimiento? Armado con su recién descubierto concepto de la *derivada,* un cociente entre cantidades inconcebiblemente diminutas, llamados *infinitésimos,* cuyo resultado podía tener un valor finito, Newton pudo dar cuenta de ese tipo de desplazamiento mediante la aceleración, una función que recoge la información sobre los cambios infinitesimales de la velocidad a través de infinitesimales variaciones del tiempo.[11] No era un éxito menor: las aceleraciones tienen dificultad para ser medidas incluso en nuestros días; en el siglo XVII, hacerlo era imposible. Ni siquiera eran concebibles más que en una forma confusa. La aceleración era el primer producto

---

11 Adviértase que tales cocientes no pueden realizarse realmente, pues no podemos medir infinitésimos: hablamos, por tanto, de una operación imaginaria, o si se prefiere, conceptual.

genuino de ese nuevo conocimiento, la ciencia: un objeto intelectual, deducido a partir de la observación, pero que la trascendía, y permitía un campo de predicciones materiales nuevo, amplio, inaccesible mediante los antiguos modos de pensar, a la vez matemático y práctico. Con la aceleración, producto de la feliz combinación de su nueva forma de calcular y de la observación del movimiento, puede parecer fácil (entiéndase, fácil, si se es Newton) construir todo un modelo para la mecánica. Newton engendró dos nuevos conceptos, la *fuerza* (un artilugio intelectual vinculado con la acción mecánica, o sea, con la capacidad de los agentes naturales para modificar el movimiento de los objetos), y la *masa inerte* (que tenía que ver con la cantidad de materia de un objeto, aunque se caracterizaba en función de los efectos de la acción mecánica sobre ellos). Y con todo ello enunció sus tres maravillosas leyes de la mecánica, que siguen vigentes.

Las repasaremos de forma sucinta. La primera afirma que, en ausencia de acción mecánica, se mantiene constante la cantidad de movimiento de un objeto, magnitud que se calcula multiplicando su masa por su velocidad. Es muy importante considerar que la velocidad no es solamente lo rápido que se recorre el espacio: tiene entidad vectorial, esto es, se caracteriza mediante esas flechitas imaginarias que poblaban los libros de física del colegio, y no solo importa su cantidad, sino hacia dónde se dirige. La velocidad, como cualquier otro vector, no cambia solo si aumenta o disminuye su magnitud, sino que también se modifica si varía su dirección. La primera ley ya había sido postulada por Galileo. Newton la vuelve a recoger porque supone un cambio fundamental en la comprensión de la acción mecánica. Era sencillo entender que un objeto quieto, en ausencia de acción, se mantendrá inmóvil. Para la primera ley, esto es solo un caso particular, un objeto moviéndose a una velocidad distinta de cero la mantendrá, con su mismo valor y dirección, si nada actúa sobre él. Y esto es bastante menos intuitivo, por la sencilla razón de que, en nuestro planeta, sujeto a la gravedad, envuelto en una densa y viscosa atmósfera, y poblado de superficies deformables y rugosas, ¡la realización de un experimento en el que tal cosa se verifique es casi imposible! Los objetos que lanzamos en nuestros laboratorios, por muchas precauciones que tomemos para aislarlos, acaban antes o después deteniéndose. Galileo, Newton y todos los que les siguieron solo pudieron soñar ese experimento y suponer cuál sería su resultado. Después de un puñado de tiempo enseñándola en mis clases, puedo confirmar que no resulta difícil, entrelazando preguntas con intención, llevar a unos alumnos nada tontos a afirmar que un objeto en movimiento y en ausencia de acción alguna acabará parándose. Eso, después de tres siglos de sistemática exposición de nuestra cultura a la mecánica newtoniana: hasta tal punto esta afirmación es ajena a la experiencia y la intuición.

La segunda ley expresa, mediante una relación analítica, la relación entre la fuerza (de nuevo, un vector) y la aceleración que sufre un objeto, a través de su masa. La comentaremos con algún detalle más adelante. En cuanto a la tercera, permite comprender la acción mutua entre dos objetos, indicando que las fuerzas que se ejercen entre ellos serán iguales en módulo y dirección, y sus sentidos, opuestos.

Con esto es suficiente. El aparente caos del movimiento de los objetos se había ordenado de repente, estas leyes inducidas permitían deducir la dinámica de las cosas, de todas las cosas. No solo eso: el modelo manejaba magnitudes vectoriales, o sea, se apoyaba de manera natural en ese hermoso entramado matemático, el espacio euclídeo tridimensional, que si ya desde antiguo venía considerándose la mejor imagen del espacio en el que existía el mundo, desde ese momento disponía de una ejecutoria incuestionable para ello.

Honestamente creo que ni el más optimista de los que postulaban la ciencia como un nuevo conocimiento podría haber concebido una confirmación tan rotunda de su utilidad, en tan poco tiempo.

A Newton, sin embargo, no debió de parecerle suficiente, así que armado con su nueva mecánica, enunció una expresión para la fuerza que realizaba la gravedad, dirigida hacia el centro del objeto que la generaba, y con una magnitud que era función de la inversa de la distancia elevada al cuadrado. Y razonó que, si una piedra, lanzada en dirección horizontal sobre la superficie de la Tierra, tardaría un tiempo en caer, y lo haría a una cierta distancia, según recogían sus leyes mecánicas, una piedra inmensa, lanzada con una gran velocidad horizontal, aprovechándose de la forma esférica de la Tierra, no terminaría de caer nunca, pues a medida que se curvaba su trayectoria, también lo hacía la superficie de nuestro planeta. Bastaría llamar Luna a ese enorme pedrusco, y estábamos describiendo el movimiento de rotación de un astro como el de cualquier otro objeto sometido a la gravedad. El de piedras aún más grandes, los planetas, alrededor del Sol se comprendía gracias a la misma gravedad que hacía caer todos los objetos, y se podía hacer con total precisión, interpretando las complejas trayectorias y velocidades que Kepler había postulado. Los astros no eran objetos distintos a los que nos rodeaban, y la gravitación, desde entonces, fue universal.

Siempre me ha parecido que los sociólogos de la ciencia, cuando pretenden explicar su aparición como el resultado de una mentalidad, una época, o de una cosmovisión particular, cuando no de unos condicionantes políticos y económicos determinados, deben de sentirse francamente incómodos por la presencia de Newton en la ecuación. Nada sobre el nacimiento y desarrollo de la ciencia se puede entender sin considerar su figura excepcional (que lo es tanto por sus méritos, como por tratarse de un fenómeno único). No solo convirtió la mecánica en una ciencia madura simplemente a raíz de sus hallazgos, sino que influyó de manera determinante en el desarrollo de todas las demás especialidades: la química, la biología, la termodinámica, que, pese a contar con importantes genios e hitos en su desarrollo, no tuvieron un Newton, y necesitaron varios siglos de avances, retrocesos y debates (a menudo encendidos) para alcanzar niveles de madurez semejantes. No se puede soslayar que, si ese esfuerzo colectivo, con mejoras pobres o discutibles, sobre todo en sus principios, mantuvo el pulso y la ambición por seguir progresando, ello se debió en gran medida a la influencia que el éxito de Newton significaba: si él había logrado triunfar, ¿por qué no nosotros?, es una idea que parece fluir de manera sutil a lo largo del tiempo, que parece reflejarse en el tesón y la motivación de los que recorrían esos caminos azarosos.

De un golpe, el pensamiento científico había adquirido un prestigio impensable para una disciplina tan joven. Para aclararlo aún más, incluiremos algunas fechas: Isaac Newton nació en diciembre de 1642 (según el calendario juliano, entonces vigente en Inglaterra: para el calendario gregoriano, era ya enero de 1643), apenas un año después de la muerte de Galileo, dieciséis desde la de Francis Bacon. Entre las décadas de los sesenta y setenta del siglo XVII, esto es, entre los veinte y los cuarenta años de edad, realizó sus principales aportaciones, que fueron comunicándose lentamente entre colegas y corresponsales, hasta su publicación en sus libros más famosos: *Los principios matemáticos de la filosofía natural* (1687) y *Óptica* (1701). Para entonces, sus ideas eran conocidas y aceptadas por la comunidad científica. Habían pasado menos de cien años desde que Galileo emitiera sus primeros balbuceos en busca de una descripción para el movimiento de los objetos. Considerando los casi dos mil años en los que las ideas aristotélicas sobre mecánica se habían mantenido incuestionadas, podemos calificar todos esos cambios como vertiginosos.

Con todo esto hemos revisado algunas de las claves respecto a la definición que deseábamos. La historia de los siglos xviii y xix en relación con la ciencia o con la importancia que se concedió a la indagación racional de los hechos tangibles del mundo, desde el movimiento de los objetos inertes hasta la evolución de las sociedades o la riqueza, es un campo apasionante, rico, y del que ignoro demasiadas cosas como para insistir en estas disquisiciones. Un elemental pudor intelectual me pide dejar, por el momento, las cosas aquí, y volver a mi indagación inicial. No lo hago, además, con el morral vacío: sabemos ahora bastantes cosas como para intentar la definición de la ciencia, y hasta para comprender algunas de esas preguntas extrañas y significados desviados que han ido apareciendo. De todas maneras, algo de historia, en los capítulos siguientes, será de nuevo necesaria.

Punto de llegada

Mi impresión es que ya tenemos suficiente para ensayar esa definición que nos pusimos como misión. No sé si será del agrado para todos, y no me empeño en lograrlo. Me bastará con que no sea demasiado disparatada (virtud que debería perseguir, en general, la tesis de todo aquel que se lanza al ruedo de la reflexión) y que nos resulte, como ya hemos repetido alguna vez, útil.

Enumeraremos sus rasgos, según hemos ido recogiéndolos, y los presentaremos siguiendo un cierto orden conceptual:

— Es una forma de conocimiento o, mejor dicho, un conjunto de formas de conocimiento, distinguidas por los campos de saber que constituyen sus objetivos, y unidas por rasgos comunes en cuanto al método de exploración que se usa.

— Cada una de esas formas o disciplinas científicas está dirigida hacia la unificación y síntesis de los conocimientos que se obtienen en el campo que explora.

— Se caracteriza por basarse en un planteamiento intelectual diseñado por el propio ser humano, no meramente innato o intuitivo;

para su construcción, utiliza algunas hipótesis previas, sobre las que funda sus métodos o procedimientos.

— La premisa más importante es la suposición de que, en un ámbito determinado, la acumulación de un número finito de observaciones de fenómenos concretos podrá conducir a su sistematización conceptual, o sea, a su comprensión mediante un mecanismo lógico tal que trascienda la mera enumeración o compilación de los fenómenos observados. A esto lo podemos encontrar descrito como principios, leyes o (para mí, el término preferido, por razones que expondré más adelante) modelos científicos.

— Esta síntesis incluye la suposición del carácter no esporádico, sino sistemático, de al menos parte de las observaciones, así como la posibilidad de realizar previsiones que vayan más allá de la mera repetición de las observaciones previas, esto es, que incluyan fenómenos de naturaleza suficientemente distinta. Por lo tanto, los procesos de observación y comprobación experimental son inherentes a la práctica científica. Dada la importancia de ellos, en cada campo se debe describir apropiadamente cómo se realizan tales procesos, y en general encontraremos que son característicos y específicos: de nuevo, no pueden ser entendidos como meros procesos naturales o intuitivos de interacción con la materia a conocer.

— Ha ido quedando más o menos implícito hasta aquí, pero lo expresaremos en este momento: la ciencia tiene vocación de saber cultural, de conocimiento producido en común y a través del tiempo, de ir incrementándose con las sucesivas aportaciones. Pese a ser una actividad creativa, y pese a que tiene sus evidentes hitos y sus evidentes figuras relevantes, la ciencia puede ser descrita sin referencias a los individuos que contribuyeron a los sucesivos avances y nunca se cierra a otros nuevos.

— Para ilustrar la elaboración del pensamiento científico recurriré a un símil, que espero resulte comprensible: hablando de herramientas mecánicas, la relación entre el pensamiento convencional que condujo a las primeras tecnologías, y la ciencia, sería comparable a la que existe entre un tosco garrote de madera, blandido por la mano de un cazador primitivo, y una llave inglesa. El segundo no solo posee una sofisticación incomparable respecto al primero, no solo requiere una finura y precisión para su concepción y fabricación de la que carece el segundo, sino que prefigura un mundo surtido de tuercas hexagonales y roscas que no tienen sentido para quien no las conozca. El primero es casi una consecuencia inevitable de nuestra condición como especie, mientras que para el segundo podrá indagarse el momento y la forma en que fue inventado. Por lo demás, ambos son instrumentos manuales dirigidos a facilitar determinadas tareas de interacción física con el entorno. Podemos, por tanto, determinar sus semejanzas sin dejar de ver las claras diferencias.

Esto es lo que hemos averiguado. Desde luego, la enumeración siguiendo guiones me ha resultado práctica, dado que es una definición bastante complicada. Con todo, siempre podría haber buscado condensarla en un texto elaborado. No lo he hecho porque esa estructura en forma de recetario o manual de instrucciones, esa comparación final que he incluido con toda la intención, es en mi opinión el rasgo más importante que debemos extraer: la ciencia es una herramienta. En realidad, sería una caja de herramientas o una elaborada navaja suiza. En todo caso, un dispositivo intelectual creado por el hombre para ser utilizado en momentos concretos y con objetivos concretos. Se basa en un mecanismo convencional por el que utiliza siempre el sistema de observación, enunciado de una ley «más o menos general», y comprobación experimental u observacional de las predicciones de esa ley; y los procesos intelectuales de la inducción de la ley a partir de la observación, y deducción de la predicción desde la ley enunciada.

El carácter artificial de la ciencia es un rasgo que rara vez se enfatiza, siendo para mí uno de los que más claramente la caracterizan. Es una creación que podemos razonablemente ubicar en una época y un lugar concretos. Fue concebida por una civilización intelectualmente madura, y ya hemos enfatizado hasta qué punto es ajena a la forma en que uno se planearía resolver cualquier problema práctico. Por eso, apenas es factible dedicarse a ella como oficio sin muchos años de formación, salvo que se den unas condiciones de talento especial, de genialidad, muy poco frecuentes. Esto no concilia con una idea que a veces se plantea, la de que la ciencia es una manera natural de pensar, que puede ser concebida por los niños con una mínima ayuda. Por extraño que parezca, este planteamiento es defendido por textos sobre didáctica infantil, que defienden un enfoque en el que, más que enseñar la ciencia, se debe simplemente ofrecer un entorno apropiado para que sea el propio alumno quien vaya investigando y obteniendo los descubrimientos relevantes. Solo puedo concebir que alguien realice seriamente tales afirmaciones si no tiene la más mínima idea de lo que está hablando, y jamás ha aplicado semejantes teorías en una clase real.

Hasta aquí, mi definición. Si al lector le parece que hemos conseguido mucho, o demasiado poco, nada podré aducir para convencerlo de lo contrario. Puedo ilustrarle cómo se ajusta a los distintos tipos de ciencia que podamos concebir: la aplicaremos a aquellas ramas que son consideradas científicas «más allá de la duda razonable», y a las que podrían considerarse, según como se mire, y así estableceremos unos límites que no sean demasiado difusos. Y a partir de ahí, seguiremos con el plan que nos habíamos trazado.

Muchas ciencias...

Tipos de ciencias y tipos de no ciencias

Haremos un rápido repaso de algunos campos del saber para ver qué tal les encaja nuestra definición. Será necesariamente incompleto, dado que no me siento capaz de construir un catálogo, ni siquiera medianamente aceptable, de todos ellos. Mi intención es más bien ofrecer ejemplos en los que veamos cómo debemos indagar para encontrar los rasgos que permitirían determinar, aportado un saber determinado, si es, o no, científico.

Dejemos actuar por un momento a nuestros prejuicios. Estoy viendo a las tradicionales ciencias de la naturaleza hincharse ufanas, seguras de que superarán sin problema la prueba de contraste, e ingresarán en el selecto club. Veo también a muchas ciencias humanas agolparse en la fila, nerviosas, repasando mentalmente si, considerando a lo mejor de manera amplia algunas de las premisas, podrían llegar a entrar, evitando el destierro al páramo de las *no ciencias*.

Bueno, advierto al lector que semejante visión es ajena a este libro y a su autor, y que quien avance en su lectura, si no quiere saltar continuamente de la confusión al desagrado, deberá también descartarla, al menos de la parte racional de su mente. La ciencia no es en principio una manera mejor de conocer que otras. Lo es si el objeto a conocer se ajusta mejor a las premisas y a los métodos de la ciencia. Y será una forma peor de conocer cuando se aplique a objetivos que en nada se ven favorecidos por ellos.

Mostraré un ejemplo: la muy científica disciplina química construye un muy científico modelo de sistematización llamado *tabla periódica de los elementos*. Es necesario para todo químico conocer su utilidad, como también lo es saber exactamente el nombre del elemento que ocupa cada recuadro de la tabla. Pues bien, este último conocimiento no puede obtenerse aplicando un método científico: no hay manera de observar detenidamente los nombres de algunos de esos elementos, inducir una ley general para sus nombres, y predecir los de aquellas casillas que no hubiésemos observado anteriormente. Quien pretendiera tal cosa caería en el absurdo, y no lograría correctamente el objetivo, algo que sí se logra mediante reglas mnemotécnicas, estudio repetitivo o la imposición de tener siempre a mano una tabla para su consulta (procedimientos todos ellos no científicos).

Aún hay más: siguiendo con el símil del garrote y la llave inglesa, en verdad no resulta sencillo establecer dos conjuntos totalmente diferenciados de instrumentos manuales, entre los básicos y los sofisticados. Un martillo o una cuchilla son simplemente objetos para golpear y cortar, respectivamente, lo que los ubica entre los básicos, y a la vez han sido mejorados en cuanto a su diseño y materiales hasta llevarlos a altas cotas de sofisticación. Hemos estado persiguiendo la confirmación de que el término *ciencia* podía ser un ámbito categorial bien definido, capaz de diferenciarse nítidamente por sus métodos o conclusiones. Lo cierto es que las cosas no son así. Si identificamos otras formas de conocer (ya hemos hablado de las tecnologías precientíficas), veremos cómo se puede trazar un camino continuo, sin ruptura evidente, desde métodos puramente científicos a métodos ajenos a la ciencia. Necesariamente, dado que vamos a establecer una frontera, quedará definida de forma arbitraria, pues ya digo que no es posible detectar una separación clara. Puede parecer una petición de principio incómoda o desilusionante, pero no debemos preocuparnos demasiado: decidamos lo que decidamos, la diversidad de lo que ubiquemos entre las ciencias será tan grande que apenas podremos realizar algunas afirmaciones aptas para describir un conjunto tan heterogéneo.

Así que puede que la mejor manera de encuadrar esta indagación sea, al contrario de lo que nos proponíamos, identificar algunas no ciencias, de manera que veamos adónde nos conducen todas estas ideas. Y si hay que nombrar una no ciencia en primer lugar, mi favorita, desde luego, es la medicina.

Recomiendo ahora al lector una pausa dramática, de unos pocos segundos. Hasta qué punto se ha sentido sorprendido, molesto y hasta indignado por mi afirmación anterior, por sacar de un plumazo a la medicina del Olimpo de las ciencias, le permitirá entender cuánto está influido por la presunción de que la ciencia es una forma de conocimiento superior al resto. Ya he dicho anteriormente, y vuelvo a resaltar aquí, que para mí eso no ocurre: es mejor para algunas cosas, y puede ser peor, y hasta totalmente inapropiada, para otras. La medicina es una no ciencia precisamente porque si insistiésemos en aplicar en ella, por sistema, los métodos y planteamientos de la ciencia, haríamos peor medicina.[12] En ese caso es muy fácil de probar: sin remisión, más gente enfermaría, sufriría dolor y moriría. Procedo a demostrarlo. Supongamos que deseamos obtener un nuevo medicamento para paliar o curar alguna enfermedad. Si lo hiciéramos desde planteamientos científicos, deberíamos observar cómo cierta familia de sustancias actúa sobre determinados individuos. En el caso de obtener evidencias positivas, pasaríamos a intentar inducir el mecanismo general por el que su acción se produce, hasta lograr obtener una ley sobre su forma de actuación. Posteriormente, deduciríamos cuál es el medicamento apropiado, a partir de esa ley, y lo someteríamos a comprobación deductiva. Si funcionaba, tendríamos un fármaco científicamente diseñado. Si no, deberíamos volver a nuestro proceso de inducción y replantearnos la ley enunciada.

Lo más probable es que todo esto resultara, médicamente, un desastre. El sistema de observación inicial es inapropiado. La inducción de una ley de actuación, antes de la aplicación de la sustancia, supondría, incluso

---

12   Alguien me sugiere que matice un poco esto, porque las disciplinas biomédicas son muy amplias. Deseo, por tanto, aclarar que, en este momento, me refiero al concepto más sencillo, el de medicina como búsqueda de remedio a la falta de salud. Todo esto se irá concretando en el texto.

si pudiese llevarse a cabo, algo que no es seguro, un terrible retraso en el avance del medicamento. Además, los cuerpos humanos tienen la fea peculiaridad de no responder todos ellos de igual manera ante un estímulo, como es la administración de una sustancia externa, por lo que el proceso de observación previo a la inducción y el proceso de confirmación deductiva se verían francamente comprometidos: ¿qué hacer si funciona en algunos casos y en otros, no? ¿Qué efecto tendría eso sobre nuestra ley de aplicación, elemento fundamental en el conocimiento científico?

Definitivamente, la medicina no puede estar sujeta a todas estas consideraciones metodológicas. Debe luchar contra la enfermedad, como se suele decir, por tierra, mar y aire, con todos los medios disponibles. Así que, para postular un nuevo medicamento, hurgará entre las más variadas evidencias. Pueden ser un uso tradicional de alguna sustancia natural que contenga el principio activo, el efecto cruzado de algún medicamento que ya exista y se está utilizando para otra cosa, o incluso un sistema de «bombardeo múltiple»: se toman cubetas de una preparación biológica (moléculas o células aisladas en una disolución), relacionada con la enfermedad, se la somete a la acción de cientos de sustancias conocidas, una en cada cubeta, y luego se analizan para ver si alguna de ellas ha afectado a la preparación. Cualquier evidencia es buena para comenzar. Posteriormente, no se realiza un proceso de inducción sobre las virtudes bioquímicas de la correspondiente familia de sustancias, sino que la investigación se centra en la sustancia identificada y con objeto de afinar las propiedades sugeridas por las evidencias iniciales: primero *in vitro;* después, si es necesario, en modelos animales; por último, siempre bajo un riguroso control basado en criterios de precaución, se llega a las famosas tres fases de experimentación en humanos, no para comprobar, mediante un proceso de deducción, las leyes de actuación previamente enunciadas, sino para garantizar la seguridad y eficacia del nuevo medicamento.

Nada que ver con el método científico. En cuanto a procedimiento, se parece mucho más al desarrollo de tecnologías para el tallado de herramientas de piedra de nuestros ancestros. Mucha metodología de prueba y error, mucha urgencia por una aplicación tan inmediata como sea posible.

Que nadie saque conclusiones extrañas de la comparación anterior: que la medicina no se ajuste al método científico no significa que sus procedimientos de evaluación de los resultados materiales no sean extremadamente sofisticados. El uso de unas matemáticas rigurosas, especialmente de la estadística, es abundante. Es conocimiento completamente basado en evidencia experimental. Los protocolos de verificación de cada contribución están entre los hallazgos metodológicos mejor fundamentados de todas las técnicas que el ser humano utiliza, y son continuamente sometidos a crítica y mejorados. Con todo ello, la aplicación de estos métodos en el diseño de técnicas quirúrgicas y terapias de todo tipo es una larga historia de éxito, de la que la humanidad puede sentirse orgullosa. Simplemente, la medicina no tiene tiempo para esperar a la ciencia. Eso no significa que no se la use. La ciencia llega, pero lo hace más tarde: plantea leyes de actuación y modelos globales, que sin duda pueden ayudar a la mejor comprensión de los mecanismos por los que la medicina funciona; se concentra en ampliar el conocimiento general, y ayudar a los futuros desarrollos, pues ofrece nuevas visiones que permiten concebir nuevos avances. La medicina no renuncia a todo ello, mientras no suponga un freno y un impedimento a su progreso.

Esto es a menudo ignorado por muchas personas, particularmente por aquellas relacionadas con las pseudoterapias. Ellos hablan de la «medicina oficial», como si fuese un bloque monolítico de conocimiento, en lugar del punto de llegada de los más heterogéneos métodos de curación y tratamiento, cuya única barrera a superar es la de la evidencia de su efectividad. En cambio, las pseudoterapias, para hacerse con un prestigio formal, suelen introducirse como modelos científicos ortodoxos: un estudioso concreto (o una tradición milenaria), logró establecer una ley general sobre cómo funcionan los sistemas de curación: unas misteriosas propiedades del agua, por ejemplo, en la homeopatía, o una intrincada red de puntos de energía vinculados con el chi (o algo parecido, no soy muy conocedor del asunto) en la acupuntura. Su procedimiento para desarrollar terapias individuales es eminentemente deductivo, a partir de esa supuesta ley general. Y afirman que no deben ser sometidas a las fases de comprobación de la medicina convencional, porque ya están respaldadas por ese proceso deductivo llevado a cabo. La confusión entre ciencia y medicina es tan flagrante, que me atrevería a afirmar que el mero hecho de presentar una forma de terapia como obtenida a través de una aplicación pura del método científico (observación, inducción, enunciado de una ley general, deducción, aplicación) la convierte en sospechosa de fraude.

Con esto, ya hemos roto el fuego en la búsqueda de no ciencias. Hablemos de otras formas de conocimiento. Una muy evidentemente diferenciada es el conocimiento descriptivo: la recopilación y enumeración de elementos, conectados a través de rasgos comunes. La encontramos a menudo en el ejercicio de la historia (la lista de los reyes godos, la redacción de anales o fastos). También en disciplinas a las que calificamos inmediatamente como ciencias. De nuevo usando un ejemplo de la química, recuerdo que mis compañeros de facultad que estudiaban esta carrera temían los exámenes de una materia que se denominaba «química descriptiva», y en la que se realizaba un repaso pormenorizado de las distintas aplicaciones de los elementos químicos, y los procedimientos establecidos para su obtención. También se incluiría aquí el ejemplo anterior de memorización de la tabla periódica.

El conocimiento descriptivo no pasa, actualmente, por sus mejores tiempos, en lo que respecta al prestigio. Sufre el doble desprecio de no ser científico y de necesitar, para su aprendizaje, de dotes memorísticas. La memoria es el gran coco de la didáctica actual. Nunca he comprendido, nunca podré comprender, por qué. Basándome en mi experiencia personal (nada más y nada menos) afirmo con rotundidad que la memoria es la herramienta intelectual por excelencia, y dado que se puede entrenar, desterrarla de las habilidades que se deben adquirir en el sistema educativo no solo es un error, sino una condena al analfabetismo funcional para muchas personas. Es ridículo plantear que, dado que Internet pone a nuestro alcance todos los datos de forma casi inmediata, no es necesario aprender esos datos. La información memorizada es el ingrediente inicial de cada ejercicio mental. La suposición de que se puede reflexionar sin ella es equivalente a enseñar a un cocinero las más sofisticadas técnicas de elaboración y presentación, sin que necesite conocer ni tocar las verduras, las frutas, las carnes, los pescados y las especias: «no las necesitas, están disponibles en los mercados de forma inmediata: ya se ocuparán otros de suministrártelas, para que tú las prepares con maestría». Centrándome en mí mismo, afirmaré que si algo he progresado o aportado en mi desempeño profesional (que no sé si lo he comentado, es en ciencia), y debiera achacarlo a una sola cualidad, sería a la memoria. Aseguraré que solo soy capaz de utilizar las redes o los demás medios de consulta para informarme de manera medianamente fiable si quiero recordar detalles de algo que ya conozco, y he olvidado en parte. Y concluiré diciendo que, así las cosas, el desprecio que se ejerce, por parte de algunos que afirman ser expertos en educación, sobre el conocimiento «meramente memorístico», no tiene razón de ser: el entrenamiento de un atleta no consiste simplemente en lanzar, cientos de veces hasta la extenuación, su disco cada vez más lejos, sino que requiere desarrollo específico de cada grupo muscular en el gimnasio. Priven ustedes del aprendizaje meramente memorístico a una persona, y no tengan duda de que producirán un florido y aseado inculto. Como nadie hará caso a lo que acabo de escribir, al menos me habré quedado tranquilo al enunciarlo una vez.

Sigamos con lo nuestro: además del conocimiento para el desarrollo de tecnologías, o el descriptivo, podemos encontrar otras formas mucho más sistemáticas. Por ejemplo, resulta difícil a veces diferenciar entre la aplicación del método científico y otro, al que podríamos denominar método dialéctico. Este es también un invento humano para el avance del conocimiento, también nace de la pretensión (o ilusión) de que este puede organizarse racionalmente mediante la obtención de ideas generales, y podríamos ubicar su origen en la disquisición filosófica, aunque se ha extendido a otras ramas. En este método, se seleccionan algunos hechos de entre todos los disponibles (esta parte podría relacionarse con la fase de observación en ciencia), se indaga respecto a sus elementos característicos, y se acaba emitiendo una síntesis que los aglutina y explica. Las diferencias con el método científico son evidentes: los hechos son seleccionados en función de su relevancia, y sometidos a un primer escrutinio racional. La síntesis nace con vocación de interpretación definitiva, o al menos fundamentada, de manera que no se le exige un proceso de confirmación experimental. Eso es así porque, en esta forma de conocimiento, es necesaria una selección y comprensión de los hechos, tanto los previos como los posteriores a la síntesis: no todo fenómeno puede ser caracterizado de manera igual por cualquier observador, ni en cuanto a su relevancia, ni en cuanto a su primer análisis racional.[13]

O sea, que esta otra manera de conocer es subjetiva (o al menos, lo es de manera más esencial). Una vez más, quiero advertir sobre las sugeren-

---

13   Dado el procedimiento convencional por el que esta manera de conocer se dedica a interpretar cada hecho sobre la base de la síntesis obtenida, que se veía verificada a través de ese mecanismo, en ciertos contextos se la describe como conocimiento verificativo. Será objeto de algunos comentarios detallados en los próximos capítulos.

cias negativas de ciertas palabras. En los debates sobre educación y evaluación, sobre todo si hay alumnos o pedagogos implicados, a menudo se aduce que se debe evitar la subjetividad, que vendría a ser el «mal absoluto» contra el que luchar. Yo siempre respondo que tal cosa es una grave confusión de términos: lo aborrecible en la evaluación no es la subjetividad, sino la arbitrariedad. Dicho de otra manera, que un alumno, habiendo suministrado las mismas evidencias respecto a sus progresos, pueda ser calificado de formas muy dispares por distintas personas, o por la misma persona en situaciones diferentes; y consecuentemente, que alumnos cuyo aprendizaje sea similar no alcancen resultados muy parecidos en la evaluación. Todo eso, desde luego, debería ser evitado. La subjetividad, esto es, la capacidad del maestro (tómese el término, que hoy se evita y denigra, en su sentido más elevado) para ordenar, en función de su relevancia, las evidencias que se reciben respecto a los progresos del alumno y condensarlas en un resultado numérico fiable, no solo no es negativa, sino que es la esencia misma del sistema de evaluación, y debería ser buscada y promovida. Para eso se necesitan profesionales expertos y correctamente supervisados, de manera que su subjetividad suponga un beneficio y no sea arbitraria. Lo contrario, la insistencia en objetivar el proceso de calificación, de manera que un robot o un ordenador acabe decidiendo el valor cuantitativo que se asigna a la adquisición de conocimientos de un individuo, solo conduce a situaciones ridículas. El proceso de formación se convierte así en el mero cumplimiento, por parte del alumno, de las acciones o de los hitos que *a priori* son considerados como evaluables, en el contexto de la maximización del resultado numérico a obtener. El instrumento de cuantificación se justifica a sí mismo, y la razón por la que estaba ahí simplemente se disipa, y se pierde. Claro que este estado de cosas es más cómodo para el alumno, que ya no tiene que esforzarse en algo tan complejo como aprender, y puede sustituirlo por un recetario de actividades en las que lograr, como sea, cinco puntos sobre diez; es más cómodo para el evaluador, que no tendrá que respaldar su actividad racionalmente (en un principio, repele ser degradado de experto a máquina de calcular, pero a cambio evita muchos problemas; sobre todo, si se mantienen los sueldos); es más cómodo para la institución, que sacrifica su misión en aras de la paz social, la reducción de las reclamaciones y la gestión mucho más sencilla de las pocas que persistan. Además, resulta bastante más económico en recursos materiales e intelectuales. Esto permite comprender que se haya avanzado tanto en esta manera de actuar, pese a su más que evidente incoherencia.

El conocimiento dialéctico, así como cuantos hacen uso de la subjetividad, no son mejores ni peores que el científico, siempre que cada uno de ellos sea utilizado en los ámbitos adecuados. Tan ridículo resulta un filósofo interpretando fenómenos naturales sobre la base de una selección y un análisis subjetivos de los hechos, como un científico que pretenda medir cuantitativamente e inducir leyes generales para todo lo que pudiera aportar evidencias a la comprensión metafísica del ser, o a la validación de determinadas proposiciones éticas.

En todo caso, una cosa es mi postura, y otra, las ideas que pueden venirnos a la cabeza cuando oímos hablar de unos y otros conceptos. La subjetividad será apropiada para ciertas formas de conocimiento, pero para nuestra mente aparece como un problema con el que hay que lidiar. En el próximo capítulo veremos, un poco, el porqué. De momento, esto tan simple permite explicar muchas ideas preconcebidas que han ido saliendo. Los hombres antiguos, sujetos a formas políticas de naturaleza a menudo violenta, mínimamente consolados por mitologías y ritos, veían un mundo exterior que no podían comprender del todo, veían a los astros desplazarse en trayectorias fiables por el cielo. El advenimiento de la filosofía, y con ella, del saber académico, ofreció una esperanza, ya no solo material, sino sobre todo mental, por la que la comprensión y, a través de ella, el acuerdo entre iguales sobre bases más firmes podría ser alcanzado. Hasta la religión, con sus imposiciones de fe, parecía ir plegándose a una forma más racional de acuerdo. La crisis renacentista, de la que hemos hablado antes, puso de manifiesto cómo se habían defraudado todas aquellas ilusiones. Y de repente, unos nuevos sabios trajeron objetividad: no era para todas las cosas, pero para aquellas que era, resultaba espléndida: se predecían con total acierto determinados fenómenos, sin estar sujetos a debate, pues esas predicciones podían ser verificadas por los demás. Al menos, alguien había conseguido comprender, y modelar, sin lugar a la duda, el movimiento de los astros. La airada reacción de las gentes fue la de expulsar de la *scientia,* del conocimiento, a todos los saberes incapaces de semejantes virtudes.[14] Su desprestigio, su subjetividad, que se ponía especialmente de manifiesto ante la nueva ciencia, fueron castigados con la degradación en el nombre (seguramente, una de las condenas populares más severas). Todos los saberes sospechosos, condenados al purgatorio, abominaron de la subjetividad y trataron de convencer a la gente de que, ellos, también, podían ser ciencias. Y apenas lo consiguieron, y en gran medida, siguen apartados en el cajón de las «letras»; y este debate semántico, que contiene en sus entrañas una desgarrada tensión entre lo que somos y lo que desearíamos ser, sigue vigente.

Según se adelantó, no hemos hecho un catálogo de conocimientos completo, solo creo haber dejado establecido que hay formas no científicas, y sin embargo respetables, de saber. Ya se indicó que ni siquiera es fácil encontrar procesos en los que tales formas, o la ciencia, se utilicen como sustancias puras, y no mezcladas, aleadas, amalgamadas y revueltas de la forma más intrincada. Pensemos en la historia, que se presta al conocimiento descriptivo, a la aplicación del método dialéctico y a la del método científico. Es más, lo frecuente será encontrarnos, cuando se practica con maestría, el uso de todas estas técnicas, y de otras, sin diferenciación evidente ni sometimiento a criterios de ortodoxia de unos procedimientos u otros. Ya lo hemos dicho: todas ellas son solo herramientas para conocer, y para conseguir una gran obra, deben ser usadas con habilidad y sin cortapisas metodológicas, pues son el medio para ese fin.

En cualquier caso, este libro está centrado solo en la ciencia. Así que marcaremos esas fronteras arbitrarias de las que hemos hablado antes. Por

---

14 En español, todavía durante el siglo XVI, san Juan de la Cruz pudo escribir en sus hermosos versos:

> El que allí llega de vero
> de sí mismo desfallesce
> quanto sabía primero
> mucho baxo le paresce
> y su sciencia tanto cresce
> que se queda no sabiendo,
> toda sciencia tracendiendo.

Dando al término el inequívoco significado de «conocimiento», en general, que se ve trascendido por la experiencia mística. Tras más de mil años, habiendo llegado al idioma y conservado su significado desde el viejo latín, en un par de siglos, todo iba a cambiar.

cuestiones de conveniencia, y también para ajustarnos a las definiciones, hay dos disciplinas a las que excluiré como ciencias en todo lo que sigue. La primera son las matemáticas. Si faltaban pruebas, quien conozca mi respeto por ellas, o haya podido colegirlo de lo leído hasta aquí, o quiera creerme si lo afirmo de nuevo, verá que esto demuestra definitivamente la total falta de connotación de superioridad hacia la ciencia en este libro. Las razones para no considerarla una ciencia (o una ciencia más) son metodológicas. La forma de trabajar de las matemáticas solo se parece a la de las matemáticas, y no cumple algunos de los elementos de la definición. Su importancia como herramienta interna de las ciencias ya ha sido resaltada. Quien, pese a todo, no se sienta cómodo, deberá simplemente sustituir, en todos los lugares en los que se encuentre, la palabra *ciencia* por «ciencia experimental», de manera que esta exclusión se le haga más llevadera.

La indagación filosófica, y particularmente la metafísica y la ética, también serán íntegramente excluidas como saberes científicos. Aquí tal vez los límites metodológicos no son tan claros, pero aplico criterios de conveniencia, dado que voy a discutir específicamente su relación con la ciencia. Espero que el propio discurrir del texto permita comprenderlo.

Por otra parte, y podría parecer que llevándome a mí mismo la contraria, en muchos casos, al hablar de ciencia me estaré refiriendo a ella incluyendo la medicina y otros saberes del ámbito de la salud. Lo he hecho ya, en algunas partes del libro. No me desdigo de la diferenciación, que creo haber establecido claramente, entre el método científico y los utilizados en estas otras ramas. Simplemente, el uso de la palabra para referirse a todos ellos está tan extendido, que no renuncio a su comodidad. Me evita, en los lugares en los que esté hablando de ambos, el largo sintagma «la ciencia y otros conocimientos basados en evidencias experimentales sofisticadas», sustituyéndolo solo para la primera. Confío en que los casos en que lo hago son identificables.

De los demás, como ya se ha ido indicando, consideraré científicos los conocimientos ajustados a la definición, o sea, aquellos en los que el método sea razonablemente identificable. Y esto, ya lo adelanto, no es del todo sencillo. Las peculiaridades de cada disciplina, a este respecto, pueden ser amplísimas. Podemos establecer algunas tipologías respecto a las diferencias que encontraremos entre ciencias, pero hacerlo de manera sistemática y completa, una vez más, resultaría tan complejo, que me limitaré a mostrar algunas de ellas en un puñado de ejemplos.

Algunos ejemplos en física

Y para eso me pondré cómodo, y describiré la situación al respecto de algunas especialidades que tienen que ver con la física. Ya he hablado sobre cómo, desde su mismo nacimiento, tanto la mecánica (la ciencia que describe el cambio de posición y forma externa de los objetos) como la termodinámica (que, pese a su nombre tan específico, sería la ciencia que trata de comprender la estructura interna de la materia) se preocuparon por integrar el conocimiento de las cosas del cielo. Los planetas, según se iba conociendo, no eran más que objetos similares a la Tierra deambulando por un enorme espacio vacío, atrayéndose por la misma fuerza gravitatoria, constituidos por los mismos elementos y similares gases y rocas que los que podemos encontrar a nuestro alrededor. Las estrellas, por su parte, emitían luz, y eso no era demasiado diferente de lo que les sucede a los objetos cotidianos si se los calienta suficientemente. Esas luces del cielo, las de las estrellas, la del Sol y su reflejo en planetas y satélites, era todo lo que teníamos para hacer astronomía. Y ello bastó para hacer calendarios, para comprender movimientos e incluso para medir algunas distancias.

Con el tiempo, esa luz nos dio sorpresas agradables. Lo mismo que las gotitas de lluvia descomponen la del Sol para dibujar el arco iris, en nuestros laboratorios podemos estudiar qué cantidad de cada color contiene la que emiten los objetos, y se encuentra que esas distribuciones dependen de la temperatura, y apenas nada de la composición del emisor. Cuando se realizó el análisis de colores (llamado espectral) de las estrellas, se encontró que era en todo semejante al de los materiales usuales, o sea, que la luz recibida nos estaba informando sobre la temperatura en la superficie de las estrellas. Adicionalmente, dentro de la distribución continua de colores se observaban unos patrones de líneas oscuras, muy estrechas. Los científicos habían visto algo así antes: esos conjuntos de líneas de color muy estrechas, de espaciados característicos, correspondían a patrones de absorción de luz por parte de los distintos elementos: el hidrógeno, tenía el suyo; el helio, el oxígeno… cada elemento presentaba una forma propia. ¡La luz de las estrellas nos estaba desvelando su composición! A veces, el espaciado entre las líneas era el correcto para los elementos concretos, pero todas ellas aparecían desplazadas en frecuencia. Bien, el fenómeno del desplazamiento en frecuencia en relación con la velocidad (el típico cambio de tono en el sonido de una ambulancia que nos sobrepasa), era bien conocido, su nombre es efecto Doppler. La misma luz nos permitía medir las velocidades de esas estrellas. Por último, cuando la observación se extendió más allá de las frecuencias de la luz visible, abarcando desde las radiofrecuencias hasta la radiación más energética, todo ese conocimiento pudo extenderse aún más. Este es el fundamento de la astrofísica, una ciencia casi mágica, que nos permite analizar la composición de los objetos celestiales más lejanos y misteriosos, y medir sus velocidades e interacciones, con solo mirarlos. Hoy la información astrofísica se completa con la observación de partículas cósmicas o de ondas gravitacionales.

Por si esto no fuese suficientemente maravilloso, en unos pocos años, al principio del siglo xx, se estableció que la luz se desplazaba a una velocidad fija, por lo que la observación de las estrellas lejanas implicaba su estudio en el pasado. Y la comprobación de que todos los objetos se alejaban unos de otros continuamente, debido a que el universo se estaba expandiendo, sentó las bases de la moderna cosmología.

Nadie pondrá en duda el carácter netamente científico de la física, la astrofísica y la cosmología (y el lector puede estar tranquilo, tampoco pretendo hacerlo yo). Además, están íntimamente relacionadas, a través de las conexiones históricas (y racionales) que hemos detallado. Con todo ello, las diferencias entre ellas, por lo que respecta a la observación y experimentación, a la aplicación del método científico y a las características de los modelos y de las leyes que permiten enunciar, son manifiestas.

La física que nos atañe incluye los campos de la espectroscopia (que estudia la emisión y absorción de las distintas frecuencias de la radiación por la materia), la termodinámica (y muy particularmente, la parte que investiga el efecto sobre las sustancias de los cambios de temperatura), la física nuclear (que se ocupa del comportamiento de los núcleos atómicos cuando son sometidos a distintas interacciones), o la física de partículas (lo mismo, para las partículas subatómicas). En todos ellos, con mayor o menor facilidad o gasto, podemos concebir la construcción de un laboratorio que nos permita acceder a la realización de experimentos sofisticados, disponiendo de una amplia libertad para diseñarlos y de capacidad para medir todos sus detalles relevantes. Tanto la observación inicial de fenómenos como la comprobación experimental son en principio ilimitadas, sin otras condiciones que el acceso a determinadas tecnologías o la propia imaginación del investigador.

Inmediatamente vemos que eso no es así para la astrofísica. No se tiene capacidad para modificar los objetos que se observan, ni para medir todas las variables que se pudiesen considerar relevantes. Las estrellas que podemos estudiar son las que podemos observar, y la información disponible sobre ellas se limita a su radiación y, con suerte, a alguna emisión de partículas. En ciertas ramas de la astronomía esta dificultad se ve rebajada por el hecho de que la cantidad de fenómenos observables es muy grande. Con nuestros actuales telescopios, una buena parte de las estrellas individuales de nuestra galaxia, y de las más próximas a ella, es observable, lo que significa muchos millones de ellas: casi de cualquier estrella que imaginemos (más o menos caliente, más o menos antigua, formando sistemas dobles o triples...) posiblemente encontraríamos un ejemplo. La cosa se va complicando más a medida que se exploran objetos más esquivos: púlsares, estrellas de neutrones o agujeros negros son abundantes, pero no lo suficiente como para disponer de un catálogo completo de sus posibles variedades. Luego están los fenómenos transitorios, que ocurren muy rápido en escalas astronómicas, incluso muy rápido en nuestras propias escalas de tiempo: conocer de dónde vienen, por qué se producen y cuáles son sus características casi nunca es sencillo. A pesar de todo ello, las mejoras en la tecnología de detección dan frutos sensibles, de manera que podemos esperar ir conociendo más y mejor.

Con todas estas dificultades, la capacidad de observación de la astrofísica es cualitativamente superior a la de la cosmología, en la que la cantidad de evidencias disponibles es muy limitada, y las expectativas son que los datos a los que se pueda acceder, en relación con los que podrían ser necesarios para una construcción inductiva de modelos, resulten siempre parciales e insuficientes. Básicamente, disponemos de información sobre la distribución de materia en el universo (dentro de lo observable), de velocidades de los objetos astronómicos, y últimamente, de distribuciones de una radiación especial (la llamada *radiación de fondo*), que según creemos está relacionada con los orígenes de nuestro universo. No es demasiado, y pese a ello, hacemos la mejor ciencia posible.

Son, pues, patentes las diferencias en cuanto al acceso de evidencia, tanto en la observación previa como en la comprobación posterior. Cada disciplina científica estará caracterizada por la abundancia y el control de los datos que podrá manejar. Aún hay más, y eso es algo no tan evidente en el ejemplo que estoy manejando. Esos datos, además de más o menos accesibles, se diferenciarán en algo que, y perdónese el retruécano, se podría denominar su *cualidad cuantitativa*. Los datos de la física, la astrofísica y la cosmología normalmente pueden expresarse en forma de números sin demasiada complicación. En otras ciencias, eso es más cuestionable. Por ejemplo, en zoología y botánica, las descripciones de los rasgos de los individuos, las variedades o las especies a menudo tienen un carácter cualitativo. Los intentos de transformarlos en objetos más manejables para el lenguaje matemático, ni son directos, ni automáticamente válidos: en virtud, no hay cosa que no pueda convertirse en un número, pero se precisa que esa conversión dé lugar a elementos de utilidad científica. Si no, la ciencia puramente cualitativa nos deja algo insatisfechos, como si nos faltase algo o nos pudiésemos esforzar más.

Estas son simplemente algunas diferencias respecto a la capacidad de observación y el manejo de los datos que de ella se obtienen. Esto, además, suele condicionar también el tipo de modelos o leyes que se pueden alcanzar, lo que establece también diferencias drásticas. En general, la física, con su casi ilimitado acceso a experimentos y medidas, puede plantearse la construcción de modelos más cerrados, con deducciones poderosas, para los que no se espera la aparición de nueva fenomenología que los ponga en crisis. La astrofísica, sin embargo, no puede ser tan radical, y tiene tendencia a construir modelos más abiertos, en los que se establecen unas bases generales bien asentadas y a la vez capaces de asimilar nuevos fenómenos observados que no habían sido predichos. Si se revisan las noticias en los medios relacionadas con esta disciplina, la mayoría hablan de algún fenómeno exótico, que se ha observado por primera vez y que «cambia la visión que los astrofísicos tenían» de determinados cuerpos celestes o sus interacciones. La cambia, pero solo un poco, porque sus explicaciones pueden ser generadas a partir del modelo general ya existente, tal vez matizándolo o modificándolo un poco. Esta capacidad para interpretar resultados no predichos basándose en el modelo aproxima lo que estamos llamando *modelos científicos abiertos* al conocimiento dialéctico o verificativo, de nuevo sin que podamos establecer fronteras claras entre ambos. Ya hemos comentado que difícilmente vamos a encontrar especies puras por lo que respecta a métodos de conocimiento apropiados en cada entorno.

Como es de esperar, los modelos a los que podemos aspirar en cosmología, de puro ser más abiertos, pueden llegar a parecer difusos, blandos o imprecisos. Deben estar preparados para incorporar datos nuevos, de ámbitos diversos, cuyo contraste y precisión pueden no ser los deseables. Para ello, es habitual que se manejen distintas justificaciones, que solo podrán ser discriminadas con observaciones futuras, a la espera de mejor tecnología, o cuya discriminación en realidad podría no llegar nunca.

Debo además indicar que la conexión entre modelos más abiertos o plásticos, y la abundancia de datos experimentales o la capacidad para generarlos a través de experimentación, no es tan directa. La física de materiales dispone de muchas posibilidades experimentales, y sin embargo tiende a producir modelos abiertos, porque la naturaleza se empeña en mostrar estructuras de la materia con propiedades exóticas e inesperadas. Leí una vez un chiste al respecto: si un ilustre y envejecido científico de materiales afirma que algo es posible, seguramente estará en lo cierto. Si afirma que algo es imposible, con toda probabilidad se equivoca.

Por otra parte, este no es el único rasgo de carácter que podemos encontrar en los modelos y en las leyes. Aunque se busca que su enunciado pueda ser escrito en términos matemáticos, su presentación general debe realizarse en lenguaje convencional. Y aquí encontramos variedades relacionadas con el estilo, igual que en cualquier otro producto literario. Es particularmente notoria la mayor o menor tendencia al uso de lenguaje metafórico. En este sentido, la biología evolucionista destaca especialmente, con su personificación de la naturaleza, que selecciona, modifica, converge o diverge continuamente, como si se tratara de uno de esos antiguos diosecillos caprichosos. Por supuesto, es solo una manera de expresión, que debe entenderse en un sentido figurado, pero resulta sintomático que no se haya podido encontrar otra más apropiada: constituye un carácter específico sin duda que una ciencia solo pueda articularse, o lo haga de forma particularmente comprensible, recurriendo a una alegoría que tiene que ver con el tipo de datos que maneja, y desde luego con la forma en que nosotros somos capaces de percibirlos. Hay que mantenerse siempre atento respecto al cariz figurado de ciertas descripciones científicas, algo que no es

exclusivo del evolucionismo, para evitar caer en interpretaciones equivocadas. Lo mismo ocurre con la cuestión de la terminología de significado
técnico concreto. En la física, es corriente la advertencia de que los términos *energía, fuerza, potencia* o *entropía* quieren decir cosas que no son las
mismas que en el lenguaje usual, y es igualmente corriente que la gente lo
ignore, y saque conclusiones deformadas o insostenibles a raíz de ello. Hay
que ser cuidadoso respecto a sus definiciones iniciales, sus posibles exten-
siones y su alcance. Tanto es así que, sin tales precauciones, la posibilidad
de obtener una mínima aproximación a la verdad a partir de la ciencia se
ve seriamente comprometida, así que hablaremos de esto con más detalle
en el próximo capítulo, que ya se avecina.

Toda esta realidad variopinta, sin fijarnos en otros muchos rasgos del
trabajo científico, y sin salirnos de sistemas que podemos calificar sin
mayores dudas como científicos. Incluyamos ahora formas de conocimiento mixtas, pinceladas o arrebatos de unas en otras, y veremos hasta
qué punto puede resultar difícil hacerse una idea concreta de algo cuando
es meramente etiquetado como una ciencia. Ante una situación así, en la
que, al delimitar un concepto, se encuentra una amplia frontera de términos intermedios, difusos o incalificables, no son pocos los polemistas que
califican el esfuerzo como baldío, y dan por sentado que los supuestos
límites resultan ilusorios y hasta contraproducentes. Dicen, vale más
aceptar que la idea no puede manejarse con unas mínimas garantías técnicas, pues son legión las excepciones y los contraejemplos: mejor olvidar-
se de ello. Por mi parte, no estoy de acuerdo en absoluto. También hay
quien, tras realizar un esfuerzo semejante al que hemos desarrollado en
este capítulo (o a veces, bastante menos concienzudo), da el término por
definido y adopta una postura radical, obligando a cada afirmación a colocarse a un lado o al otro de la frontera supuestamente establecida. Me
refiero a los que, al decir sobre cualquier disciplina «esto es ciencia», dan
por supuesto que semejante aseveración le otorga sin más la precisión y
capacidad de predicción detallada de la más fina física experimental.
Dado que un nombre no confiere rasgos, y que pretenderlo es una forma
de tergiversación, tampoco esta parece una postura lógica, pese a su abundante uso, implícito o explícito, entre nosotros.

Yo debo decir que estoy moderadamente satisfecho de lo caminado y
lo conseguido hasta aquí. No todas las ideas están claras, no todas son

incuestionables (¿y cuándo es así, en realidad?), pero no se puede negar que hemos adquirido, como mínimo, una cierta solvencia, o tranquilidad de ánimo, para enfrentarnos a ellas. Ahora, veremos el lado práctico: cómo, cuánto y para qué, podemos usar la ciencia.

2.
LA VERDAD CIENTÍFICA

La verdad lógica, la verdad de andar por casa
y la verdad científica

Como decía Machado...

Voy a comenzar advirtiendo que este será con toda probabilidad el capítulo más técnico del libro. Ocurre así porque la manera en que la ciencia se relaciona con la verdad es sutil, y conviene ser cuidadosos para no confundirnos con lo que se colige desde nuestra intuición. Y también porque, ante la necesidad de recurrir a ejemplos en los que esas sutilezas se ponen de manifiesto, he acudido a mi campo de experiencia, que es la física, de la que sacaré la mayoría de ellos. Todo esto requerirá cierto nivel de comprensión de los modelos y de las técnicas que esa ciencia maneja.

Respecto a lo accesible, o no, que resultará el texto, no quiero hacer vanas promesas: si hay algo que debe alarmarnos es cuando alguien afirma que procede a explicar un tema complicado, aunque nadie debe preocuparse, porque lo hará con un nivel perfectamente comprensible para el público general. El lector deberá juzgar si he logrado ayudar a que se pueda seguir el hilo de mi argumentación.

Así que empezaremos por eso, los significados que solemos aplicar a la verdad, y cuáles son pertinentes aquí. Y primero de todo: ¿por qué nos interesa la verdad, por qué nos parece un valor positivo?

Y es difícil impedir que nuestra mente, ante esta pregunta, vuele a evocar el verso del poeta que presta su nombre al epígrafe:

> ¿Tu verdad? No, la Verdad,
> Y ven conmigo a buscarla.
> La tuya, guárdatela,

aproximación lírica a un debate conceptual profundo, muy vinculado a la terrible situación, anímica e ideológica, que se vivía en la España del primer tercio del siglo xx. Creo que la intuición del poeta nos va a ayudar para entender qué andamos persiguiendo: esa verdad rotunda, mayúscula, ese ideal (o delirio, como queramos considerarlo) de verdad objetiva que nadie pueda racionalmente cuestionar, que sea un imperativo lógico que nos obligue y al tiempo nos ofrezca la paz, el consuelo, lejos de debates estériles y capciosos. También nos recuerda que existen otras formas, imperfectas y cuestionables de verdad minúscula, que nos separan y nos causan dificultades, sin dejar por ello de tener el mismo nombre. ¿Cuáles son esos distintos niveles de verdad?

Para comprenderlo, debemos profundizar respecto de la manera en que nuestro cerebro percibe, gestiona y organiza la información disponible. Su cualidad fundamental es que constituye, ante todo, una máquina de abstracción. Parece seguro que el cerebro animal ganó su hueco evolutivo como instrumento para detectar patrones dentro de la diversidad del medio, y asociar reacciones similares ante situaciones semejantes, que podía identificar como tales pese a sus diferencias. Solo que tal rasgo está aumentado hasta tal extremo en nuestro caso, que impregna todo producto de nuestra mente.

El cerebro humano es categorial, cualitativo: le encanta, en el momento en el que decide que dos cosas son iguales, ignorar sus diferencias, y en cuanto decide que no lo son, agrandarlas y sobrevalorarlas. Resulta extraordinariamente difícil inculcar este comportamiento a los ordenadores, y por eso la llamada *inteligencia artificial* avanza tan despacio y en una dirección no tan evidente. No sabemos si puede haber inteligencia sin abstracción, solo conocemos la humana (y parece que las protointeligencias de otros animales se comportan de forma similar), así que no nos resulta sencillo separar ambas. La razón por la que tenemos esta manera peculiar de ver las cosas parece evidente: como ya hemos dicho, sería una cualidad favorecida en el proceso de evolución de nuestro cerebro. Es muy interesante verificar que la percepción de nuestros sentidos, y en particular de la vista, es muy limitada: nuestro órgano de visión detecta apenas una combinación de colores y formas, proyectadas sobre un plano en perspectiva, y envía esos datos parciales atropelladamente al cerebro, que en apenas un suspiro rebusca entre sus experiencias la mejor interpretación posible, y completa toda la información que no ha sido en realidad detectada, pero que conviene a la construcción mental. Todos hemos tenido la peculiar sensación de 'no saber lo que estamos viendo', y de repente, cuando lo identificamos (o alguien nos dice lo que deberíamos ver) literalmente parece que la imagen percibida cambia, gana detalles y cobra un significado material. Bueno, no sería extraño que, cuando uno de nuestros ancestros cazador-recolector se movía por una sabana llena de riesgos, y percibía por el rabillo del ojo una sombra, la actitud 'por la forma y tamaño que he captado, el objeto tiene un porcentaje próximo al 60 % de tratarse de amenaza, como por ejemplo un león; podría también ser un cerdo salvaje: me faltan datos adicionales para resolver la cuestión' se vería claramente desfavorecida, en términos evolutivos, frente a 'es un león, ¡corre!'. Y este comportamiento respecto a la percepción de los sentidos se debió de trasladar a nuestra manera de reflexionar, que no es más que una especie de reordenación de las ideas, como si estas fueran información externa. En definitiva, instintivamente adoramos las categorías, lo blanco y lo negro, y nos repelen los grises y los matices. Una de las dificultades para hacer ciencia, ya lo esbozamos en el capítulo anterior, es que debemos enseñar a nuestro cerebro a salir del confort de las categorías preconcebidas, pues el desarrollo de un modelo científico a menudo requiere crear otras nuevas o no crearlas en absoluto, y limitarnos a una caracterización cuantitativa que no establece fronteras categoriales. Y pese a que los científicos se entrenan en esta habilidad particular, nuestra propensión a volver a ella es tan grande que tendemos a describir los modelos sobre presupuestos cualitativos. A nadie parece satisfacernos una comprensión de cómo los materiales trasmiten la corriente eléctrica en términos de 'definimos una magnitud, llamada *conductividad eléctrica*: ahora midámosla en cada material'. Preferimos, antes, decir 'existen materiales aislantes y materiales conductores', y referirnos a los casos intermedios como excepciones. Esto puede resultar bueno, o al menos no demasiado inconveniente, cuando hablamos de electricidad, pero no es así en otras ocasiones.

En muchos aspectos, si renunciáramos por un momento al análisis cualitativo y nos centráramos en el cuantitativo, obtendríamos una comprensión de las cosas mejor, o al menos alternativa, que nos podría ayudar a encontrar soluciones diferentes a problemas que no se están resolviendo mientras nos obcecamos en perfilar categorías. Ahí va un ejemplo relacionado con la política: con frecuencia hablamos de Gobiernos o Estados corruptos, y otros transparentes. Nos encantaría corregir los primeros, y siempre parece que nos topamos con barreras infranqueables. Como nuestras mentes, cuando se empeñan en pergeñar respuestas, son capaces de retorcer las ideas hasta límites ilógicos y hasta peligrosos, no es raro acabar concluyendo que la corrupción es un problema enquistado, vinculado con vicios de la tradición, y hasta étnicos o raciales. El caso es que estas explicaciones monstruosas proceden de una pregunta mal planteada: eliminemos las categorías, y estimemos meramente el porcentaje de la economía, o de la conducta, corrupta, en cada país. Incluso en los más transparentes, ese porcentaje no será nulo. Incluso en los más corruptos, no será cien. Lo que nos queda ya no es una cuestión categorial, y por lo tanto insoluble, es la de avanzar del 80 % al 20 %, de manera continua y progresiva. La cosa aún mejora más si evaluamos distintos parámetros relacionados con la transparencia, y planteamos soluciones individuales para ellos. El problema está lejos de haber sido solucionado, desde luego, pero el enfoque ha cambiado por completo. Esto es bien conocido por los expertos y por las instituciones que estudian el problema, si bien rara vez es un planteamiento que se oiga en las conversaciones de café sobre el tema. ¿A quién le importan esas conversaciones de café? A casi nadie, salvo que pueden desembocar en opiniones vulgares, las cuales pueden ser semilleros de votos populares, las cuales pueden ser manejadas como armas políticas, y alcanzar así a las instituciones, aun a su pesar. Los expertos tal vez deberían estar más atentos a ellas, después de todo.

Bueno, yo soy un gran defensor de los enfoques cuantitativos (aunque no siempre sea tan avispado como para aplicarlos correctamente), y en los siguientes capítulos voy a usarlos con frecuencia, y espero que con acierto.

Volvamos a lo que nos interesaba: la conexión entre la verdad, la abstracción y la percepción cualitativa. Me atrevería a decir que el primer concepto no puede definirse, ni siquiera concebirse, sin un tipo de pensamiento que incluya los otros dos. Y no olvidemos el otro ingrediente secreto, el pensamiento delirante, y ya tenemos ese revoltijo de verdades de todo tipo, con mayúsculas, minúsculas y efectos que trascienden el mero ámbito en el que son enunciadas.

En el capítulo anterior ya habíamos hablado de la buena fama de la objetividad y la mala de la subjetividad, que es lo que se encuentra en la diferencia entre verdades de los versos machadianos. Eso no es simplemente una cuestión cultural o de gusto, parece de nuevo un imperativo evolutivo. El tigre se afana en sobrevivir usando las técnicas de caza y protección que le enseñara su madre, o las que él pueda haber perfeccionado, y ya tiene suficiente trabajo con aplicarlas. En cambio, sus primas, las leonas, comparten una prole a la que sacar adelante, unas estrategias colectivas para procurarse el alimento, y deben coordinarse contra el agresivo entorno, que incluye la falta de presas de las que alimentarse, las hienas merodeadoras y los violentos y desconsiderados machos en busca de un harén. Más les vale encontrar puntos de acuerdo. Así, no es raro que los humanos, una especie extremadamente social, ansíen compartir posturas dentro de la tribu: si hay que asegurarse la comida, la vida y el bienestar, cuanto menos debatible sea todo, mejor. Se puede, desde luego, imponer cualquier criterio utilizando una jerarquía con capacidad de coerción a través de la violencia física (y muchos animales sociales así lo hacen), pero los humanos, una especie extremadamente racional, pretenden que la unificación se vea respaldada por una convicción basada en argumentos.

¿De qué nos sirve todo esto? Nos ofrece un marco general en el que inscribir la verdad. Sin mayor uso de las diferencias machadianas, ciñéndonos a la que nadie, sin ser sospechoso de deshonestidad, pudiera negar (la mayúscula del verso), podemos ver que adquiere distintas formas. En primer lugar, existe lo que podríamos llamar verdad simple, o verdad de las cosas, o verdad de los hechos: «el sol saldrá mañana, en mi ciudad, a las ocho y veintidós», «llevo tres monedas en mi bolsillo derecho» o «mañana sin falta recibirás el documento que te prometí» son afirmaciones directamente verificables y en las que no cabe conflicto: o las cosas son (o serán) como se afirma, o no, y podemos identificar su falsedad.[1]

A este tipo de verdad la vamos a llamar, en adelante, *verdad de los hechos,* o *verdad factual.* No es un nombre particularmente bonito, si bien cumple el objetivo de que, al ser muy específico, nos permitirá saber en todo momento a qué nos estamos refiriendo.

Podemos encontrar otros tipos de verdad más elaborados. Esa especie de juegos de palabras que se nos ofrecían en nuestros estudios de Secundaria (Juan es hijo de Pedro, todos los hijos de Pedro son rubios, Juan es rubio), utilizaba enunciados factuales como premisas e investigaba sobre la cualidad, a efectos de verdad, de las conclusiones posteriores. El ejemplo anterior supone una verdad elaborada mediante este procedimiento (no he tenido que ver cuál era el color del pelo de Juan, sino su filiación, para llegar a una conclusión cierta); mientras que en otros casos (Juan y Pedro son amigos, Pedro tiene un amigo zurdo, Juan es zurdo), la conclusión es falaz, ya que no se puede asegurar, a partir de las premisas, que sea cierta. Y lo mismo daría que Juan resultase ser zurdo, al fin y al cabo, porque se trataría de una mera coincidencia.

Hemos llegado al mundo de la lógica. Este es otro conocimiento particular. Si se acude a las definiciones, todo el mundo parece estar seguro de su condición de rama de la filosofía, aunque yo humildemente disiento: como las matemáticas, con las que está de alguna forma emparentada, es una disciplina genuina de la que también se puede afirmar que la lógica solo se parece a la lógica. El análisis de los silogismos (que es el nombre de esas combinaciones de premisas y conclusiones) constituye solo uno de sus aspectos. En general, la lógica indaga sobre hasta dónde podemos ir,

---

1   En realidad, las verificaciones son «casi» directas, porque dado que la veracidad solo puede aplicarse a un enunciado (no es una cualidad de los hechos o de las cosas, sino de las afirmaciones), habría que asegurarse que este describe fidedignamente la realidad. En las películas de juicios, los testimonios de los distintos testigos materiales de un delito ofrecen ejemplos brillantes de que tal cosa no puede darse por supuesta. El problema es que, si nos preocupamos de esa cuestión, toda nuestra discusión se complicará muchísimo sin por ello mejorar nuestras ideas sobre verdad y ciencia, así que, salvo que especifiquemos lo contrario, vamos a suponer que cuando se realiza una afirmación sobre una verdad directa, esta refleja sin artificio esa realidad.

partiendo de verdades factuales, sean estas cuales sean, mediante razonamientos, de forma que nuestro lugar de llegada pueda ser aceptable, y si solo puede serlo parcialmente, hasta qué punto. A estas alturas, seguro que no sorprenderá al lector que su origen se suela ubicar en la Grecia clásica, y que comparta con otros la cualidad de que, en principio, nada respalde que semejante ejercicio intelectual deba alcanzar éxitos de ningún tipo. Con todo, los humanos hemos insistido en desarrollarlo, y los resultados pueden considerarse, en general, positivos.

La lógica no es meramente una máquina de fabricar verdades, o de acreditarlas. En el fondo, tiene más que ver con otra cualidad, o virtud, a la que llamaríamos *coherencia*. Un silogismo correcto puede conducir a una conclusión falsa, pese a estar bien construido, si alguna de las premisas, o ambas, lo son (Juan nació en Marte, todos los marcianos son verdes, Juan es verde). En este sentido, la lógica nos ofrece, simplemente, un método abstracto de verificar la coherencia de las conclusiones en un proceso racional.

Las conclusiones lógicas que se obtienen a partir de verdades factuales, ya sea mediante silogismos o mediante métodos de argumentación más sofisticados, pueden no ser verdades factuales, pueden no ser verificables mediante una observación directa. Pese a ello, ambas se podrían calificar de verdad, y en el lenguaje común no solemos establecer grandes diferencias entre ambas. ¿Y en la ciencia? ¿Con qué formas de verdad nos topamos? ¿Son pertinentes las diferencias? Se diría que podríamos atacar ya las respuestas a todas estas preguntas, y que además no debería llevarnos mucho tiempo ni esfuerzo responder a ellas. La ciencia se las ve con las verdades factuales en la observación y la verificación experimental, y con la verdad lógica, en la elaboración de las leyes y los modelos. Y en todos los casos, la obtiene. Capítulo ventilado, pasamos al siguiente, ¿no?

Por desgracia, las cosas no son tan simples. Existen dificultades, y no pequeñas, que debemos revisar. Comenzaremos por la (no tan directa, no tan sencilla) aplicación de la lógica a la ciencia.

Las tormentosas relaciones entre la lógica y la ciencia

Hasta ahora, hemos ido encontrando distintos métodos de conocer a los que he ido etiquetando como creaciones o inventos humanos. Intuyo que no serán pocos los que consideren que esa manera de presentar las cosas resulta artificiosa, porque lo que conocemos está relacionado con un mundo, exterior a nosotros, y eso de alguna manera debería dictar cuáles deben ser nuestros métodos, pues conocer no sería otra cosa que aprender. Esta visión tan natural, tan razonable, desgraciadamente no puede ser demostrada. Dejaremos para el siguiente capítulo una discusión sobre su alcance como premisa de conocimiento; por ahora, nos limitaremos a poner en evidencia que, como mínimo, hay ejemplos suficientes para evidenciar que ponerla en duda no es una postura tan descabellada.

Comenzaremos describiendo las conexiones entre la lógica y la matemática. De la segunda, no sería sencillo encontrar a quien ponga en duda su respaldo por parte de la realidad externa. Una vez hemos realizado el esfuerzo intelectual (que algunas veces puede ser arduo), de desnudar a la realidad de sus detalles y abstraerla, una vez hemos identificado algo con una unidad (ya sea de edificios, o de patitos, o de lo que sea), y a otro algo como otra unidad, cuando las matemáticas afirman que, al sumar uno más uno, obtendremos dos, no tenemos ninguna duda de que tal afirmación se verá respaldada por la realidad. Esto es particularmente útil cuando las afirmaciones matemáticas son más elaboradas que una mera suma: nuestra confianza en que las conclusiones matemáticas reflejan una realidad estilizada, vinculada a ese proceso de identificación de los objetos reales con entidades mentales, es absoluta. Por su parte, aunque no trabaja con elementos de partida tangibles, la lógica fue concebida como una especie de método abstracto de lo cualitativo, cuya unidad fundamental serían los enunciados, y en ese sentido, debería estar perfectamente hermanada con las matemáticas, que constituyen el método abstracto de lo cuantitativo, cuya unidad fundamental es el número. Como construcciones intelectuales humanas, concebidas para describir el mundo externo, debería esperarse que pudieran conciliarse, y hasta unificarse en un solo *logos* que permitiera una transición suave de la una a la otra. Y durante mucho tiempo, se pensó que tal cosa inevitablemente sucedería. Resultaba, además de razonable, muy conveniente, pues las propias argumentaciones que permitían avanzar a las matemáticas estaban implícitamente basadas en una lógica.

El progreso, gloria, crisis y abandono de ese proyecto grandioso, la unificación de las matemáticas y la lógica, es de sobra conocido, y dado que se ha descrito con detalle por gente que lo conoce a fondo, yo no intentaré hacerlo aquí, más allá de recordar algunos de sus hitos más señeros. Los esfuerzos de un puñado de pensadores durante los siglos XVIII y XIX habían permitido el desarrollo de las conexiones entre ambos saberes, en una disciplina llamada *lógica matemática*. Hacia finales del XIX, Georg Cantor creó la teoría de conjuntos, que parecía llamada a concluir el bello edificio: una fundamentación lógica de las matemáticas, que se describirían por completo a partir de una estructura de axiomas (premisas no demostradas) cuya consistencia (no existía contradicción entre ellas) y completitud (permitían demostrar la verdad o falsedad de cualquier afirmación dentro de su ámbito) estarían fundamentadas en la propia lógica. Las consecuencias de semejante logro, si se alcanzaba, conllevarían implicaciones intelectuales tan radicales que hacía falta una gran autoridad para plantear explícitamente ese objetivo. Fue David Hilbert, un gigante, seguramente el mejor matemático de su época, y sin duda el más influyente, quien se atrevió a ello.

El programa de Hilbert suponía que las matemáticas al completo podían generarse a partir de una cantidad finita de axiomas consistentes. Descrito así, parecía simplemente una especie de cierre, por el que las matemáticas exhibirían un carácter interno particularmente coherente y simétrico, apoyándose en la lógica. Por otra parte, ofrecería una firme evidencia de que la verdad podría considerarse como una más de las propiedades de la realidad. Un respaldo a la suposición de que la lógica y las matemáticas existían sin que ninguna mente las pensara, y que cuando nosotros las concebimos, en el fondo nos limitamos a percibirlas. No era una demostración de todo esto (porque en filosofía no existen las demostraciones como tales), pero las derivaciones metafísicas del programa eran insoslayables. También la ciencia, que hace un uso intensivo tanto de la lógica como de las matemáticas en su desarrollo, se vería afectada.

Sin embargo, pronto se empezaron a encontrar defectos en tan bello plan. Bertrand Russell y Alfred Whitehead buscaron su materialización en un libro, *Principia Mathematica,* en el que se ponía de manifiesto que para lograrlo se debía incurrir en un tipo de pensamiento tan abstruso que su comprensión apenas estaría al alcance de unos pocos. Tal cosa resultaba bastante insatisfactoria, pues habría parecido apropiado que la realidad lógica hubiese podido comprenderse mediante una forma directa, simple, de razonamiento. Aun así, eso no descartaba el objetivo. Pero es que las cosas aún fueron a peor. Los propios Russell y Cantor encontraron paradojas en la teoría de conjuntos. Una paradoja se produce cuando dos razonamientos, aparentemente ortodoxos y partiendo de las mismas premisas, conducen a conclusiones dispares. Su enunciado suele parecerse al de un chiste o un pasatiempo del periódico dominical. Las paradojas que surgen en ciencias experimentales no suponen grandes dificultades: una de las vías de razonamiento conduce a una predicción que no se corresponde con lo que se observa, así que más bien se plantean como formas de justificar la apropiada aplicación de los modelos: es famosa la paradoja de los gemelos de Einstein que, en el ámbito de la relatividad, sugiere la posibilidad de que dos observadores midan, ambos, un tiempo dilatado respecto al otro, lo que resulta imposible. El experimento se ha realizado descartando una de las interpretaciones del modelo como errónea. Las paradojas, en lógica matemática, son en cambio bastante más graves, pues no hay nada contra las que contrastarlas. Podríamos compararlas con el hecho de que los espectadores vean cómo un prestidigitador mediocre esconde una de las cartas en su manga: la ilusión de la magia se esfuma, y solo queda un pobre hombre vestido de gala aplicado en engañarnos con un mal truco. Para el programa de Hilbert, las paradojas representaban un serio contratiempo.

Y por fin, Kurt Gödel, utilizando los propios avances del *Principia Mathematica,* desarrolló sus muy famosos teoremas de incompletitud, que vienen a probar que el programa de Hilbert es imposible porque no se puede construir un sistema de axiomas completo (esto es, que pueda demostrar la verdad o falsedad de toda afirmación) y a la vez consistente (en el que no aparezca contradicción entre los axiomas).

Una discusión de todas estas cuestiones está fuera de los objetivos de este libro (y de la capacidad y del conocimiento de quien lo redacta). Solo comentaré que las dificultades del programa de Hilbert no han afectado al desarrollo de las matemáticas, la lógica o la lógica matemática, disciplinas en las que se siguen haciendo aportaciones y de las que seguimos sacando partido. El fracaso de los objetivos maximalistas (filosóficos) no ha perturbado a las formas de conocimiento como tales.

Indudablemente, como ya hemos indicado, todo esto afecta a la ciencia, pero podríamos considerar que lo hace de manera tangencial. A los científicos nos parece suficiente disponer de unas matemáticas y una lógica lo bastante potentes como para respaldar nuestros modelos. De hecho, en general consideramos que ya son mucho más potentes de lo que precisamos: los matemáticos suelen acusar a los científicos experimentales de hacer uso de una versión más bien chapucera e imprecisa de sus conocimientos. Puede que no les falte razón.[2]

Con todo, la manera en que la lógica se aplica a la ciencia podría muy bien describirse como cuestionable. Lo ilustraremos a través de uno de los elementos fundamentales para la elaboración de las leyes o modelos científicos: las definiciones. La lógica se ocupa de ellas, pues no es posible comprender la coherencia de las relaciones entre las premisas si no se trabaja con términos correctamente definidos. En la relación entre las matemáticas y la lógica, las definiciones son un elemento crucial. ¿Y en ciencia? Comencemos con un ejemplo paradigmático, las definiciones de masa y fuerza. Sin duda, poseemos intuiciones sobre ellas, según las cuales la primera sería algo así como «la cantidad de materia» (salvo que inmediatamente deberíamos preguntarnos ¿qué es la materia?), y la segunda, una forma de caracterizar la acción mecánica, el efecto por el que una causa es capaz de modificar el movimiento de un objeto. Para empezar, debemos manejar con precaución esas supuestas intuiciones, pues, tras más de tres siglos expuestos a la mecánica newtoniana, no es sencillo separar lo que nos parecería de lo que hemos aprendido. En todo caso, si queremos elaborar ciencia con esos dos conceptos, deberíamos manejar definiciones apropiadas (desde un punto de vista lógico). Y la definición para ambas se encuentra en la famosa segunda ley de Newton: «La fuerza (neta) que actúa sobre un cuerpo es un vector proporcional a la aceleración que le procura a este. La constante de proporcionalidad es una propiedad del cuerpo, denominada *su masa inerte*». A menudo se expresa como una ecuación que al lector no le resultará extraña:

$$\vec{F} = m\vec{a}$$

Vamos paso a paso. La fuerza no se define por su causa, la acción mecánica, sino por su efecto cinemático, la aceleración que produce. Tanto es así, que hay fuerzas que no están asociadas a ninguna acción. Se las

2   Es famosa la cita del propio Hilbert: «la física es demasiado dura para los físicos», en el sentido de que no podía esperarse que gentes tan obtusas pudiesen realizar una formalización medianamente aceptable de su propia ciencia.

denomina *fuerzas ficticias,* aunque el nombre es muy malo, porque no son ficticias en absoluto, pues son utilizadas en el modelo de forma exactamente igual a las otras. Lo ficticio es su vínculo con la acción mecánica (recordemos que la acción puede, o no, ser parte de la realidad material, pero la fuerza es sin duda un artilugio mental inventado por Isaac Newton). Por si no fuera suficiente, resulta que solo tenemos esta definición para los dos conceptos: ¿qué es la fuerza? Un vector proporcional a la aceleración, cuya constante de proporcionalidad es la masa del objeto; ¿qué es la masa? La proporción entre el módulo de la fuerza aplicada y el de la aceleración recibida. Esto es un hermoso ejemplo de definición circular, o tautología, uno de los defectos lógicos más burdos que se puede encontrar en las definiciones.

Llevamos siglos utilizando las leyes de Newton para construir ciencia y tecnología, ¿cómo es posible que estén construidas sobre cimientos de barro? Se crea o no, no existen, en la mecánica newtoniana, definiciones mejores. Lo que ocurre es que son suficientes para funcionar (realizar cálculos capaces de interpretar y predecir los fenómenos), gracias a una propiedad más bien anecdótica de las fuerzas: aunque se definen en función de sus efectos cinemáticos, una indagación sistemática de sus causas pone en evidencia que estas son relativamente pocas, y pueden ser comprendidas con modelos sencillos. Haremos una enumeración sucinta. Cada una de las interacciones fundamentales, a las que a veces se denomina *acciones a distancia,*[3] podía comprenderse de manera similar a la propia gravedad: en tiempos de Newton, solo se había caracterizado esta, posteriormente se añadieron las fuerzas eléctricas, magnéticas, las que se producen en el interior del núcleo del átomo… Los objetos sólidos dan lugar a fuerzas de ligadura (acciones que impiden su cambio de forma). Como no son perfectamente rígidos, aparecen también fuerzas elásticas (la tendencia, cuando se deforman, a recuperar la forma inicial). Cuando las superficies tienden a deslizarse unas sobre otras, aparecen acciones de rozamiento. Cuando los objetos se desplazan a través de los fluidos, rozamientos viscosos… Y así, se pueden identificar una veintena o así de tipos de fuerzas relacionadas con acciones mecánicas específicas. Para caracterizarlas,

---

3   Este es un nombre controvertido, por razones ajenas a los intereses de este libro.

aislamos cada una de ellas, construimos un modelo a partir de su efecto cinemático individual, y como algunas de ellas resultan ser independientes de la masa del objeto sobre el que actúan, suele ser posible caracterizar la masa, en un experimento específico. Y esa masa ya nos servirá para todos los demás casos. Por ejemplo, si se cuelga un objeto de un resorte elástico, y se lo hace oscilar, el periodo con el que el sistema va y viene permite determinar su masa si previamente el resorte ha sido caracterizado y calibrado. En cuanto a las fuerzas ficticias (también llamadas de *inercia*) se relacionan con los observadores no inerciales, y pueden ser identificadas en un experimento en el que se compensan todas las demás, algo que normalmente es factible. Si el mundo no fuera así, si las características de las acciones mecánicas fueran tales que no se pudiese realizar la sistematización que acabamos de describir, las leyes de Newton no servirían para nada, porque están mal construidas desde el punto de vista de la lógica.

Me parece estar oyendo algún lector perplejo: ¿y las balanzas, y las balanzas?... Bueno, debemos comprender que una balanza no determina la masa inerte de un objeto. Lo que mide es su masa gravitatoria, o sea, la propiedad de los objetos de ser atraídos con más o menos fuerza por acción de la gravedad. ¿No es lo mismo? En la mecánica newtoniana, no. Lo que pasa es que casualmente (y misteriosamente) los valores de masa inerte y masa gravitatoria coinciden. Esto es francamente raro: la constante que determina la magnitud de fuerza eléctrica que actúa sobre un cuerpo (la carga eléctrica) no tiene relación con su masa inerte: objetos muy masivos, en el sentido de que sea costoso moverlos, puede presentar cargas eléctricas grandes, o pequeñas, o nulas; y lo mismo ocurre con objetos más ligeros. Sin embargo, la gravedad, que solo es un tipo más de acción, y la inercia de los objetos parecen estar indisolublemente unidas. ¿Por qué? Esto fue uno de los quebraderos de cabeza más grandes de Newton a lo largo de su vida, aunque por otra parte se trataba de una propiedad útil, pues permitía fabricar balanzas y básculas para medir masas (gravitatorias o inertes, daba lo mismo).

Esa cuestión se mantuvo vigente, sin solución comprensible, hasta el advenimiento de Einstein y sus leyes de la relatividad, que en realidad son dos, y dicen cosas bastante diferentes. La relatividad especial afirma que vivimos en un universo en el que existe una velocidad máxima para las cosas. Coincide con la de la luz, porque esa velocidad solo se la pueden permitir los objetos sin masa. La relatividad general afirma que la gravitación es el efecto de que el espacio en que vivimos se deforma en presencia de los objetos masivos, como una superficie elástica cuando caemos sobre ella. Para la segunda, la identidad entre masa inerte y gravitatoria solo es un efecto de esa propiedad. No es que sus valores coincidan, sino que son lo mismo: manifestaciones de cómo tiene lugar el movimiento de las cosas en ese universo deformable. Para la primera, la masa es una forma más de energía, según la famosa ecuación, que relaciona ambas a través de una constante de proporcionalidad que es el valor de esa velocidad máxima, que se suele expresar con la letra ce al cuadrado.

$$E = mc^2$$

Sería tentador, visto cuál fue el punto de llegada para las vicisitudes lógicas de la masa, pensar que en realidad la debilidad en la definición inicial se debía al desconocimiento, por parte de Newton, de todas estas cuestiones. También se podría rebatir ese planeamiento con buenos argumentos. No vamos a meternos en ese debate, porque no es necesario. Si debemos entender la masa como una de las formas de la energía, ¿podemos indagar la propia definición de energía, desde el punto de vista de la lógica?

Empezaremos por el *DRAE,* que la define como:

> Capacidad que tiene un sistema para realizar un trabajo, y que se mide en julios.

Convendrá, por tanto, saber qué es un trabajo, antes de discutir la descripción anterior. Del mismo diccionario:

> Producto de la fuerza por la distancia que recorre su punto de aplicación.

Esta pretende ser una definición del trabajo mecánico, aunque es flagrantemente incorrecta: el trabajo no solo depende de la distancia que recorre el punto de aplicación, también de la dirección en la que se recorre, en relación con la propia dirección de la fuerza. Tanto es así, que una fuerza puede desplazarse sin producir trabajo, si lo hace en una dirección perpendicular a la de la propia fuerza. Comprendo que el concepto de la integral de camino del producto escalar entre la fuerza y el vector de desplazamiento infinitesimal, que es la manera correcta de definir el trabajo, es muy técnico. Comprendo un poco menos que, debido a ello, nuestros

académicos prefieran ofrecer a sus usuarios una definición que está mal. Ante semejante dificultad, tal vez sería mejor no ofrecer ninguna...
Lo que nos interesa, de todas maneras, es nuestra definición de energía: ¿sistema?, ¿capacidad para realizar un trabajo? Por lo que hemos visto, parecería que la energía se identifica con la fuerza, algo que no tiene sentido... ¡la masa acabaría siendo una fuerza! Bueno, podemos aceptar que la Academia no estuvo muy fina el día que quiso aclarar estos conceptos. Deberíamos conseguir una mejor definición, en otro diccionario o en un libro de consulta.

Ahorraré al lector semejante indagación por infructuosa. Por extraño que resulte, no existe una cosa que podamos llamar energía. Aparecen energías en distintos ámbitos de la física (se los identifica con un adjetivo: eléctrica, cinética, elástica), bajo la suposición de que se conectan por su capacidad de transformarse unas en otras. La de generar trabajo mecánico es problemática, pues a menudo no es sencillo plantear una situación en la que un tipo de energía pueda generar una fuerza capaz de desplazarse. El propio significado de «transformar» ofrece grandes dificultades. La desaparición de una magnitud (que hemos identificado como una forma de energía) y la aparición de otra en un experimento, no implica necesariamente que una de ellas se haya transformado en la otra, si no disponemos de una sólida fundamentación para comprenderla como tal (lo que pasaría por una definición de la energía, y no de las energías con sus adjetivos). Es cierto que todas las energías se miden en las mismas unidades, al igual que lo es que otras magnitudes físicas, como el par de fuerzas, que no tiene relación con ellas, también las usa. Lo es también que las energías cumplen un riguroso principio de conservación cuantitativo, aunque eso no es una prueba lógica, pues dado que se definen de manera independiente, eso podría ser un fenómeno mediado por esas definiciones.

El brillante premio nobel Richard Feynman, en el libro de texto que escribió para estudiantes de primer curso del grado de Física, lo explica muy bien, mediante una parábola sobre un niño que extrae cubos de juguete de una bañera. No sabemos lo que es la energía, solo sabemos calcular sus distintas formas, y conectarlas a través de su principio de conservación. Principio el cual no resuelve los mecanismos de transformación, que se van postulando, uno a uno, en experimentos concretos cuya generalización no es posible. En resumen, una de las propiedades más poderosas que hemos descubierto en ciencia es un caos lógico, lleno de definiciones inexistentes y relaciones pobremente descritas.

Y esta no es una excepción a la regla: la entropía, una magnitud fundamental en física, fue muy escasamente comprendida desde su propia concepción. En sus inicios, ni siquiera existía una definición para ella, sino meramente para sus variaciones, que se conectaban con la cantidad de energía transferida en forma de calor, y con la temperatura.[4] Posteriormente ha recibido distintas interpretaciones, en los campos de la física estadística, la teoría de la información o la física de los agujeros negros. Todas ellas son posteriores a los modelos que utilizan la entropía, sus compatibilidades, no muy claras, las confusiones, abundantes;[5] también la entropía es una herramienta científica brillante, y a la vez un mamotreto lógico más bien indigesto.

Hemos mostrado algunas dificultades. Pese a ello, no nos arredraremos en nuestra búsqueda de la verdad que se esconda dentro de la ciencia.

Ciencia y verdad: relación, si la hubiere

Los hechos y los experimentos

La forma del título de este apartado corresponde a la que solía utilizarse para las preguntas de examen clásicas en las que el maestro buscaba evaluar nuestra capacidad para conectar dos ideas o hechos cuyo vínculo existía, pero que, si este debía describirse concretamente, se precisaba una buena comprensión de ambos. Y yo la he usado por razones semejantes: si el lector ha sentido cierto escándalo al leer ese título, porque parece poner en duda que la conexión entre ambas sea inmediata ('¿qué es la ciencia,

---

4   Aconsejo al lector que se abstenga piadosamente de consultar las definiciones de entropía y calor en el *DRAE*. Para la primera, aparecen dos acepciones, incorrecta sin duda la una, sospechosa de ello la otra. Para el segundo, la confusión y el error alcanzan dimensiones desorbitadas.

5   Como la identificación de la entropía con el desorden, infundio muy propagado: el desorden tiene varias acepciones técnicas, la mayoría bastante diferentes al concepto usual, y solo algunas pueden relacionarse, de manera algo forzada, con la entropía.

sino la exploración, o mejor dicho el hallazgo, de la Verdad?'), es ahí exactamente donde he querido ubicarlo. Las cosas no son tan simples, ni tan directas, como podría parecer. Me apresuro por otra parte a tranquilizarlo: al salir del capítulo nadie habrá intentado convencerle de que la ciencia debe considerarse un conocimiento falaz en el que nadie en su sano juicio tendría que confiar. Solo que, como ya hemos estado pergeñando, cuando uno se mueve por los dominios de la verdad, con mayúscula o con minúscula, es pertinente hacerlo con algún tiento.

Introducidas, como creo que han quedado, las posibles formas de verdad y su relación con la ciencia en los procesos de observación, inducción y deducción, convendría pasar a los detalles, así que comenzaremos por el primero. Es obvio que para construir una ciencia o conocimiento convendrá que las observaciones sean certeras: ¿cómo podemos conseguir eso? Hay un puñado de aspectos a cuidar. Hay que procurar, cuando sea posible, que los datos sean reproducibles, ya sea porque procedan de experimentos que pueden ser realizados de nuevo, obteniéndose los mismos resultados, bien porque el hecho único pueda tener varios observadores, de nuevo obteniendo resultados iguales (o compatibles).[6] Hablo de compatibilidad, porque en realidad es bastante frecuente que observadores distintos midan magnitudes distintas, sin que por ello alguna o ambas deban ser descartadas. El ejemplo clásico es el de la despedida de dos enamorados en el andén de la estación. Cuando el tren empieza a desplazarse, él la ve a ella (y a su asiento, su mesita y sus acompañantes) alejarse, mientras el chico y su melancolía quedan fijos. Ella, en cambio, ve que su vagón está quieto, pero que el andén, la publicidad estática y su amado, se mueven hacia atrás. La compatibilidad de ambas observaciones ha sido objeto de estudio por parte de la ciencia desde sus inicios, y se resuelve a través de las llamadas *leyes de relatividad*. La primera que se enunció es conocida como *relatividad de Galileo*, y plantea la relación entre observadores que se mueven, el uno respecto del otro, con una velocidad relativa constante. Aunque los valores de algunas magnitudes que observan son diferentes, ambas son consistentes con la física clásica, y pueden transformarse, unas

---

6 Como primera aproximación, supondremos que no existen científicos malintencionados que falseen sus observaciones, y nos enfrentaremos al problema técnico, no al ético o al forense.

en otra, si se conoce esa velocidad relativa. A finales del siglo XIX, se descubrió que esto era solo casi cierto, porque en algunos experimentos de electromagnetismo, la descripción que realizaban ambos observadores era algo distinta. Esta anécdota dio lugar a la nueva relatividad, la einsteniana, y revolucionó nuestra visión del mundo. La descripción de esta historia la veremos más adelante, y de momento nos limitaremos a dejar establecido que la ciencia es capaz manejarse con los datos recibidos a partir de observadores diferentes. Pese a lo que a veces oímos afirmar a algunas personas desinformadas, las leyes de la relatividad en ciencia no son una forma de establecer que todo es relativo, sino justo lo contrario: permiten hacer compatibles, y entender en un ámbito común, observaciones que en un principio podrían parecer relativas, de manera que podemos hacer una única ciencia con ellas.

Otra dificultad o, mejor dicho, propiedad de las observaciones, menos conocida, y que de hecho suele sorprender cuando se presenta por primera vez, es la imprecisión inherente a cualquier estimación de una magnitud cuantitativa. Como en los viejos cuentos infantiles, si un poderoso rey pretendiese desvelar quién, de entre todos sus sabios de la corte, era un verdadero científico, podría simplemente plantearles esta prueba: «Ahí tenéis mi cetro: disponéis de todos los recursos del reino, pero necesito que me digáis, en el plazo de una semana, cuál es su longitud». Los sabios se pondrían manos a la obra, utilizando todos los instrumentos y las técnicas imaginables. Al concluir el plazo, uno a uno, irían ofreciendo sus resultados, confiados en haber sido los mejores. Ciertamente, todos los valores se parecerían mucho. El último de los sabios, con ademán dubitativo, diría: «Majestad, yo no puedo afirmar cuánto mide su cetro: lo único que puedo decirle es que su longitud, muy probablemente, estará en un intervalo de valores, entre tal y tal». Y el rey, satisfecho, entregaría a este último su recompensa, y lo reconocería como el único científico entre todos ellos.

Una ley fundamental de la medición afirma que el valor exacto de una magnitud cuantitativa determinada tal vez exista, pero es inaccesible a través de un proceso real de medida. Lo único que podemos hacer mediante los experimentos es obtener una estimación del valor, esto es, un resultado para el que tendremos cierto nivel de confianza de que no se desvía demasiado del valor real. ¿Cuánto vale ese «demasiado»? En realidad, tampoco podemos acceder al valor de esa desviación (porque entonces podríamos conocer el valor exacto, sumando la desviación a la estimación) sino solo a una estimación sobre cuánto puede valer esa desviación, de nuevo con un nivel de confianza. Y eso es así sea cual sea la sofisticación de nuestros métodos de medida.

En el cuento anterior, si un sabio utilizó una cinta métrica para determinar la longitud del cetro, y obtuvo un valor de

$$923 \text{ milímetros (mm)},$$

con su procedimiento no puede distinguir cuál era la cifra de las décimas de milímetro. Si manejó un instrumento más preciso, tal vez determinó el valor de esa cifra, digamos,

$$923,4 \text{ mm},$$

sin poder acceder al valor de la centésima de milímetro. El valor exacto solo podría expresarse mediante un número con infinitas cifras decimales, por lo que es imposible precisar infinitamente la longitud del cetro, pues no existen ni instrumentos ni métodos de medida capaces de ello.[7]

Para dar cuenta de estas peculiaridades de la medición, los científicos debemos siempre ofrecer el resultado de la medida y su *error* que en este contexto no significa *fallo,* sino desviación, esto es, la constatación de que el valor obtenido es meramente estimativo. El resultado del primero de los sabios anteriores se expresaría como:

$$923 \pm 1 \text{ mm}$$

Esto significa que el resultado real debería estar entre 922 mm y 924 mm (así es como lo expresó el científico del cuento). Mientras que el del sabio con el instrumento más preciso se escribiría:

$$923,4 \pm 0,1 \text{ mm}$$

O sea que, según sus resultados, el valor real debería encontrarse entre 923,3 mm y 923,5 mm. Recuérdese que la medida y el error solo son una

---

7   Esto, suponiendo que estamos ante un cetro «clásico». En los cetros verdaderos, por muy fino que fuera nuestro instrumento, a partir de cierta cifra decimal, nos encontraremos además con las fantasmagóricas indeterminaciones de la física cuántica.

estimación del valor real y una estimación de cuánto nos hemos podido desviar de ese valor. Podemos preguntarnos: ¿estamos ahora completamente seguros de que, al menos, el valor real de la longitud se encuentra dentro del intervalo? La irritante respuesta a esta pregunta es: en realidad, no. Si queremos comprender todo esto y realizar el proceso de determinación de errores de manera óptima, esto es, si queremos obtener las mejores estimaciones posibles dentro de las capacidades de nuestro experimento, debemos usar la estadística, una poderosa herramienta matemática que describe el comportamiento de los números cuando son recopilados en grandes cantidades.

Si disponemos de abundantes medidas del cetro del rey, realizadas de manera independiente, la estadística nos dice que el mejor estimador para su longitud estará dado por la media de todos los valores obtenidos. De hecho, la estadística afirma que, si dispusiéramos de un número infinito de resultados infinitamente precisos (algo imposible), su media nos permitiría averiguar el valor real. En cuanto al estimador del error, deberemos hacer uso de la desviación típica o estándar, que se calcula mediante una operación entre las distancias de los valores obtenidos respecto de la media.[8] Normalmente el valor numérico asociado al error típico se expresa con la letra griega sigma (σ), y así lo haremos aquí también.

Ahora veremos la peculiar manera en que podemos usar esas desviaciones, condensadas en el cálculo de sigma. El error (la estimación de la posible desviación de nuestro resultado respecto del valor real) se determina multiplicando sigma por un factor, que depende del «nivel de confianza» que deseemos especificar. Así, si suponemos que el error es una desviación de una sigma (por arriba o por abajo) respecto del valor obtenido, podemos confiar algo menos de un 69 % en que el valor verdadero se encuentra en ese intervalo. Si suponemos que la desviación es el doble (dos sigmas), la confianza estará en torno al 95 %. Si usamos tres sigmas, es superior al 99,7 %. Los valores van creciendo, ¿para qué número de sigmas

---

8   Dependiendo del sistema, es posible que los mejores estimadores para el dato y el error no estén basados en la media y la desviación estándar, pero normalmente se podrán obtener a partir de operaciones estadísticas similares, y todos los razonamientos que venimos realizando serán igualmente válidos en ellos.

tendremos una confianza completa, del 100 %?... De nuevo, es imposible, para eso necesitamos infinitas sigmas.[9]

Siguiendo con nuestro ejemplo, si la combinación de los resultados de los sabios dio una media para la longitud del cetro de 923,43567436... mm, y un valor sigma 0,18394981... mm, expresaríamos el resultado como:

923,4 ± 0,2 mm (para un nivel de confianza del 68,3 %)[10]

o

923,4 ± 0,4 mm (para un nivel de confianza del 95,4 %)

o

923,4 ± 0,5 mm (para un nivel de confianza del 99,7 %)

Expresado en forma de intervalos de números, como el verdadero científico del cuento lo aportó al rey (los científicos llaman a esto algunas veces barras de error), tendríamos:

[923,2; 923,6]

para el primero,

[923,0; 923,8]

para el segundo,

[922,9; 923,9]

---

9   Técnicamente, estamos suponiendo que los resultados se distribuyen de una manera específica, que en estadística se denomina *distribución normal*. Por el nombre, ya se puede intuir que la elección no es descabellada. Esa distribución se conoce también como gaussiana, y al representarla en un sistema coordenado (valores posibles en el eje horizontal, o de abscisas, y densidades de probabilidad en el eje vertical, o de ordenadas) posee la típica forma de una campana, con un máximo y unas colas simétricas que se alejan de él, en ambas direcciones, sin llegar nunca a tocar el eje horizontal. Para otras distribuciones realistas, los resultados numéricos cambian, manteniéndose esencialmente la idea de que podemos tener ciertos porcentajes de confianza respecto al intervalo de valores que hemos determinado.

10   El lector observará que los redondeos deben limitarse a la última cifra significativa.

para el tercero. La barra de error aumenta su tamaño (en este ejemplo, entre cuatro décimas de milímetro, y un milímetro), con lo que la medida pierde precisión (o significación), para mejorar el nivel de confianza.

Estas expresiones del resultado de un experimento pueden tener dos significados, cuya diferencia es sutil, y ambos cuestionan de forma severa la percepción convencional de lo que significa el conocimiento cuantitativo de los hechos: la barra de error significa que si una gran cantidad de personas, utilizando apropiadamente los mismos medios y métodos que un experimentador aplicó, realizaran la misma medida, un porcentaje de ellos (siete de cada diez si utilizo una vez sigma, diecinueve de cada veinte si utilizo dos veces sigma, etc.) obtendrían valores dentro de ese intervalo. Podemos enunciarlo en negativo: para una sigma, hasta tres de cada diez encontrarían resultados fuera del intervalo; para dos sigmas, le ocurriría a uno de cada veinte. La sensación es que los resultados de algunos de los experimentadores son incompatibles con los de los demás, y, sin embargo, no es así, es una consecuencia de la imprecisión de las medidas, perfectamente predicha por la estadística. A medida que se aumenta el intervalo, es previsible que logre tener a más cantidad de experimentadores de acuerdo con sus resultados (al precio de que estos serán más pobres, menos significativos), y para poder garantizar que todos, sin excepción, obtendrían valores compatibles, el intervalo debe aumentarse hasta el infinito, y perder toda su utilidad. El segundo significado es que, dado el valor «real» de la medida (que, como dijimos, posiblemente existe, pero que no es accesible), la probabilidad de que el resultado obtenido en una medida esté a una distancia de él inferior a una sigma es de un 69 %; la de que esté a una distancia inferior a dos sigmas, es de un 95 %; etcétera. Existe siempre una probabilidad de que el resultado del sabio se aleje bastante (bastante más que lo que hemos estimado en un principio) de ese resultado verdadero que el rey ansiaba conocer, y no podrá.[11]

---

11   Estos dos significados corresponden aproximadamente a la interpretación frecuentista y a la interpretación bayesiana de la probabilidad. Efectivamente, un efecto de la imprecisión de los resultados es que existen distintas maneras de concebirlos, distintas escuelas, en términos de su conexión con la verdad. Aprovecho también esta nota para pedir disculpas por el uso de terminología, a este respecto no demasiado técnica, con el objetivo de hacer la discusión más accesible.

Así que a lo más que podemos aspirar, en cuanto a las observaciones y los experimentos, es a una especie de verdad imprecisa. Si pretendemos, a partir de ella, realizar operaciones (obtener, por ejemplo, la densidad de un cuerpo a partir del cociente entre su masa imprecisa y su volumen impreciso) podemos hacerlo sin problema, existe una aritmética imprecisa perfectamente definida, en la que, además de los resultados derivados, obtenemos el error derivado (el grado de imprecisión) de esa magnitud. A eso se lo denomina *propagar los errores*. Por supuesto, cada operación que se realice entre magnitudes imprecisas (esto es, experimentales), será a su vez imprecisa, no es posible conocer un valor infinitamente preciso a partir de ellas.

Estas cuestiones no se ponen continuamente de manifiesto porque lo usual es que las magnitudes experimentales se presenten sin escribir el error de forma explícita. Si alguien nos dice que se ha verificado que la longitud del cetro del rey es:

$$923 \text{ mm}$$

No es que esté afirmando que la longitud es 923,00000000000... mm, lo que sería un sinsentido; lo que se hace es considerar que el error está implícito, esto es, que la última de las cifras, en este caso, las unidades de milímetro, podría no ser fiable (significativa), pero sí lo son las superiores. O sea, que debemos entender que lo anterior sería una forma simplificada de escribir:

$$923 \pm 1 \text{ mm}$$

Por eso, en esta forma de notación implícita del error, es distinto afirmar que el cetro mide

$$923 \text{ mm}$$

Que

$$923,0 \text{ mm}$$

Pues en el segundo caso, se está indicando (implícitamente) que el error está en el orden de las décimas de milímetro, mientras que lo estaba en las unidades de milímetro para el primero: el número es el mismo, pero la precisión, distinta.[12]

El lector tal vez estará pensado que las cosas funcionarán mejor cuanto, en lugar de magnitudes cuantitativas usando números reales (que necesitarían cifras con infinitos decimales para ser expresadas con total precisión), determinemos magnitudes que sean números enteros, o incluso hechos cualitativos. Podemos tratar ambas cosas de forma similar, pues un fenómeno cualitativo (que ocurre, o no ocurre) puede expresarse, por ejemplo, con un uno, si se produce, y con un cero, si no.

Aquí cabría esperar que nos hubiésemos librado de las imprecisiones, de la malvada estadística, que nos ha hurtado la verdad absoluta, pues si yo cuento ovejas, puedo contar dos, o tres, pero no dos y media... Por desgracia, de nuevo, las cosas no son tan sencillas. Excepto en muy escasas ocasiones, la observación de un solo hecho cualitativo o discreto (que se puede contar con números enteros) carece de valor para hacer ciencia. Pensemos en una ruleta. Con una tirada, podemos obtener un número, sin decimales, entre cero y treinta y seis. El problema es que no podemos desarrollar ninguna ciencia con él. Por ejemplo, esa única tirada no permite estimar si la ruleta está bien equilibrada o si existe alguna tendencia, bien porque la banca la ha trucado, bien porque no la han montado apropiadamente, y podríamos enriquecernos a costa del casino... Para eso, necesitamos muchas tiradas, y obtener la frecuencia con la que aparece cada número; estas frecuencias podrán ser manejadas como probabilidades (que de nuevo serían números reales), si se infiere lo que ocurriría realizando el experimento un número infinito de veces... Así que hemos vuelto a caer en infinitos experimentos y números con infinitos decimales. Lo mismo para unos dados (seis valores posibles), o para el lanzamiento de una moneda (dos posibilidades, o sea, un uno y un cero).

Un ejemplo más científico lo encontramos en la física de partículas. Para descubrir los esquivos componentes básicos de la materia subatómica,

---

12 Existe una contribución adicional a la imprecisión, relacionada con los patrones. O sea, ¿hasta qué punto son fiables los milímetros marcados en mi cinta métrica, o en cualquiera de los instrumentos de medida que yo pueda utilizar? Lo he excluido de la discusión anterior porque no serviría más que para complicarla, con idénticas conclusiones: no podemos conocer valores infinitamente precisos y exactos en una medición cuantitativa.

alguien tuvo la idea de acelerar partículas conocidas hasta que alcanzan grandes velocidades, luego hacerlas chocar entre ellas, y detectar lo que ocurre después de estas colisiones. Para ello, se construyen unas máquinas de maravillosa tecnología (y muy muy caras) denominadas *aceleradores de partículas*.

Bueno, la vida dentro de uno de estos dispositivos, pese a lo que cabría esperar de los eventos catastróficos (desde el punto de vista de una partícula cuyo radio puede ser menor que la billonésima parte de un milímetro) que ocurren en él, es bastante monótona. Lo habitual es que las interacciones den todo el rato lugar a los mismos procesos de desintegración de las partículas que chocan y creación de otras nuevas, ya conocidas por la ciencia. Son convenientemente detectadas por los sensores, y archivadas junto con las similares que se produjeron antes, dejando sitio para las que se producirán después.

Pero de vez en cuando sucede algo nuevo: las detecciones no corresponden a lo habitual, sino que están en consonancia con las predicciones de alguna enloquecida teoría, más allá del modelo estándar, sobre una partícula que nadie pensó que podría existir, y sin embargo ahí está. Se podría suponer que el científico que, una tarde, se encuentre con semejante situación recopilaría los datos con cuidado, los pondría en forma de una comunicación científica, y se marcharía tranquilamente a cenar, mientras espera la llamada de la Academia Sueca informándole de la concesión del Premio Nobel.

Resulta que las cosas no son así: los nuevos datos han sido obtenidos a partir de sensores, y como tales, por muy sofisticados que sean, no están exentos de error. ¿Y si lo detectado fuera simplemente una desviación de lo que se mide en el mismo proceso de siempre? Con una sola detección del nuevo evento, no lo podemos asegurar. Así que el científico deberá permanecer atento a los aburridos datos que se van acumulando, para detectar, de nuevo, muchas veces, esa nueva y rara partícula, de manera que pueda aplicar la estadística, y revelar su existencia, dentro de un nivel de confianza. No se conformará con una sigma, ni con dos, ni con tres (aunque eso supone un nivel de confianza de más del 99 %). Sus colegas solo le darán crédito si es capaz de desvelar la partícula con una precisión de seis sigmas. Eso significa que la posibilidad de que, después de todo, los datos no se deban a una nueva física, sino a una jugarreta de los errores experimentales, sería de una parte en más de quinientos millones.[13]

Parece una exigencia muy extrema, y desde luego, lo es. Las loterías convencionales suelen tener entre unos cuantos miles y unos pocos millones de combinaciones posibles, y sabemos la insignificante posibilidad de ganar si jugamos solo una vez. Tampoco se puede negar que hay gente a la que sí le toca, después de todo. Claro que en algún sitio se debe colocar el límite de las sigmas que exigimos para considerar que el fenómeno es real. Lo que también nos dice la estadística es que, si llegásemos a definir varios cientos de millones de partículas diferentes mediante este método, sería razonable pensar que al menos alguna de ellas no sería real.[14]

Así las cosas, en lugar de enfadarnos con la estadística, que en realidad no tiene la culpa de que las cosas sean como son, deberíamos admirarla. No solo es capaz de decirnos qué ocurriría si pudiésemos acceder a infinitos experimentos o infinitos eventos, también predice qué podemos esperar, en promedio, de un número limitado de ellos. Por ejemplo, si tiramos un número de veces, digamos, veinte, una moneda, la probabilidad de que en cada tirada obtengamos una cara o una cruz es la misma. Sin embargo, la probabilidad de que salgan diez caras y diez cruces, aunque es el escenario más probable, es pequeña, en comparación con que no sea precisamente esa la combinación. La estadística no puede decirnos si el siguiente lanzamiento saldrá cara, o saldrá cruz, si bien a cambio nos propone formas de detectar si la moneda tiene una tendencia por una de sus superficies, aunque sea pequeña... Es una herramienta poderosa, y a menudo, no demasiado intuitiva, y nos rodea por todas partes. Nos conviene ser sus amigos, esto es, conocerla tanto como nos sea posible. Sin dejar de tener claro que ese conocimiento no podrá evitar que la verdad cuantitativa de las cosas, de los hechos y de los experimentos, nuestros ingredientes para toda ciencia, esté sumida inevitablemente en una difusa niebla de imprecisión.

---

13   Me apresuro a aclarar que los párrafos anteriores no ofrecen un cuadro fidedigno del modo de vida de mis compañeros físicos de partículas, sino una ficción literaria cuyo único objeto es la demostración de la relevancia de la imprecisión en ese campo.
14   Este riesgo no se corre actualmente ni es previsible que se corra en el próximo futuro. De momento, solo hemos identificado unas cuantas decenas de ellas.

Conceptos y modelos en ciencia

Pese a las incomodidades que la imprecisión de las medidas nos pueda causar, pese a las complicaciones en las definiciones y las conexiones lógicas, aún parece posible aspirar a que las leyes científicas sean verdad. ¿O no? De momento, me limitaré a remarcar, como ya dije anteriormente, que yo prefiero hablar de conceptos y modelos, más que de leyes, y así lo voy a hacer en adelante. Creo que en este epígrafe quedará justificado por qué.

La visión convencional, que yo me arriesgaría a asegurar que es la mayoritaria entre las personas corrientes, y también entre los científicos, es la siguiente: los modelos científicos se desarrollan sobre la base de la evidencia observacional disponible, y tratan de ser aproximaciones a las leyes naturales, cuya existencia se da por supuesta. Las limitaciones a esta aproximación se encuentran en nuestra propia capacidad de comprensión, y en nuestro acceso limitado a los datos observacionales (y en la naturaleza imprecisa de estos). Los modelos serían una aproximación a la verdad con un cierto grado de incertidumbre, en analogía con la imprecisión de las evidencias cuantitativas de la que hemos hablado en el epígrafe anterior. Y, como en ese caso, existe un método lógico para ir mejorando progresivamente nuestra certidumbre en cuanto a la aproximación del modelo a la verdad. Es debido al filósofo de la ciencia Karl Popper y se denomina *falsación*.

Antes de entrar a describir el método, debo subrayar que cualquier presentación de las ideas de Popper respecto a esta cuestión está sujeta a encendidas polémicas, así que no serán pocos los que, diga lo que diga, afirmen que eso no es lo que debe entenderse de sus planteamientos. Y es que no resulta raro encontrar dos comentaristas defendiendo ideas contrapuestas y que ambos se reivindiquen como seguidores ortodoxos de Popper. Algunos aseguran que la falsación no tiene nada que ver con la verdad, sino con la identificación de un modelo como científico; otros afirman que eso ni siquiera es así, sino que opera como un mero instrumento de clasificación entre modelos o proposiciones dentro de la lógica, y que su aplicación a la realidad científica es como mínimo problemática. Los hay que consideran que el falsacionismo está superado, y otros, que se encuentra plenamente vigente. Polémicas convencionales, si no fuera porque todos ellos citan a Popper como autoridad para respaldar su postura. Se pueden encontrar autores que aseguran que Popper fue renegando de sus posturas maximalistas según avanzaba su obra, mientras que otros afirman que toda ella posee una completa coherencia, más allá de una elaboración más madura y evolucionada con el paso del tiempo, y hasta los hay que perciben dos, o más, Popper, que elaboran ideas distintas, incompatibles, según el escrito que se consulte, sin que pueda ello vincularse con un cambio o evolución de criterio. En todo este lío, que ningún lector espere de mí que pueda ejercer como trujamán: soy más o menos capaz de comprender la forma en que los estudiosos elaboran un pensamiento argumentado a partir de la selección de textos de Popper, pero no me siento capaz de elaborar el mío propio desde la densa producción del sabio de origen austriaco, que tampoco conozco con detalle. Lo que aquí delinearé es la que considero la imagen más extendida sobre el falsacionismo (y, por tanto, si no la más correcta, desde luego la más influyente).

El proceso parte de la consideración de que un modelo, para ser considerado científico, debe realizar predicciones no obvias que puedan ser confirmadas (o refutadas), de manera que el modelo se juegue en ellas su validez. En lugar de argumentar en favor del modelo, el científico debe plantear situaciones o experimentos en los que este sea puesto a prueba. Si la predicción se verifica, el modelo sigue vigente (y, aunque tal cosa sea subjetiva, y no se refleje explícitamente en el método, se ve reforzada). Si no, el modelo queda falsado, y deberá ser sustituido por otro, que contemple toda la evidencia que sirvió de apoyo para el modelo anterior, más la evidencia que condujo a la falsación. La validez de toda teoría científica debe siempre considerarse provisional, pues esta debe seguir elaborando predicciones de falsación.

Resulta evidente que todo esto sugiere una aproximación progresiva a un modelo correcto y completo (por lo tanto, a la verdad), similar a la aproximación hacia el valor exacto de una medida mediante la acumulación de estadística que reduce la imprecisión de los datos experimentales. Esta analogía está profundamente arraigada en el pensamiento actual, y desde luego en el pensamiento de los científicos, y es la que sustenta la estrecha vinculación entre las ideas científicas y la verdad material. Al parecer, Popper se cuidó mucho de conectar este procedimiento con el concepto de *verdad,* pues él solo lo utilizaba para evaluar la corrección de un modelo científico en cuanto a tal. Pese a ello, por mucho que pretendamos ceñirnos a definiciones técnicas de los términos utilizados, un método que habla de la falsedad, verificación y corrección de una teoría inevitablemente apunta a que la búsqueda que se ha entablado tiene que ver con la verdad.

Pongamos el falsacionismo a trabajar en un ejemplo clásico: superada la idea de los cuatro elementos griegos, sin todavía disponer de nada mejor, los científicos del siglo XVIII se dispusieron a indagar sobre la naturaleza de los conceptos de *caliente* y *frío*. Por ejemplo, en el experimento de contacto térmico, en el que dos objetos con temperaturas iniciales diferentes se aproximan mientras se mantienen aislados del resto, ocurre que las temperaturas de ambos se van modificando, de manera que la temperatura final de los dos objetos termina siendo la misma, y tiene un valor relacionado con las temperaturas iniciales y algunas otras propiedades de los dos objetos. Dicho en términos simples, lo caliente calienta lo frío, y lo frío enfría lo caliente, de manera que, si dejamos transcurrir el tiempo suficiente, ambos objetos quedan igual de calientes (o de fríos). Los resultados de este tipo de experimento podían ser descritos de la siguiente forma: existe una sustancia fluida (a la que se denominó *calórico*), cuya densidad dentro de los cuerpos marca su temperatura: aparece en mayor cantidad dentro de los objetos más calientes, y en menor, en los más fríos. Definiendo apropiadamente esa propiedad de «densidad de calórico» (mediante el uso de las capacidades caloríficas), el experimento de contacto térmico se interpretaba apropiadamente mediante el flujo de calórico entre los dos objetos, una ley de equilibrios de densidades de calor y una ley de conservación de la sustancia calórico. El modelo era análogo a la situación que se produce cuando se ponen en contacto dos columnas de agua a través de una tubería: la situación final se produce con las dos columnas a la misma altura, habiéndose conservado la cantidad de agua total.

El modelo funcionaba muy bien, y fue adoptado por la comunidad científica. Aunque entonces no existía el método popperiano, hoy podemos decir que se trataba de un modelo falsable. Si el calórico era una sustancia, debería poder determinarse su masa. Eso no se consiguió. Aún se podía salvar el modelo, a lo mejor, suponiendo que el calórico era tan ligero que su masa era indetectable, dentro de la precisión de los instrumentos de la época (de hecho, hoy sabemos que pueden existir sustancias sin masa). Un ingeniero militar estadounidense, experto en la construcción de cañones, de apellido Thompson (en agradecimiento a sus servicios profesionales, el Gobierno bávaro acabó nombrándolo conde Rumford) observó una situación que se podría considerar un experimento de falsabilidad: los cañones de la época se fabricaban taladrando tubos macizos de hierro. Durante el proceso, había que refrigerar continuamente con agua, porque se producía un enorme calentamiento. Esto se había querido justificar porque, al arrancarse la viruta de hierro, el calórico del interior del metal se desprendía también, como una especie de salpicadura. Thompson era un hombre curioso, y vio que esa explicación no parecía preservar la idea de conservación del calórico. Además, incluso cuando sus taladros se desgastaban y dejaban de arrancar virutas, el calentamiento seguía siendo patente. Según él, el modelo del calórico no podía mantenerse a la vista de estos resultados, pues no eran compatibles con el postulado de su conservación, y propuso que el trabajo del rozamiento entre las superficies fuese el origen de todo ese calentamiento.

En terminología actual (popperiana), la teoría falsable del calórico había sido efectivamente falsada, y, por lo tanto, debería ser sustituida por otra que fuera capaz de comprender tanto los experimentos de contacto térmico como la nueva fenomenología. Con los típicos vaivenes de la ciencia, con capítulos en los que se olvidó la contribución de Rumford y otros en los que los avances fueron parciales o se descartaron, para finales del siglo XIX la nueva teoría estaba construida: los objetos poseían en su interior una energía interna (posteriormente se asoció al movimiento desordenado de sus componentes microscópicos) relacionada con el parámetro medible «temperatura». Los fenómenos que se producían en el experimento de contacto térmico o en el de producción de aumentos de temperatura debido al rozamiento eran aspectos de la ley general de conservación de la energía y de la transformación de unas formas de energía en otras. En cuanto al calor, es un término algo confuso científicamente, originado por nuestra relación intuitiva con los cambios de temperatura de los objetos: el calor no es una forma de energía (como a veces todavía se afirma), sino simplemente el nombre que damos al fenómeno específico de la transferencia de energía en el experimento de contacto térmico.

Desde el punto de vista de la ortodoxia popperiana de búsqueda de la verdad, este ejemplo es sugerente, pues la nueva teoría preserva un rasgo importante de la anterior (la ley de conservación), y la mejora en otros aspectos, aproximándonos a un modelo más realista de los fenómenos térmicos.

Esto queda plasmado con claridad en la frase siguiente, que extraigo de un libro de texto prestigioso, debido a los autores Sears, Zemanski y Young, y que se usa en los primeros cursos universitarios de física:

> Antes se creía que el proceso de transmisión del calor consistía en el flujo de un fluido invisible e imponderable, pero los trabajos [de Rumford y Joule] establecieron firmemente que el flujo de calor es una transferencia de energía.

Bien, uno puede entender todas estas cosas desde la perspectiva de la aproximación a la verdad en las leyes de la naturaleza (aquí el término sería más apropiado que el de modelos, que yo he declarado preferir). Solo que, al menos, existe otra forma alternativa de ver todas estas cosas, completamente compatible con la ciencia y, sin embargo, muy dispar respecto a la conexión entre la verdad y los modelos científicos.

En esencia, se trata de considerar que esos modelos no son un objetivo en sí mismos, sino una de las herramientas conceptuales internas que la forma de conocimiento *ciencia* utiliza para realizar su trabajo. Su objetivo no es aproximarse a la verdad, sino resultar útiles para la realización de predicciones deductivas. Cualquier intención de relacionar modelos y verdad no corresponde al ámbito de la ciencia y no afecta a esta.

Para cumplir su misión, los modelos actúan de manera comparativa. Cuando decimos «En el experimento de contacto térmico, se transfiere de un objeto a otro un fluido llamado *calórico,* con unas características determinadas», en realidad estamos realizando una afirmación metafórica. El planteamiento correcto (sin figuras literarias) sería: «En el experimento de contacto térmico, las cosas ocurren *como si existiera* un fluido al que llamaremos *calórico,* que se transfiere de un objeto a otro según unas características determinadas»; por su parte, el modelo de conservación de energía se plantearía de esta forma:

> Los sistemas se comportan como si contuvieran una energía interna, proporcional a la temperatura, que puede ser modificada mediante intercambios por contacto térmico (a lo que se denomina calor) o mediante otros procesos de transformación de energía. Todos estos fenómenos tienen lugar como si la cantidad total de esa magnitud energía se conservara.

Estos planteamientos se realizan a efectos de utilidad, porque permiten formular predicciones (deducciones) sobre verdades factuales que se verifican: en este caso, la temperatura final que se alcanza en función de las temperaturas iniciales y ciertas propiedades de los dos objetos. Así, desde el punto de vista de la ciencia, los modelos (esta denominación cobra sentido especialmente apropiado en esta visión) no pueden ser clasificados en función de su aproximación a la verdad, que en este contexto es irrelevante, sino solo en función de su capacidad para respaldar predicciones deductivas que efectivamente se verifiquen.

Como consecuencia de este planteamiento, y dada la naturaleza de la verdad factual, los modelos deben especificar el nivel de precisión con el que realizan sus predicciones, así como su ámbito de aplicación, esto es, el tipo de situaciones en las que esas predicciones son aplicables. Aunque no se descarta que pueda existir un modelo general (que pueda aplicarse en todas las situaciones) existen modelos parciales o restringidos, y son perfectamente válidos para hacer ciencia. En este contexto, la falsación no es sino un nombre algo ampuloso para describir la mera actividad de predicción deductiva, que es propia de la práctica de la ciencia. Es, además, particularmente inapropiado en cuanto a la semántica, habida cuenta de que la verdad o la falsedad de un modelo supone una consideración acientífica.

Así, cuando un modelo que ha sido útil (esto es, capaz de ofrecer predicciones correctas en un entorno de experimentos y dentro de un grado de precisión determinado) realiza una predicción en otro, que resulta ser incorrecta, eso no demuestra que el modelo sea falso (como se ha indicado, verdad o falsedad no son atributos de valor científico para un modelo), sino que eso suele suponer una reformulación del modelo, normalmente respecto a su rango de aplicación o la precisión con la que realiza sus predicciones. Volviendo al ejemplo del calórico, los hallazgos de Rumford y Joule no establecen que el modelo del calórico sea falso, lo mismo que antes no se podía considerar verdadero, sino que determinan o ajustan su entorno de validez. El enunciado correcto del modelo sería:

> En el experimento de contacto térmico, las cosas ocurren como si existiera un fluido al que llamaremos calórico, que se transfiere de un objeto a otro según unas características determinadas. El modelo solo es válido para realizar predicciones sobre el experimento de contacto térmico, pero no para situaciones en las que se producen cambios de temperatura debidos a otros fenómenos.

Por lo tanto, cuando dos modelos realizan predicciones correctas (dentro del grado de aproximación determinado) sobre los mismos fenómenos o experimentos, ambos son útiles, y, por lo tanto, están vigentes. Si uno de ellos, además, es capaz de realizar predicciones para casos más allá de los límites de validez de otro, podemos considerarlo más útil que el anterior. Eso, de nuevo, no significa que sea más verdadero. En nuestro ejemplo, dado que el modelo de energías de Joule se aplica en muchos más ámbitos que el modelo del calórico, resulta mucho más útil, y por ello lo ha desplazado en cuanto a su uso científico. En otras situaciones, puede ser conveniente usar el modelo menos extenso, por ejemplo, si permite realizar las predicciones utilizando cálculos más sencillos.

Expuesto este programa de interpretación de los modelos científicos, debo decir que nadie está obligado a abrazarlo, y no ignoro que estará sujeto a crítica con argumentos razonables. Se puede seguir considerando la validez de los modelos o de las leyes en relación con su aproximación a la realidad. Lo que voy a mostrar desde aquí es que tal suposición no está exenta, por su parte, de dificultades lógicas, y es, por lo tanto, igualmente atacable desde un punto de vista filosófico (que es el lugar en el que este debate se plantea, y no en el de la ciencia). Así que tampoco nadie podrá obligar a otro a no utilizar ese programa. Como la ciencia que se produce es igual de buena con un planteamiento o con otro, resulta que la supuesta conexión *necesaria* entre modelos científicos y verdad queda rota, y lo único que podemos considerar es una conexión *debatible*.

Volvemos a nuestro ejemplo. Considerar que la descripción del calor en términos de energía es más verdad que en términos de calórico presenta una primera dificultad, y es que decir que algo es una forma de energía no significa, en realidad, nada, pues no sabemos qué es la energía, no sabemos definirla. Así que el avance en cuanto a verdad no es tan espectacular como uno podría pensar. Aun así, dado que la utilidad del modelo de energías es tan superior, dado que el uso del modelo del calórico no supone ninguna ventaja, y ha sido desplazado en la práctica científica, podría parecer que considerarlo todavía vigente es solo una estratagema argumental. Para comprender esto mejor, de nuevo va a ser necesario recurrir a la historia de la ciencia, y particularmente a la de la física, que habíamos dejado aparcada tras comentar las euforias del triunfo newtoniano en el capítulo anterior.

Si saltamos un par de siglos desde ese momento, se podría creer que las alegrías, lejos de disminuir, seguían siendo la tónica general. En manos de físicos teóricos y matemáticos (rescataremos los nombres de Joseph-Louis Lagrange y William R. Hamilton) la mecánica se había desarrollado en términos formales más poderosos. Mientras la termodinámica y la química se iban formulando y estableciendo, de manera complementaria, pero sin contradicción aparente con las leyes de Newton, los científicos trataron de interpretar las otras dos acciones a distancia que se conocían en la naturaleza: la eléctrica y la magnética. Pronto fue patente que ambas poseían vínculos estrechos. En apenas unas décadas de efervescencia científica, a medida que los modelos generales de cada disciplina se iban perfeccionando, pareció que todo iba a encajar: el electromagnetismo, descripción conjunta de las dos fenomenologías, fue formalizado por James C. Maxwell, apoyándose en los trabajos previos de científicos como Hans C. Oersted, André-Marie Ampère o Michael Faraday; y como regalo final, se encontró que la luz no era más que una onda que arrastraba la excitación electromagnética, con lo que la óptica y el electromagnetismo quedaban unificados. A partir de un postulado planteado por John Dalton, que había servido para formalizar las ideas químicas, la suposición de que la materia estaba compuesta de átomos, añadiendo que esas minúsculas partículas se mantendrían en continuo movimiento, se concibió la teoría cinética de los gases, y a partir de ella, la mecánica estadística de Ludwig Boltzmann, capaz de reducir todos los conceptos y leyes de la termodinámica a propiedades de la mecánica de grandes cantidades de pequeñas partículas: energía interna, presión, calor, entropía, podían comprenderse sobre esa base. Descubierto, además, que los átomos poseían naturaleza eléctrica y podían ser ionizados, de manera que constituían entidades cargadas con capacidad para atraerse, el enlace químico resultaba ser una mera consecuencia de todo lo anterior. Esos mismos átomos poseían propiedades de radiactividad, que ponían en evidencia poderosas fuerzas en su interior, las cuales, una vez comprendidas, seguramente ofrecerían una descripción aún más sencilla, pues el centenar de átomos distintos posiblemente estarían constituidos con un pequeño número de partículas subatómicas. Nada parecía resistirse al poder unificador (y simplificador) que la ciencia poseía. Si el matemático Pierre-Simon Laplace, a finales del siglo XVIII, había pensado, con más ilusión que evidencias, que se podría postular la ecuación del todo, que permitiera comprender el comportamiento del universo al completo sobre la base de un modelo general común y unos datos experimentales de partida, un siglo después todo apuntaba a que tal proyecto no tardaría mucho en realizarse efectivamente. Se respiraba un ambiente de triunfo. Curiosamente, es más o menos la misma época en que se sentaban las bases del programa de Hilbert, de objetivos similares dentro del campo de la lógica y la matemática.

Apenas un puñado de fenómenos, de apariencia anecdótica, parecían todavía esquivos a ser interpretados desde esa perspectiva. Se pueden enumerar aquí. En las leyes unificadoras del electromagnetismo de Maxwell, la velocidad de la onda luminosa aparecía como una operación entre constantes fundamentales, sin que su valor pareciera depender de la velocidad relativa del observador. Eso no tenía mucho sentido (parecería, por ello, que cualquier observador, moviéndose a cualquier velocidad, debería ver la luz moviéndose igual), pero seguro que se podría resolver con alguna pequeña modificación del modelo. Las capacidades caloríficas de los gases (la manera en que los intercambios de calor afectan a su temperatura) no se predecían bien con el modelo cinético, aunque otras de las propiedades de esos mismos gases, sí. Las cuentas no salían cuando se pretendía calcular cómo los objetos calientes emiten luz, ni se entendía por qué los átomos y moléculas emiten radiación de colores muy definidos y específicos. Ah, sí, y la manera en que la luz podía causar la aparición de una corriente eléctrica en una placa de metal (el llamado *efecto fotoeléctrico*) no cuadraba. Poca cosa, como se ve. Por lo demás, el mundo material era un espacio euclídeo de tres dimensiones, con un tiempo unidimensional, independiente, avanzando siempre desde el pasado hacia el futuro; la materia estaba integrada por átomos que interaccionaban a través de la acción de la gravedad y el electromagnetismo siguiendo las leyes de Newton. Los mejores físicos empezaban a pensar que ya no había demasiado trabajo fundamental por realizar, y recomendaban a los jóvenes que tal vez deberían dedicarse a materias más estimulantes.

Por una de tantas ironías que tiene la historia, esta sería una descripción plausible de la situación en 1902, cuando Karl Popper nació. Podríamos hablar de una especie de mundo popperiano ortodoxo antes de Popper, en el que las teorías científicas tendían a lo general, y mediante apropiada falsación (que aún no se había definido), se iban descartando modelos y usos anticuados e inapropiados. En 1934, cuando publica la primera edición de su libro fundamental, *La lógica de la investigación científica,* todo había cambiado. Se había producido la que algunos han denominado *segunda revolución científica,* y por lo que respecta a las ciencias físicas, la mecánica cuántica y las relatividades de Einstein habían desarbolado el navío de la física clásica. Las consecuencias de todo ello fueron positivas, desde el punto de vista de la ciencia: más y mejor capacidad de predicción de los fenómenos naturales, una mejora cualitativa. En cambio, desde el punto de vista de la comprensión de la realidad utilizando como base los modelos científicos, el panorama era desolador. Veamos qué le ocurrió a la falsabilidad popperiana, apenas recién concebida y descrita, al impactar con las ideas de los padres de la nueva física, Einstein, Bohr, Schroedinger. Adelanto que la primera no salió demasiado bien parada.

Comenzaremos por las dos relatividades. En 1905, Einstein publicó una posible solución al problema de la velocidad de la luz en las ecuaciones del electromagnetismo. Desde los tiempos de Galileo y Newton, se venía comprobando que las leyes de la mecánica no permitían determinar las velocidades uniformes relativas, esto es, dos observadores moviéndose el uno respecto al otro (a velocidad relativa constante) verificaban los mismos fenómenos, y no era posible determinar cuál se movía respecto al otro. En el ejemplo del tren de los enamorados, solo se puede distinguir quién de los dos se desplaza gracias a que, en un momento determinado, uno de ellos nota la aceleración del tren al arrancar; si no, ninguno de los dos podría saber mediante un experimento quién se mueve, o quién quedó quieto, o si tal vez ambos se mueven (no olvidemos que los dos van montados en un objeto veloz, el propio planeta Tierra). Dicho de otro modo, no se podía conocer la velocidad absoluta de un objeto. Por otro lado, el electromagnetismo parecía ofrecer una posibilidad: si la velocidad de sus ondas (o sea, de la luz) era una constante de la naturaleza, al medirla se podría determinar la velocidad del observador relativa a ella. Einstein consideró que tal cosa era incompatible con todo el resto de la física, y postuló que la imposibilidad de determinar velocidades absolutas era la propiedad que debía preservarse… Al precio de considerar que todos los observadores deberían ver que la luz se movía con la misma velocidad. Este planteamiento es muy extraño para la intuición. Cuando avanzamos por la autopista en nuestro vehículo, digamos a 100 km/h, y otro nos adelanta moviéndose a 105 km/h, lo vemos pasar despacio porque, respecto a nosotros, se mueve solo a 5 km/h. Supongamos ahora que un observador ve pasar un rayo de luz, de derecha a izquierda, y mide que su velocidad es 300 000 km/s. Otro observador se mueve respecto al anterior, de derecha a izquierda, a una velocidad de 299 999 km/s. ¿Qué velocidad medirá este para el mismo rayo de luz, cuando le adelante? La inverosímil respuesta según la relatividad especial de Einstein no es 1 km/s, sino ¡también 300 000 km/s! ¿Cómo es esto posible? Lo es, si renunciamos a algunas realidades evidentes (en apariencia). Para ello, debemos considerar que nuestro universo no es un espacio euclídeo tridimensional, con un tiempo unidimensional que avanza independientemente. Solo parece serlo, si nos movemos suficientemente despacio. En conclusión, parece que vivimos en un espacio-tiempo de cuatro dimensiones, en el que la dimensión temporal se mezcla con las espaciales, aunque juega un papel algo distinto en las ecuaciones. En él, nada puede moverse a velocidades mayores que la de la luz. Es como si el espacio quisiese ser euclídeo, pero tuviese tanto terror a la posibilidad de que aparezcan en él velocidades indefinidamente grandes, que hubiese tenido que complicarse para evitarlo. La segunda relatividad, la general, planteó la identidad de la masa inerte y la masa gravitatoria, para lo que postulaba que los objetos masivos eran capaces de deformar ese extraño espacio-tiempo, de curvarlo y de comprimirlo. Las ondas que se movían por el espacio-tiempo deformado seguían también trayectorias deformadas, o sea, que la luz, en presencia de gravedad, no describiría la típica trayectoria rectilínea uniforme (aunque, todavía, cualquier observador mediría para ella la misma velocidad), sino que se curvaría. Las dificultades lógicas de todas estas suposiciones (que desde entonces han sido sistemáticamente verificadas mediante experimentos) son abundantes: desde luego, no es pequeño el problema de que todo esto es prácticamente inconcebible como visión intuitiva del mundo. Otro es el de la asimilación de una de las acciones fundamentales newtonianas (la gravedad) a una propiedad meramente geométrica. ¿Por qué esa, sí, y las demás, como el electromagnetismo o las fuerzas que mantienen unidas las partículas dentro de núcleo atómico, no? Bueno, en realidad, también es posible realizar una formulación geométrica de las otras fuerzas fundamentales. Para ello, debemos postular un universo con un número incierto de dimensiones (tal vez once, tal vez más) de propiedades métricas bastante exóticas. No podemos saber nada más, y el modelo es muy especulativo: las cosas se comportan siguiendo las ecuaciones asociadas a esas geometrías, sin que resulte demasiado evidente que el modelo (sea cual sea el que seleccionemos) refleje la realidad, o solo las mejores matemáticas para realizar las pertinentes predicciones.

Si eso es así para la relatividad, para la otra nueva teoría que surgió de esta revolución, la mecánica cuántica, lo es de forma mayúscula. La comprensión de aquellos hechos anecdóticos que no tenían interpretación (emisiones de radiación de los átomos, capacidades caloríficas de las moléculas, efecto fotoeléctrico, radiación del cuerpo negro) dieron lugar, no ya a una nueva física, sino a una verdaderamente nueva forma de concebir la manera de hacerla. El rasgo principal de la mecánica cuántica es que no procede sobre la base de conceptos más o menos intuitivos, más o menos bien definidos, sino que se establece como una construcción abstracta que lleva desde las observaciones a las predicciones por una ruta meramente formal y matemática, sin preocuparse de que el modelo pueda ser utilizado como imagen de la realidad. En ella, las partículas o las fuerzas han desaparecido, mientras que los conceptos relacionados con la energía, eso que no se sabe qué es, se ven reforzados. En lugar de esas viejas entidades, aparece la función de onda, que describe las entidades físicas y cuyo comportamiento está gobernado por ecuaciones pertinentes. Ni siquiera su nombre resulta demasiado afortunado, porque no es una verdadera onda, sino una función de variables espaciales y temporales: puede oscilar, o no, con el tiempo, y no procede de la propagación de una excitación o magnitud física, como ocurre en las ondas verdaderas: el sonido propaga variaciones de la presión del aire, las ondas en un estanque, el ascenso y el descenso de la superficie del agua… Para la función de onda cuántica no hay tal cosa, solo unos números abstractos asociados a cada posición del espacio (de todo el espacio) y a cada instante de tiempo. Es aún muy frecuente hablar de que, para la mecánica cuántica, los objetos son duales (onda-partícula), y que, según en qué experimento, manifiestan una u otra característica. Esta descripción es infundada, se basa en una propiedad cuántica (el principio de incertidumbre) que solo resulta reveladora o sugerente si uno se empeña en conceder algún tipo de realismo al modelo cuántico. La función de onda es un mero objeto matemático útil para realizar predicciones sobre el comportamiento de la naturaleza. Predicciones, por cierto, extraordinariamente correctas y precisas. La prueba de la completa falta de ambición de ofrecer una imagen del mundo de la mecánica cuántica la tenemos en la manera en que explica el proceso de observación: una operación matemática artificial basada en la aplicación de unos operadores (los observables) sobre la función de onda. Esos operadores son una especie de utensilios matemáticos que, alimentados por la función de onda, suministran una predicción cuantitativa para la observación real, y a la vez modifican esa misma función de onda. Esto no tiene nada que ver con nuestra intuición de los procesos de medición, experimentación, detección... Lo que lleva inquietando a los científicos y pensadores desde los mismos orígenes de la teoría cuántica. Por mi parte, lo que me inquieta es que esta obsesión siga vigente. En los libros clásicos sobre mecánica cuántica es convencional la aparición de un apartado de «comprensión del colapso de la función de ondas a través del proceso de medición», esto es, un intento de conectar la realidad del proceso de medida con su descripción en el ámbito cuántico. En ellos se exhiben las más variadas teorías: que si la interpretación de Copenhague, que si el papel de la consciencia del observador, que si la teoría de los múltiples universos... En esos textos, casi nunca se incide en algo fundamental, y es que tales interpretaciones son ajenas a la física (pues todas deben ser compatibles con las predicciones que la mecánica cuántica realiza), y que, por lo tanto, no aportan nada a la ciencia. Tal vez, algo, al científico, cuya mente puede sentirse muy insatisfecha por el hecho de que el modelo que maneja no le ofrezca la más mínima conexión con la construcción de la realidad que su mente ansía. Es forzoso reconocer que, si se adopta una perspectiva sobre los modelos científicos como la que presentábamos antes, ajena a sus presuntas propiedades como imagen de la realidad, las interpretaciones no son necesarias, y la mecánica cuántica genera menos problemas conceptuales. Eso, desde luego, no obliga a que tal postura deba ser adoptada, aunque, como se comentó antes, creo que justifica que la otra, la de la verdad de los modelos científicos, pueda ser razonablemente cuestionada. De esa forma, ciertamente, no se puede disponer de ningún anclaje intuitivo para razonar dentro de la mecánica cuántica, lo que sin duda es una dificultad para su aplicación por parte de los científicos. Según una famosa cita de Feynman, «si crees que entiendes la mecánica cuántica, es que no la entiendes». No percibo, por otra parte, que la obsesión por conferir realismo al modelo mejore en nada esta situación.

Pasemos ahora a analizar la vigencia de las distintas teorías, en el sentido de su falsabilidad y de su falsación. Parece evidente que la mecánica clásica y la gravitación newtoniana quedaron «falsadas». Lo que pasa es que lo fueron de una manera muy especial, porque tanto la mecánica cuántica como la relatividad nacían sin la posibilidad de ser teorías globales. Esto era una novedad en física: de hecho, ambas desde un principio eran incompatibles, en un aspecto fundamental: la relatividad se aplica a un universo en el que los objetos son puntuales, o al menos deben estar compuestos de partículas puntuales (si fueran extensos, no se podrían determinar propiedades para ellos, pues el envío de información en el interior de las partículas no puede ser instantáneo, solo puede moverse a una velocidad máxima que es la de la luz, lo que conduce a situaciones paradójicas que no se pueden resolver mediante una constatación experimental). El hecho de que dos objetos en posiciones distintas no puedan influirse instantáneamente se denomina a veces *principio de localidad*. Dado que para la mecánica cuántica es imposible que existan objetos puntuales, según el principio de incertidumbre que hemos citado anteriormente, es fácil encontrar en ella situaciones para las que el principio de localidad no se cumple. Esta incompatibilidad es conocida desde los mismos orígenes del desarrollo de ambas: un Einstein tozudo calificaba las predicciones de la mecánica cuántica respecto al entrelazamiento de objetos extensos como «una fantasmal acción a distancia», irreconciliable con su relatividad, pese a que posteriormente el fenómeno de entrelazamiento ha sido comprobado en los experimentos. Dentro de sus propios límites de actuación, las dos teorías funcionaban muy bien, pero no había forma de combinarlas en una sola. Hemos avanzado algo en este sentido, desarrollando la teoría cuántica de campos: un formalismo muy poderoso para realizar predicciones en el ámbito de las partículas subatómicas, al precio de llevar el pragmatismo de la mecánica cuántica hasta el paroxismo. En él, se calculan propiedades de entidades extremadamente abstractas, los campos cuánticos. A lo largo de esos cálculos, y en relación con su dificultad, por el camino aparecen a veces magnitudes infinitas. Eso imposibilitaría continuar con ellos. ¿Qué hace la teoría? Se inventa un artilugio matemático, denominado *renormalización,* de fundamento más bien discutible, cuyo único verdadero respaldo está en que, una vez aplicado, los resultados de las nuevas operaciones ofrecen predicciones correctas. La teoría no ofrece métodos para conocer el comportamiento de las partículas continuamente, a lo largo del proceso de interacción y transformación, así que renuncia a ello, y se centra en su descripción antes y después de interaccionar. Toda pretensión de resultar realista, o al menos intuitiva, se sacrifica en aras del objetivo utilitario, esto es, lograr predecir las propiedades de las partículas en determinadas condiciones que pueden confirmarse experimentalmente. Algo que ciertamente logra. Al observador externo podría sorprenderle que a los científicos que trabajan con la teoría cuántica de campos les queden ganas de considerar que los modelos científicos puedan tener la más mínima relación con la verdad... Y, sin embargo, contra toda lógica, eso es lo más frecuente.

Aún más, a pesar de todos estos avances, de todos estos esfuerzos, seguimos sabiendo que es incompleta, que no es capaz de ofrecer predicciones correctas, por ejemplo, en la descripción de la gravedad cuántica, en la comprensión de qué es y cuál es la estructura de un agujero negro, o en comprender cómo se produjo el Big Bang y su evolución en los primeros instantes de nuestro universo. En resumen, nos encontramos ante teorías que están falsadas desde sus propios orígenes (sus predicciones no son mutuamente compatibles en algunos casos, o conducen a predicciones que no tienen sentido). ¿Deberíamos considerarlas falsas y, por lo tanto, reemplazables? A mí me parece que se trata de una postura no muy razonable.

Por otra parte, ahí tenemos la mecánica y la gravitación clásicas. ¿Son falsas? Muchos científicos y divulgadores así lo afirman, «porque fueron sustituidas por la mecánica cuántica y la relatividad». Solo que eso, sencillamente, no es cierto: siguen estando vigentes, y de hecho dan respaldo a una parte importante de las tecnologías que utilizamos en nuestro día a día y que nos facilitan la vida. Nadie en su sano juicio se ocuparía en describir la función de onda de un cohete espacial, ni sus trayectorias, sobre la base de la gravedad de Einstein. Lo que significa que un modelo falso ha permitido al hombre llegar a la Luna o colocar dispositivos científicos en Marte, Venus y otros objetos de nuestro sistema solar. Nuestros actuales modelos son incompletos, e incluso si no lo fueran, mañana puede aparecer una nueva teoría, más extensa, quién sabe si utilizando conceptos y enfoques sustancialmente distintos: ¿deberíamos entonces suponer que nuestra ciencia actual, que será la pasada en el futuro, se fundamenta en teorías falsas? A mí semejantes ideas no me satisfacen, y se debería aceptar que haya personas a las que tales planteamientos no les satisfagan. En cambio, desde la visión de la utilidad, y no de la realidad, de los modelos científicos, todo se ajusta mejor a la lógica: la física clásica sigue vigente porque, acotados sus límites de validez dentro de la precisión requerida, sigue siendo útil frente a teorías más generales, pues permite formalismos y cálculos más sencillos. Por su parte, eso no invalida la utilidad de la física moderna, en ámbitos en los que la clásica ya no es de aplicación. Y respecto a su verdad, si a la ciencia no le importa demasiado, a lo mejor tampoco debería importarnos a nosotros, visto además que hasta la propia definición de sus conceptos es problemática.

Un argumento frecuente, en favor de la presunta realidad de los modelos de la física moderna, es el siguiente: puede que los modelos solo se deban al criterio de utilidad, pero si estos se van depurando, perfeccionando y sofisticando, de manera que cada vez predicen mejor los hechos y predicen más hechos distintos, ¿no es eso una prueba de que, al menos, se está produciendo una cierta aproximación a la verdad? La cuestión es razonable, aunque no es difícil encontrar algunos ejemplos de lo contrario. Mostraré uno en forma fabulada. Supongamos que, en un barrio, existe un sistema de reparto del correo perfectamente organizado. Digamos que el cartero parte siempre de la oficina en un vehículo, con extrema puntualidad, a las ocho de la mañana, y comienza su reparto siempre por la misma casa, en la que deposita las cartas unos cinco minutos después. Ahora, postulemos un observador al que solo le está permitido consultar un reloj, y verificar la presencia de cartas en el buzón. Pensemos, además, que carece de la experiencia y de la capacidad de concebir qué pueda ser un servicio de correos, y que tampoco entiende sobre fechas del calendario ni días de la semana. Con sus observaciones cuidadosas, podrá emitir una ley de aparición de cartas en el buzón en torno a las ocho y cinco. Esto le será útil para predecir futuras apariciones.

Supongamos que el cartero acostumbra a llevar los reclamos publicitarios, los martes, y las facturas, los viernes. Ahora bien, como este día se prevé más tráfico en la ciudad, el Ayuntamiento tiene programada una reorganización de los tiempos en los semáforos. De esta manera, las cartas de los viernes llegan apenas un minuto más tarde que las de los martes. Nuestro observador, a la vista de la fenomenología disponible, sofistica su modelo, suponiendo que hay una relación entre la temática de las cartas recibidas y la hora precisa de aparición en el buzón. Ciertamente, tal correlación existe (y es útil para el modelo) sin que la sofisticación haya dado lugar a una mayor aproximación a la realidad. De hecho, la posible inferencia de que tal correlación sea causal (o sea, que la temática sea la que produzca el cambio en el tiempo de aparición) es falaz, pues ambas están solo incidentalmente correlacionadas. En este ejemplo, vemos cómo los modelos útiles alejados de la realidad suelen concebir la presencia de conexiones (o variables) ocultas inaccesibles, que permitirían comprender mejor el modelo. Algo no infrecuente en las interpretaciones de la física moderna.

Por si a alguien le resulta incómoda está fábula, que incluye como realidad un sistema organizado e inteligente (el lector deberá creer que no hay en mí ninguna intención con ello), recurriré a otro ejemplo, esta vez real: el modelo astronómico geocéntrico.

El debate entre heliocentrismo y geocentrismo se ha labrado un prestigio trascendental, y hasta religioso, que en realidad es más bien casual y al que no deberíamos recurrir cuando se habla sobre ellos. En el momento de su concepción, la suposición de que la Tierra estaba en el centro del cosmos sin duda era la hipótesis científicamente más razonable. Los observadores veían dos bolas en el firmamento, una caliente y luminosa, y otra fría y reflectante, el Sol y la Luna, de dimensiones aparentes similares, que atravesaban cada día el cielo. Lo más sencillo era suponer que ambas realizaban trayectorias más o menos circulares alrededor de la Tierra, sobre un plano que se bamboleaba, arriba y después abajo, una vez al año. Luego, de todos los puntos luminosos que se veían en el firmamento nocturnos, había unos cuantos (los *errantes,* de donde les viene el nombre griego de planetas) que seguían trayectorias más bien caprichosas; y el resto, aparecían en lugares fijos. Todo esto procedía de datos observacionales, dentro de las precisiones disponibles. Durante siglos (pese a lo que a menudo se afirma, sin ninguna influencia por parte de las Iglesias cristianas, ni por planteamientos de carácter antropocentristas, sino gracias a la mera observación) el modelo se mantuvo vigente y fue sofisticándose. Las trayectorias de los planetas se ajustaron a una compleja geometría de deferentes, epiciclos y ecuantes. Con esto, el modelo mejoraba sustancialmente su utilidad para describir las posiciones de los astros, sin aproximarse un ápice a la verdad heliocéntrica (por no hablar de la posterior verdad de un universo plagado de galaxias). Como peculiaridades, su mejora iba aparejada al uso de estructuras matemáticas cada vez más complejas, requería modelos parciales (las trayectorias del Sol y la Luna, las de los planetas, y las de las estrellas fijas se concebían de forma distinta) y debía recurrir a explicaciones «oscuras» para la comprensión de estas trayectorias y sus diferencias. Tales rasgos no son prueba de nada respecto a la relación de los modelos científicos con la verdad, desde luego, ni yo sugiero lo contrario, aunque no se podrá negar que nuestra ciencia actual abunda en matemáticas abstrusas, modelos no unificados y materias y energías oscuras.

Para terminar con las cuestiones relacionadas con el falsacionismo, no deberíamos soslayar un intrigante misterio histórico. Karl Popper fue uno de los pensadores más profundos y brillantes del siglo xx. Según hemos dicho, sus ideas fueron presentadas y desarrolladas cuando las teorías cuánticas y relativistas ya habían sido desarrolladas. ¿Por qué, entonces, esa contumacia por defender algo que precisamente quedaba cuestionado por la nueva física? ¿Dónde queda el falsacionismo ante unos hechos científicos, en apariencia, tan claros? Aún es posible que su intención no fuera la de establecer un mecanismo de aproximación a la verdad a través de los modelos científicos, como muchos han afirmado. Si es así, deberíamos reconocer que el tipo de terminología que utilizó no era la más apropiada, pues parece evidente que contribuye a la confusión. Al parecer, su objetivo declarado era ofrecer un criterio de delimitación, esto es, una separación neta entre lo que podía considerarse ciencia y lo que no. Le molestaba que muchos emitían doctrinas que adjetivaban como científicas para ganar prestigio intelectual (ya hemos hablado de ese proceso en el capítulo anterior), cuando al final no ofrecían soluciones a través de la predicción de hechos, lo que solo contribuía al caos ideológico. Sin entrar en una crítica a las ideas de Popper, podríamos decir que su intención de atacar las ideas y teorías que querían pasar por científicas usando meramente el argumento de verificación, esto es, afirmando que cualquier nueva observación podía ser comprendida sobre su base, con lo que no podían ser sometidas a contraste, era lícita y necesaria. Para ello, construyó una sólida fundamentación lógica para definir solo como científicas las ideas que nacieran de una honesta voluntad de poder ser criticadas, puestas a prueba, y si no respondían a sus propias aseveraciones, repudiadas. Existe una indudable dimensión moral en la reflexión popperiana sobre la ciencia. Por desgracia, cuando se quiere insuflar rasgos éticos al mero conocimiento, el riesgo de desviarse de los caminos racionales es patente. Su pretensión de reforzar la ciencia con virtudes relacionadas con la honradez y la valentía, de liberarla de lo que él consideraba imposturas, lo llevaron a otorgar al proceso deductivo un carácter cualitativo, superlativo, que tal vez no le corresponda. No descarto que a tales conclusiones le condujera también el hecho de que, como les pasa a menudo a los filósofos de la ciencia, mantuviera un juicio algo deformado sobre su valor. Por lo demás, ya vimos en el capítulo anterior que la intención de demarcar minuciosamente los tipos de conocimiento es un ejercicio baldío, erróneo, pues podemos definir una frontera tan específica como queramos, e inmediatamente veremos agolparse sobre ella formas mixtas, indefinibles, que pondrán en duda su valor. Hasta las ciencias más puras hacen uso de verificación, necesitan modelos suficientemente abiertos para asimilar fenomenología, más que incompatible con ellos, inesperada o no contemplada en sus versiones anteriores. Hasta las formas de conocimiento menos científicas pueden generar enunciados falsables, al menos en apariencia, sin que eso deba otorgarles mayor crédito. Para finalizar, todas estas ideas sugieren que Popper estaba también infectado por la manía de Hilbert, y de tantos otros: la creencia de que el mundo es esencialmente una estructura globalmente coherente y ordenada, y que los hombres pueden y deben alcanzar su pleno conocimiento. Idea fantástica, que tal vez sea falaz. No seré yo quien la critique, si impulsó los esfuerzos de Platón, de Aristóteles, de Tomás de Aquino, de Galileo o de Newton; si está en el germen de todo el conocimiento valioso que hemos generado; si sigue siendo el motor que empuja su desarrollo desde el fondo de las mentes de muchos de nuestros científicos y pensadores. Simplemente, hago notar que no existen pruebas de que sea correcta, y que, por seguir la terminología popperiana, ni siquiera es capaz de falsación.

Verificación y lenguaje metafórico

Seguramente puede resultar útil describir la manera en que los argumentos de verificación actúan y se desenvuelven hoy en día en el ámbito de la ciencia, con mucha más soltura, me temo, de la que al propio Karl Popper le habría gustado. Suele citarse que al sabio le parecía particularmente pernicioso su uso en respaldo del psicoanálisis (lo que no sorprende, dada su condición de vienés). Por desgracia, yo no me siento demasiado cómodo discutiendo cuestiones de psicología, así que me centraré en otra de las grandes teorías que viene abusando de la verificación desde sus mismos inicios, y en gran medida suplantando una condición de científica que difícilmente se le puede otorgar a la vista de lo que venimos discutiendo: me refiero al evolucionismo darwinista. El ejemplo tiene la ventaja de que nos permitirá caracterizar uno de los falsos debates científicos más actuales: aunque nos adelantemos un poco a lo que, con más detalle, comentaremos en capítulos sobre la relación de la ciencia con la filosofía o las creencias, me parece un oportuno aperitivo a todo ello.

He calificado de falso el debate sobre el darwinismo porque quienes lo entablan, en uno y otro bando, apenas tienen en consideración las meras cuestiones relacionadas con la biología, y porque, ya sea por confusión, desconocimiento, apresuramiento por defender a toda costa a los suyos, y no pocas veces, intenciones cuestionables, el uso de argumentos viciados o inapropiados es la tónica común.

Empezaremos por el primero de todos: el de considerar evolucionismo y darwinismo como sinónimos, de manera que a quien cuestiona el segundo se le identifica como un creacionista fanático de la peor especie. Bueno, esto no tiene ningún sentido. El evolucionismo es un modelo de comprensión de la diversidad biológica que surge como consecuencia directa del trabajo del insigne científico sueco Carlos Linneo. Aunque parece que su postura personal era creacionista, los magníficos árboles taxonómicos, su acierto al agrupar a las especies utilizando rasgos anatómicos secundarios, solo pueden ser entendidos desde un punto de vista científico como relaciones de parentesco, que a su vez inevitablemente sugieren la generación de unos por otros. Después de él, resulta sencillo concebir el evolucionismo. Es un modelo con capacidad de predicción, como veremos más adelante, e incluso en sus aspectos más verificativos, no parece existir un planteamiento alternativo que interprete, aunque sea de una forma aproximadamente igual, ya no mejor, toda la fenomenología relacionada con la biodiversidad presente y pasada. Nadie plantea, creo yo, un debate serio que cuestione el evolucionismo.

El darwinismo es otra cosa, es una teoría que busca identificar las causas o motores que impulsan la evolución. En apariencia, pretende hacer con el evolucionismo lo que la gravitación newtoniana hizo una vez establecido el heliocentrismo de Copérnico y Kepler: dotarla de un fundamento tangible, más científico en el sentido de más capaz de realizar predicciones deductivas. Y digo «en apariencia», porque curiosamente, su efecto es precisamente el contrario. Darwin utiliza unos cuantos conceptos procedentes de la observación (una versión biológica de la dinámica de poblaciones que Malthus había enunciado para las sociedades humanas, que venía a decir que la muerte anticipada y sin descendencia es el final más frecuente para los individuos salvajes de las especies, incluso de las más exitosas; la variabilidad en los rasgos anatómicos de los individuos de una población; la tendencia de los descendientes, dentro de esa variabilidad, a heredar rasgos de sus progenitores; y las lecciones aprendidas de la selección artificial de razas domésticas), y los conecta para enunciar su teoría de supervivencia del más apto en la lucha por la vida, y transferencia mediante la herencia de los rasgos que la favorecieron. Afirma que ese sistema es capaz de generar diferencias que acaben en especiación, esto es, formación de especies nuevas, que se definen esencialmente por su imposibilidad de cruzarse con otras dando lugar a descendencia fértil, y plantea dos mecanismos principales de selección natural: la selección por el entorno (competencia en el acceso a los alimentos y recursos, y supervivencia frente a la depredación) y la selección sexual, por la que se generan formas de que algunos individuos vean favorecida su descendencia y, por lo tanto, su herencia en las generaciones siguientes.

Si hay que emplear un solo adjetivo para calificar la elaboración con la que Darwin dio a conocer estas ideas, el primero que viene a mi cabeza es espléndida. Conservo vívida en mi memoria la apabullante sensación que tuve la primera vez que leí *Del origen de las especies:* me impresionó la minuciosidad de sus descripciones, la profundidad de sus discusiones, la manera radical en la que atacaba el análisis de las dificultades de su teoría que él mismo iba detectando. Sin duda, tenía la sensación de estar recibiendo las confidencias de un genio sobre sus propios trabajos y cavilaciones. Pese a todo lo que, a continuación, voy a comentar sobre ellas, sigo considerando a Darwin un hombre de inteligencia excepcional y fecunda.

Los problemas del darwinismo empiezan en el momento en que uno se dispone a analizarlo con serenidad. Primero, el concepto de *supervivencia del más apto* es una flagrante tautología, pues no existe ninguna definición del «más apto» que no sea «aquel que sobrevive».[15] Con ser una dificultad, esta no sería insalvable: ya hemos comentado cómo otras ciencias han lidiado con sus inconsistencias lógicas y han salido adelante. Pero hay más: no se ha encontrado una manera de plantear un experimento controlado en que la presión del entorno pueda describirse de forma inequívoca y, de esa manera, evaluar sus efectos. Ni la selección artificial de las razas domésticas, ni los intentos de producir presión controlada en organismos sencillos (es paradigmático el ejemplo de la adaptación de las bacterias a los antibióticos) producen especiación. Claro que esto es debatible sobre la misma base de que la definición de especie es confusa y particularmente inapropiada para la mayoría de los organismos, aquellos que no realizan una reproducción sexual comparable con la de los animales y de las plantas superiores. La falta de concreción real contamina todos los conceptos relevantes que utiliza la atractiva teoría: no sabemos qué es una especie, cómo definir la lucha por la vida, qué significa ser el más apto, o cuál puede ser el verdadero mecanismo por el que todas estas ideas se combinan y actúan

---

15   La elección *a priori* de cuál es el reto más importante en el que el entorno ubica a la especie, y cuál será su efecto, todo esto de manera arbitraria, para supuestamente «probar» después que se ha producido selección del más apto, es naturalmente una falacia de escaso recorrido lógico. Si decimos: «se puede probar el darwinismo, porque se puede comprobar cómo, por ejemplo, la presión por huir de los depredadores da lugar a una selección de ciervos más veloces y esquivos, lo que se demuestra estudiando su anatomía» (extraigo el ejemplo, de manera no literal, del interesante libro de Stephen J. Gould *La vida maravillosa*), inmediatamente se agolpan un montón de preguntas sin respuesta: si se establece *a priori* que «más apto» se identifica con «más rápido», ¿por qué no para todos los animales, y no solo para el ciervo?, ¿por qué los perezosos no son veloces en su huida? ¿Por qué los ciervos, a fin de cuentas, no han acabado corriendo aún más? ¿Dónde podemos encontrar el «manual de instrucciones» sobre la determinación del «más apto», para cada especie y cada circunstancia? Todas estas, u otras que podamos emitir, solo encuentran una explicación: la relación entre aptitud y rapidez, o cualquier otro rasgo que elijamos, es arbitraria, se basa solo en una rebuscada justificación que se pergeña con anticipación al enunciado del problema, y es sospechosa de ser malintencionada, pues su objeto es hacer pasar por científico o falsable el darwinismo. El propio Gould, que raya en el insulto hacia los que mantienen el carácter verificativo del darwinismo, nada más terminar de ofrecer el pseudoargumento del ciervo, afirma ser incapaz de definir los elementos de aptitud que confieran capacidad de predicción sobre las vías de la evolución desde la fauna cámbrica fosilizada en Burgess Shale hasta la actual. Toda esa parte de su libro es particularmente incoherente, y en ella se da una confusión burda, posiblemente conocida y ocultada por el autor, en el uso del término *predicción*, que no se puede aplicar sobre hechos pasados o ya conocidos, según comentaremos más adelante en el libro.

para impulsar la evolución. Resulta evidente que en la evolución existe una dimensión adaptativa, y otra, muy potente, de generación de complejidad, sin que eso ofrezca fundamentación (por más que algunos lo pretendan) sobre cómo el proceso tiene lugar. Y desde luego no existe ni un solo caso de predicción no obvia realizada por el darwinismo.

El funcionamiento de la selección sexual es en especial confuso: no resulta demasiado coherente ligar la capacidad, generalmente de las hembras, para seleccionar una pareja reproductiva, o el éxito de un macho en las peleas para acceder a las hembras, con una mejor aptitud para responder a los retos que plantea el entorno. Es por ello por lo que a menudo se escuchan justificaciones como que las hembras poseen el instinto de seleccionar al macho más sano y capaz. Lo que ni resulta demostrable, ni en el fondo resuelve la dificultad, al precio de incluir una pulsión biológica más bien extravagante.

El desarrollo de la genética hizo concebir esperanzas a los darwinistas, respecto a que sus descubrimientos ofrecerían una base material a la teoría. En verdad, la herencia a través de la aportación genética de los progenitores, la presencia de variabilidad basada en la aparición de mutaciones de origen aleatorio, la relación genética entre especies emparentadas, más allá de la mera conexión de sus rasgos externos, sugerían la existencia de un vínculo bioquímico con la evolución, la adaptación, quizá con el propio darwinismo. Así lo afirman muchos de sus defensores, que hablan de una nueva síntesis entre esta teoría y la genética, a la que se denomina *neodarwinismo*. Yo no soy capaz de ver tal cosa. La genética ofrece un claro respaldo al evolucionismo: por lo que respecta al darwinismo, mi impresión es que es más bien causa de nuevos problemas y preguntas sin resolver. Por ejemplo, las distintas especies sintetizan proteínas distintas en cuanto a su composición, que realizan exactamente las mismas funciones. Esos cambios de composición se deben a modificaciones en los genes, que aparentemente suceden sin presión para la selección ni mejora evolutiva. Las modificaciones mediante mutación de distintos genes aparecen con una regularidad temporal, de manera que permiten ajustar «relojes genéticos» que informan sobre el momento en que dos especies compartieron un antecesor común. Ese tipo de predicciones han sido respaldadas por otras evidencias, y constituyen uno de los aspectos en los que el evolucionismo ofrece deducciones científicas. Lo que ocurre es que este proceso tan regular no parece fácil de conciliar (tal vez no sea imposible) con las caprichosas modificaciones del variable entorno, ejerciendo presión para seleccionar a los más aptos.

Muchos detractores critican que el darwinismo plantea un panorama clasista (más aptos) y violento (lucha por la vida) respecto a la realidad biológica, que ofrece a su vez sustento a una aplicación en las relaciones del ser humano con su entorno o en las relaciones sociales. Esto no sería relevante, pues se refiere a elementos que trascienden la cuestión científica y no deberían influir en la utilidad del modelo. Les confiere importancia precisamente el hecho de que, en términos de ciencia, poco hay de lo que hablar.

Incluso en el mero ámbito de la verificación, puede aducirse que el darwinismo es demasiado simplista al imaginar que funciona de manera similar para organismos que se relacionan de manera muy diversa con su medio. Y existen, al menos, dos teorías diferentes sobre mecanismos evolutivos que han acumulado suficientes evidencias como para estar bien respaldadas. Una es la endosimbiosis de la bióloga Linn Margulis. Su trabajo durante la segunda mitad del siglo XX puso en evidencia que la aparición de mitocondrias (un orgánulo celular especializado en realizar la respiración basada en oxígeno, dentro de las células eucariotas) y cloroplastos (el orgánulo especializado en realizar la fotosíntesis dentro de las células de algas verdes y plantas superiores) se explicaba mejor mediante un mecanismo que no tiene que ver con la lucha y la supervivencia: en su origen, ambos orgánulos eran bacterias independientes que realizaban sus funciones específicas. Al incluirse dentro de otra célula, sin morir, mantuvieron su función, lo que proporcionaba energía o sustento a la célula hospedadora, mientras ellas se aprovechaban de la protección y el entorno estable que suponía permanecer en su interior. Ciertamente, ambos orgánulos poseen material genético propio (aunque con el tiempo han intercambiado parte de él con la hospedadora, y han perdido muchas funciones, de manera que ya no pueden mantenerse vivos como seres independientes) y muchos rasgos semejantes a los de las bacterias. Este mecanismo generó nuevas especies y aumentó la complejidad sin recurrir a combates darwinistas y sin que la presión del entorno juegue ningún papel necesario. Ocurrió al menos dos veces (una para cada orgánulo), y está detrás de modificaciones evolutivas muy importantes, la aparición de las células eucariotas (células con núcleo, cuya respiración está encomendada a las mitocondrias) y de las eucariotas fotosintéticas (en las que la fotosíntesis está encomendada a los cloroplastos).[16]

La otra es la capacidad de las bacterias para intercambiarse fragmentos de información genética, incluso entre especies diferentes, lo que le permite adquirir capacidades bioquímicas nuevas (como la resistencia a antibióticos), y evolucionar, por lo tanto, mediante un proceso sin selección intraespecífica, en la que otras especies participan de forma activa y no meramente como generadores de presión.

Enumeradas todas estas dificultades, voy a detenerme en cuáles son sus efectos por lo que respecta al valor, como conocimiento, del evolucionismo darwinista. Desde luego, no son catastróficos ni, a mi juicio, demasiado controvertidos. No podría ser incluido entre las ciencias, ni bajo la definición de nuestro primer capítulo, ni por el criterio popperiano. Sus rasgos se aproximan más a los del conocimiento dialéctico que ya identificamos. Lo que no lo ubica en ningún plano superior, ni inferior, a otros.[17] Simplemente, nadie debería obcecarse en colocarlo en un lugar que no es el suyo. La otra cuestión está en los debates, que he calificado antes de falsos al referirme a ellos. Todo lo dicho no ofrece el más mínimo respaldo a las supuestas teorías alternativas que se plantean al darwinismo. Ninguno, desde luego, a las distintas posturas no evolucionistas. Tampoco a otras como el diseño inteligente, que es igualmente no científico, meramente verificativo, y que condensa las evidencias observadas en supuestos bastante más burdos e inconsistentes. Los mecanismos que impulsan la evolución están, en gran medida, por desentrañar como un modelo científico general. Tal vez eso se logre en un futuro, o puede que no sea posible, y debamos seguir intentando comprenderlos mediante el uso de modelos parciales u otras formas de conocimiento.

---

16 Entre las virtudes de la endosimbiosis, los hay que hablan de un procedimiento mucho más amable y colaborativo de evolución en comparación con la competición y la lucha darwinista. Por otra parte, parece indudable que la intención primera de la célula hospedadora habría sido devorar a la bacteria, cosa que por algún azar impredecible no logró. Cuestiones, de nuevo, ajenas a su dimensión científica.
17 Como pasatiempo para el lector, le animo a encontrar, en este mismo libro, algunos análisis de sabor típicamente darwinista.

El problema está en esa obsesión por imponerse mediante el argumento indiscutible de su condición de ciencia, frente a las demás, que se presentan como creencias. Para ello, el darwinismo es descrito como un ortodoxo modelo científico. Que no acepta, por cierto, la interpretación utilitarista. Creo que fue John Le Carré quien hacía decir a un personaje en una de sus novelas que, si alguien desea vender un cuadro falso, la mejor forma de eliminar las dudas del comprador es pedir por él un precio exorbitado. Parafraseando la cita para nuestro caso, cuanto más sospechosa sea una teoría de limitarse a la verificación, de ser incapaz de ofrecer deducciones no obvias y contrastables, más énfasis pondrán sus defensores en acreditarla como verdad lógica. Para la mecánica cuántica no supondría ninguna pega que sus modelos sean enunciados como comparaciones, en lugar de con el lenguaje metafórico habitual, porque de cualquiera de las maneras sigue acertando en todas y cada una de sus predicciones. Pero si al psicoanálisis o al darwinismo se les desnuda de su engolado lenguaje en el que la Vida, o el Subconsciente, hacen y deshacen con un poder casi ilimitado, si se les hace ver que la Vida y el Subconsciente son meras alegorías, y sus efectos deben ser descritos en frases comparativas, no queda nada, porque nada pueden, en fin, predecir. Su desesperada necesidad de ser consideradas leyes (verdades), en lugar de modelos (herramientas útiles), les delata.

En el caso del darwinismo, el abuso del lenguaje metafórico es doble: sus argumentos se construyen como si fueran la realidad; además, como decimos, la Vida o la Evolución son personificadas en afirmaciones que, si se analizan fuera de contexto, resultan rocambolescas. Así, no es difícil encontrar enunciados como el siguiente: «la evolución aprovechó las plumas preexistentes en algunos pequeños dinosaurios; la necesidad de escapar de sus depredadores de manera más eficiente fue seleccionando los especímenes con más plumas y con formas más aerodinámicas, lo que acabó dando lugar a las alas de las aves».[18] Bueno, es evidente que la evolución en realidad no aprovecha ni selecciona nada. Además, aparece de nuevo la usual inconsistencia lógica: si la necesidad de escapar de los depredadores generara la aparición de alas, todas las especies acabarían produciendo

---

18   Ha sido obtenido, de manera algo modificada, de una enciclopedia.

unas, pues todas la tienen: el mecanismo de evolución (darwinista) se da por sentado, para inmediatamente suponer que ello implica un argumento a su favor. Aun olvidándonos de esto, si quisiésemos enunciar en modo comparativo la misma frase, este sería más o menos el resultado: «Las cosas ocurren de manera similar a lo que se produciría si el proceso evolutivo actuara como si pudiese aprovechar las plumas preexistentes; los hechos suceden como si existiese una especie de necesidad selectiva que se vincularía con la huida de los depredadores, lo que tendría efectos similares a la selección de especímenes con más plumas y con formas más aerodinámicas, lo que a su vez produciría hechos parecidos a que ello diera lugar a las alas de las aves». Sin duda, el primer texto es más ligero, más comprensible y más literariamente sugerente (no olvidemos la condición artificial de la literatura). Desde luego, yo lo prefiero, en tanto recordemos su carácter metafórico. El problema es que tal cosa se niega sistemáticamente. Es como si al ya citado Juan Ramón le alabáramos su metáfora «el amor es una rosa», y él se ofendiera afirmando que nada de tropos literarios, que él es un filósofo y que la afirmación debía ser considerada como una descripción objetiva de la realidad. Y, lo que sería peor, que su tozudez se contagiara a otros poetas, y ya ninguno aceptara la interpretación de sus creaciones bajo esa premisa formal.

El darwinismo no es una pseudociencia (hablaremos de ellas en un par de capítulos). Lo convierten en tal cosa los que, para debatir con otras que sí lo son, lo revisten de atributos que no le corresponden. El darwinismo es una teoría de carácter fundamentalmente verificativo, dirigida a entender, tal vez de manera excesivamente reduccionista, una abundante y riquísima fenomenología. Presenta aciertos argumentales, y no pocas dificultades. Utilizado bajo estas premisas, es un conocimiento fértil. Si nos empeñamos en categorizarlo en términos de verdad o no verdad, eliminamos casi todas sus virtudes. Y no es necesario, porque la mayoría del conocimiento humano no puede (o no debería, sensatamente) ser clasificado de forma tan radical. Por desgracia, las diatribas que lo involucran han tenido tanta relevancia histórica y social, que los equivocados métodos de sus defensores han contaminado los de quienes pretenden reivindicar las distintas ciencias, y ya cada vez menos se admite el criterio de utilidad para describir los modelos científicos, cada vez menos se acepta que su descripción suele enunciarse en forma metafórica, y cada vez se mezclan más voluntades y argumentos retorcidos al hablar de cosas puramente técnicas.

Las brumas entre las que perseguimos con ansia la Verdad mayúscula en la ciencia cada vez son más espesas y nos vuelven más ciegos.

Predicciones del pasado y predicciones del futuro

A estas alturas del capítulo, ha quedado patente, creo yo, que la verdad científica no es un terreno tan llano ni apacible como podría suponerse a partir de las frecuentes alusiones a ella que encontramos en los más variados discursos de científicos, divulgadores, políticos u opinadores de los medios. Las trabas vinculadas con el carácter impreciso del conocimiento observacional, con la inseguridad que generan, son apenas un problema menor en comparación con las dificultades conceptuales que hemos encontrado en relación con las definiciones, las teorías y los modelos. Así que podríamos sentirnos aliviados porque volvemos al laboratorio y a la observación, a la verdad factual, para discutir el tercer lugar en que ciencia y verdad se encuentran: las predicciones deductivas.

Hay quien dice que lo genuino de la ciencia es su capacidad para explicar el mundo de manera racional. Esa idea es ilusoria. La magia también explica el mundo a través de una construcción racional, las viejas mitologías desbordan racionalidad, fundando las bases de todo sobre pasiones y pecados de unos dioses fieramente humanos. La clave, lo que descarta, pese a su evocación y su belleza, todas esas mistificaciones y da valor a la ciencia es su capacidad para predecir los fenómenos del futuro, es su manera de ratificarse mediante la verdad de los hechos, en particular de los que ocurren después de que la ciencia dijo que lo harían. Eso es todo, y es mucho. Pero debemos estudiar hasta dónde llega esa capacidad, que es de largo más allá que la del resto de intentos humanos de premonición, pero que tiene sus normas y sus límites, y desde luego no es infalible.

Y para comenzar, debemos deslindar el espacio temporal en el que tales predicciones actúan. Un rasgo peculiar es que las predicciones de la ciencia no necesariamente versan sobre hechos del futuro, que necesariamente ocurrirán. A veces describe sus observaciones y modelos emitiendo afirmaciones sobre el pasado, o sobre fenómenos que podrían no ocurrir si se toman las medidas apropiadas para evitarlos. A título de su consideración como verdades factuales, está claro que sus características son diferentes.

Revisemos los siguientes enunciados, todos ellos reales o realistas y de indudable sabor científico: «el Universo comenzó en un Big Bang»; «los dinosaurios se extinguieron debido al impacto de un meteorito»; «si yo lanzo una moneda al aire, caerá, en un tiempo x y siguiendo una trayectoria y»; «si yo lanzo una moneda al aire, muchas veces, tenderá a caer el mismo número de veces cara que cruz»; «en los próximos cien años, es probable que se produzca un gran terremoto en la falla de San Andrés»; «con el actual ritmo de aumento de la emisión de gases de efecto invernadero, la temperatura media del planeta aumentará entre 1,5 y 4,5 grados centígrados», «Los casos de demencia podrían triplicarse de aquí a treinta años si los países no afrontan los factores de riesgo».

Están construidos de manera similar, e ingenuamente podríamos pensar que juegan papeles similares como deducciones de las distintas ciencias en cuyo ámbito son emitidas. Lo cual no tiene mucho sentido, pues no se pueden realizar predicciones (que eso son las deducciones) sobre hechos que ya ocurrieron. ¿O sí? Analizaremos la cuestión con más detenimiento.

De las predicciones de futuro, unas son positivas (las de las monedas). Para la de la trayectoria, tenemos una predicción cuantitativa, aplicable a un experimento individual. Para la otra, su contraste requiere muchos experimentos para obtener probabilidades estadísticamente significativas. Ambas pueden identificarse como deducciones científicas convencionales, y no causan demasiados quebraderos de cabeza. Y los que puedan causar, los revisaremos en el epígrafe siguiente.

Las del terremoto, el calentamiento del planeta y los riesgos de la salud mental en nuestra sociedad, aunque seguimos trabajando con predicciones de futuro, tenemos la sensación de que son diferentes. Algo parece indicarnos que debemos confiar un poco menos en ellas. Esto está relacionado con los niveles de certidumbre que pueden ofrecer las distintas disciplinas científicas, lo que se vincula con la precisión de las predicciones cuantitativas, salvo que lo hace a un nivel más profundo, relacionado con la corrección de tales precisiones. Además, en dos de ellas aparecen factores que podríamos llamar *mitigadores,* o al menos *modificadores.* Que el calentamiento predicho o el aumento de los desórdenes mentales no tengan lugar podría deberse a incorrecciones de los modelos utilizados; o a que, después de todo, las emisiones se modifiquen, o los factores de riesgo sí sean afrontados, respectivamente. En ese caso, la predicción científica sufre una especie de maldición de Casandra, pues su acierto habrá conllevado la evitación de su propio pronóstico, lo que podrá conducir a no pocos a poner en duda que tal cosa fuese a ocurrir después de todo.

Establecidas todas esas diferencias para las predicciones del futuro, las vincula el hecho de que se refieren a verdades factuales, cuya verificación, en su momento, será más o menos directa.

En cambio, a pesar de las apariencias, las predicciones del pasado no responden a verdades factuales, no podemos comprobarlas directamente. Bueno, si no son verdades factuales, ¿qué son?

Para indagarlo, es útil recordar que muchas de esas afirmaciones forman parte de modelos científicos determinados, que se enfrentan a otros alternativos. Por ejemplo, existe una corriente de geólogos y paleontólogos que se oponen a la teoría del meteorito como causa de la extinción masiva del límite Cretácico-Terciario (K-T), la vulgarmente conocida como extinción de los dinosaurios, y achacan el episodio (que no niegan) a una época de especial actividad volcánica, centrada en la actual península india, que dio lugar a las formaciones geológicas denominadas *traps* del Decán.[19] Sería sencillo desvelar cuál de las dos es correcta si adquiriésemos una máquina del tiempo y nos plantásemos allí, hace sesenta y cinco millones de años, durante el interesante (y breve, en términos geológicos: apenas unos cientos de miles de años) periodo en que ocurrieron los hechos. Por desgracia, tal cosa no es posible. Lo que sí podemos hacer, a partir de esas suposiciones del pasado, es realizar predicciones hacia el futuro, esto es, suponer que las evidencias estratigráficas, paleontológicas o de diversos tipos que vayan apareciendo en el futuro sean coherentes con un modelo o con el otro. O sea, que las que hemos llamado predicciones del pasado, pese a la forma en la que se enuncian, no son verdades factuales, sino parte del modelo científico. Como tales, pueden ser analizadas desde el criterio de utilidad, y pueden ser enunciadas en términos comparativos, no metafóricos: «Los hechos conocidos y las evidencias que encontremos en el futuro

---

19   Estas dos no son las únicas teorías, ni son excluyentes, encontrándose científicos que defienden una combinación de ambas. Para facilitar lo que sigue, supondremos que sí se excluyen mutuamente, a los solos efectos de discutir las características de este tipo de aseveraciones

serán compatibles con que todo haya ocurrido como si el impacto de un meteorito hubiese sido la causa de la extinción de los dinosaurios», sería una redacción alternativa, completamente válida, para la afirmación de hace unos párrafos.

Puedo entender que, para muchos, esto resulte insatisfactorio. Al fin y al cabo, se trata de una afirmación sobre un hecho material, ¿cómo puedo poner en duda que sucediera?, ¿cómo puedo conferirle solo atributos de utilidad, y no de verdad?

Es este un buen momento para poner a prueba el criterio de utilidad, para pensar con apropiada sutileza sobre él. El impacto ocurrió, o no ocurrió; si se produjo, causó, o no, la extinción de los dinosaurios. Eso es indudable. Como también lo es que tal cosa no podrá ser nunca ratificada mediante observación directa. Así que, acumuladas suficiente cantidad de pruebas, uno es libre de creer que tal cosa ocurrió como una verdad, o de negarlo; y entonces podemos establecer un debate sobre si es lógico o sensato mantener tales creencias o no creencias. Y, en ese momento, hemos abandonado el campo de la ciencia, estamos en otra cosa. No mejor, ni peor. Dado que se introducirán en ese debate muchos elementos técnicos de origen científico, podemos calificarlo de metacientífico, o con otro adjetivo, tal vez, más afortunado, y en todo caso nos encontramos en un entorno más filosófico.

La clave es que, sin duda, nuestra condición humana no puede, y seguramente no debe, prescindir de este debate. En cambio, para la práctica de la ciencia, en términos estrictos, no es necesario, y por lo tanto resulta inapropiado. A la ciencia, como tal, la salvaguarda el hecho de que las predicciones del pasado sean solo modelos utilitarios. Si la semana próxima apareciera una nueva evidencia, que radicalmente excluyera la posibilidad de que exista relación causal entre la extinción y el meteorito, e interpretara sobre otras bases la evidencia anterior, para los modelos científicos no sería grave: Popper afirmaría que el modelo ha sido falsado, o podríamos expresarlo afirmando que ese aspecto del modelo general de la historia de la biodiversidad en la Tierra debería ser modificado, y podríamos continuar con nuestro trabajo. En cambio, si lo analizamos como una verdad factual, ¿querría eso decir que habíamos estado dando por supuesta una falsedad? ¿Tenemos ahora más pruebas de que la nueva predicción del pasado sea definitiva? Son las mismas objeciones que ya se plantearon con los modelos científicos.

Se podrá alegar que la aparición de tal evidencia es improbable. Pero la verdad es que no resulta tan extraña. En el tiempo de mi vida, la ciencia ha ubicado el Big Bang en hace quince mil millones de años; después, en un poco más de once mil millones, y ahora, en algo así como trece mil ochocientos millones de años. Ninguna verdad cambió por el hecho de que el momento de un fenómeno real se supusiera tentativamente en distintas ubicaciones temporales, en función de la evidencia disponible, y no apostaré ni un euro a que tal ubicación no sea modificada en el futuro. Encontraremos ejemplos similares en otras ramas de la ciencia en la que se realizan predicciones del pasado (o sea, se presentan modelos con aspecto de verdad factual del pasado); son particularmente cambiantes, y apasionantes, los que se enuncian en paleoantropología, donde la imagen de la historia natural de nuestro origen como especie debe ser «repensada en profundidad» (utilizando la terminología periodística al uso) a la vista de nuevos descubrimientos que aparecen, con misteriosa regularidad, al ritmo de uno cada pocas semanas.

Una verdad de casa de apuestas

Ahora volveremos a las predicciones de verdades factuales, los ejemplos de las monedas lanzadas, el terremoto, el calentamiento y la salud mental, que vimos antes. Se supone que es ahí donde la ciencia muestra su ventaja como conocimiento. Los ejemplos que enunciamos mostraban algunas diferencias, según vimos, sobre los que podemos profundizar.

En general, tenemos la impresión de que la ciencia acierta bastante en sus predicciones. Y así es. Claro que bastante no es siempre. En realidad, ya hemos visto que, tanto cuando se realizan predicciones cuantitativas como cualitativas (algo sucederá, o no sucederá) la posibilidad de que haya un error, de que se equivoquen, nunca es nula. La pregunta que surge inmediatamente es: si no hay forma de estar completamente seguros de que nuestras predicciones basadas en la ciencia acertarán, ni es fácil saber si una predicción concreta está equivocada, más allá de saber la probabilidad de que ello ocurra, ¿para qué nos sirve la ciencia, si ni siquiera nos ofrece certidumbre respecto a las verdades factuales? Para comprenderlo, es mejor que nos fijemos en los momentos en que la ciencia no acierta, y por qué ocurre eso.

Podemos diferenciar dos motivos por los cuales sucede. El primero está en el ya descrito carácter impreciso (lo hemos llamado también difuso) de toda observación experimental. Cuando nuestras predicciones sean cuantitativas, necesariamente llevarán asociada una barra de error, en la que, a su vez, podremos confiar solo hasta cierto punto: al aumentar la barra de error, mejoramos el índice de confianza, al precio de perder significación en nuestra predicción. Todo esto ya lo vimos al estudiar las observaciones experimentales. De hecho, la posibilidad de equivocación en una predicción cuantitativa puede relacionarse con la barra de error de la predicción, y también con la asociada a la medición que habrá que realizar para verificarla. Esto es una mera sutileza, en general, podemos quedarnos con la idea de que el fallo se conecta con la imprecisión de la predicción. Es muy frecuente que esta se relacione, y guarde consonancia, con la imprecisión de las observaciones que se realizaron para ella. Es el proceso que llamamos anteriormente *propagación de errores*. Sobre la trayectoria que puede seguir una moneda al ser lanzada, la imprecisión de, por ejemplo, su punto de caída estará relacionado con los datos iniciales (posición de partida, fuerzas aplicadas en el lanzamiento…), cantidades todas ellas que determinaremos mediante mediciones. Un fenómeno que a veces se produce es la llamada técnicamente «sensibilidad a las condiciones iniciales», y que ha tenido mucho éxito en los medios, el cine y la literatura con el nombre de «efecto mariposa». Su ejemplo paradigmático es el de la meteorología: pese a que el modelo que describe el movimiento de la atmósfera está correctamente enunciado, al aplicar las ecuaciones correspondientes se encuentra que una ínfima variación en los valores de partida (podemos vincularlos a pequeñas imprecisiones en su medición, o más poéticamente, al efecto de un leve aleteo de mariposa, que no podemos tener en cuenta) da lugar a enormes variaciones en los resultados finales (por ejemplo, la aparición o no de vientos huracanados a miles de kilómetros de ese aleteo), lo que es una manera de decir que las barras de error que aparecen en las predicciones son tan grandes que pierden toda significación, incluso para niveles de confianza no demasiado exigentes. Por eso, el trabajo de los meteorólogos es tan difícil. En ciencias para las que los modelos no pueden especificarse con tanto detalle como en la física, puede ser complicado detectar sensibilidad a las condiciones iniciales.[20]

El segundo motivo para la aparición de equivocaciones en las predicciones científicas está en las propias características de cada disciplina. La posibilidad de obtener datos experimentales más variados, más controlados o más ricos implica diferencias en la capacidad de predicción de los modelos (lo vimos en nuestro ejemplo de la física, la astronomía y la cosmología, al final del capítulo anterior). Aun haciéndolo lo mejor que nuestra ciencia lo permita, deberemos sensatamente mantener un grado de confiabilidad, no fácil de cuantificar, relacionado con todas esas características. A veces, no será sencillo distinguir el origen del fallo, en relación con uno u otro motivo. Los (buenos) científicos condensan ambos en la barra de error que asocian a la predicción, pero como digo no siempre es fácil, correcto, o incluso posible.

Todo lo dicho se puede aplicar a la predicción de hechos cualitativos, o que se miden mediante números enteros: tales predicciones solo podrán realizarse desde un punto de vista probabilístico, luego solo podrán cobrar valor si se estudia su ocurrencia en un gran número de casos, de forma que podamos interpretarlo estadísticamente.

Así que, volviendo a la pregunta inicial, ¿para qué nos sirven las predicciones sobre verdades factuales de la ciencia?, la respuesta indudable es: para apostar.

Si yo fuera un científico avispado y de pocos escrúpulos, podría evaluar la posición de caída de una pelota, dentro de un intervalo, con una confianza del 95 %. Me dirigiría entonces a un grupo de ingenuos, ajenos al conocimiento, para apostar con ellos a que el objeto caerá en el intervalo marcado, Según su impresión, el área de caída es más bien pequeña, así que, cuando les dijese que, para no generar suspicacias, cada vez que la pelota cayera en el intervalo, ellos me pagarían uno, pero si salía fuera, yo les pagaría diez, estarían sin duda satisfechos con el trato. De vez en cuando,

---

20   Ante tales problemas hay que decir que los científicos no se quedan boquiabiertos y con los brazos cruzados, sino que indagan las consecuencias de esa sensibilidad y la manera de aliviarla

algún lanzamiento saldría fuera, y eso animaría a los incautos, pero si yo actúo de banca, y repito la apuesta un gran número de veces, la estadística estará de mi parte, solo saldrán fuera del área de impacto, por término medio, uno de cada veinte lanzamientos, y acabaré ganando dinero.

Y eso es la ciencia, por lo que respecta a la verdad: es el método más eficaz que conocemos para apostar por que algo ocurrirá, y salir, por término medio, ganando. No ganaremos siempre, y en cierto número de experimentos, las desviaciones estadísticas pueden jugarnos alguna mala pasada; a pesar de ello, la predicción de la ciencia seguirá siendo lo más confiable que tenemos. Una verdad de casa de apuestas.[21]

Si lo pensamos con serenidad, ocurre que la incertidumbre no es una limitación tan severa para la ciencia, cuyo enfoque es eminentemente práctico, esto es, se conforma con hacer las cosas suficientemente bien. No deseamos ajustar un tornillo en su tuerca más allá de las holguras admisibles de su fabricación, ni depositar un robot autónomo en Marte en un lugar concreto más allá de una determinada precisión, sea esta diez metros o diez centímetros. Deberemos trabajar para que las holguras de los tornillos permitan que se deban rechazar un número reducido de ellos (aunque no dejará de haber tornillos que, después de todo, se salgan de las holguras aceptables), y para que la probabilidad de que el robot caiga en el sitio equivocado, y estropee la misión que costó miles de millones de euros, sea suficientemente pequeña. Nosotros podemos tener problemas conceptuales con esas inevitables dudas, pero desde luego el problema no lo tiene la realidad, ni la ciencia, sino nuestro concepto, que es erróneo (en el sentido de que no concuerda con los hechos percibidos); aun así, no es raro encontrarnos con que nuestra tozuda mente pugne por rechazar la realidad para preservar sus construcciones internas, que tanto le ha costado elaborar. Y en ese caso debemos vigilar a nuestra mente, corregirla, y si resultase necesario, castigarla a vivir en el mundo que es, y no en el que a ella le resultaría más sencillo que fuera.

---

21   Los procedimientos de prueba y error, cuando pueden aplicarse, permiten obtener certidumbres comparables a las que ofrece la ciencia. Su problema es que suelen quedar limitadas a la experiencia concreta para la que se utilizaron, mientras que la ciencia tiene mucho mayor poder de generalización. Claro, lo que ocurre es que la ciencia a veces no es una solución disponible, como vimos en el ejemplo de la medicina en el capítulo anterior.

En realidad, que las cosas sean así tiene sus ventajas, además de algún que otro inconveniente. Entre las primeras, está el hecho de que podemos aprovechar las imprecisiones para simplificar o generalizar nuestros modelos. Los físicos lo hacemos continuamente. Los objetos que se mueven realizando oscilaciones, o sea, movimientos de vaivén (muelles, péndulos, y en un sentido más amplio, planetas y electrones dando vueltas, yendo y viniendo, alrededor de algo), soportan fuerzas que dependen de la posición del objeto, de manera que aparece una tendencia recuperadora, esto es, al alejarse del punto central, tienden a llevarlo de nuevo hacia él. Claro, esto es una descripción muy poco determinada, ¿cuál puede ser la dependencia de la fuerza con la posición, expresada en una expresión matemática? En principio, cualquiera, el modelo es certero, pero no me permite hacer predicciones, pues las relaciones posibles entre posición y fuerza son infinitas. En lugar de desesperarnos, los físicos decimos: «bueno, de momento, probemos con una dependencia lineal». Eso significa que hay una proporción constante entre la magnitud de la fuerza y la distancia al centro: si la distancia se duplica, la fuerza se duplica. Usando esa relación, se predice con todo detalle un tipo de movimiento de oscilación al que llamamos *armónico*. Podemos pensar que sería mucha casualidad que la dependencia, en un fenómeno físico particular, fuera lineal, entre todas las posibles. Lo que pasa es que da igual, porque no queremos saber la dependencia real, sino trabajar con una útil dentro del nivel de aproximación que estemos buscando. Así, si las oscilaciones son suficientemente pequeñas, aunque la relación verdadera no sea lineal, se ofrecen predicciones lo bastante próximas a las observaciones experimentales. Si debemos usar oscilaciones más grandes, o mejorar la precisión, supondremos que la dependencia entre fuerza y distancia se construye como la suma de dos partes, una lineal (si duplico la distancia, duplico la fuerza), y otra cuadrática (si duplico la distancia, cuadruplico la fuerza); este sistema también se puede calcular directamente. Y así sucesivamente, con una dependencia que puedo ir sofisticando progresivamente, lo que me procura capacidad de predicción dentro de una precisión determinada, sin llegar a conocer nunca la verdadera dependencia entre distancia y fuerza.[22]

---

22   Esto es útil solo para sistemas en los que no se da la sensibilidad a las condiciones iniciales. Por fortuna, son la mayoría en física.

La linealización es uno de los procedimientos más exitosos en física. Me atrevería a decir que es raro el ámbito dentro de ella en el que no se aplica con profusión. Suele funcionar, más allá de las expectativas que podría generar el uso de relaciones funcionales tan simples. La ciencia, aquí, en vez de obsesionarse por la imposibilidad de ser totalmente precisa, se aprovecha de ello para predecir bastante bien muchas más cosas.

Los inconvenientes del carácter impreciso de las predicciones científicas provienen de las intenciones de obtener conclusiones más allá. Destacaré dos. Dado que en algunas disciplinas científicas se pueden conseguir valores muy grandes del índice de confianza (ya lo vimos en el ejemplo de la física de partículas), hay personas que obvian la imprecisión residual. Inconscientemente, razonan de una manera parecida a esta: «de acuerdo, no puedo convencer a todo el mundo de que la ciencia descubre verdaderas leyes de la naturaleza, siempre me topo con utilitaristas que se niegan a aceptarlo; en su lugar, defenderé que las predicciones de la ciencia son en todo caso verdad (factual), pues hay algunas especialidades en las que eso ocurre, más allá de una duda razonable». Por este camino, encontramos a gente que afirma que debemos creer en las predicciones de toda disciplina científica, dado que hay algunas en las que la posibilidad de error en la predicción es despreciable. Así, olvidando que los índices de confiabilidad de cada área pueden ser muy diferentes, podemos acabar dando por segura una predicción cuyo verdadero nivel de confianza es en realidad pequeño, «porque lo dice la ciencia». Lo que, a nivel argumental, puede ser tan inaceptable como negar la validez de la predicción de la ciencia «porque sí», o porque me lo ha dicho mi gurú favorito. Es distinto decir que la predicción más probable nos la dará la ciencia (cosa que yo defiendo sin duda), que afirmar que esa probabilidad será muy alta, o que podemos darlo por seguro, pues la ciencia así lo ha establecido.

Otra confusión sería definir como científico todo aquel conocimiento que, de manera real o aparente, demuestre una elevada capacidad de predicción de verdades factuales. En el capítulo anterior dimos con una definición de ciencia basada en el tipo de estructuración del conocimiento (observación, modelo, deducción), e intencionadamente no detallamos la manera en que esas tres fases se articulan, más allá de hablar de mecanismos lógicos o procesos intelectuales. A la vista de las dificultades que venimos encontrando, no es mucho decir. Así que podemos estar tentados de asociar la definición a sus efectos.

Con dos ejemplos, tal vez algo estrambóticos, podemos ilustrar que esta simplificación no está exenta de peligro.

Respecto a la paleontología, podríamos suponer que un diosecillo travieso, o unos oportunos extraterrestres, han escondido bajo tierra los fósiles que vamos encontrando, para provocar en los humanos actuales una imagen fantasiosa de antiguos seres extintos y de faunas extraordinarias (se crea o no, tal cosa ha sido defendida por gentes presuntamente serias y cuerdas). Este modelo predice sin ningún problema cualquier futuro hallazgo. Se podría aducir que se trata de un modelo puramente verificativo, que no puede ser falsado, y sus defensores contestarían, con algo de razón, que lo mismo le ocurre a los modelos que explican los fósiles mediante el evolucionismo. Solo podremos aducir que el modelo es ajeno al buen sentido, y no perder demasiado tiempo discutiendo con quien pretende sustentarlo.

Las cosas pueden empeorar, si hacemos una construcción que se asemeje en apariencia a la ciencia y ofrezca predicciones correctas sobre verdades factuales. Tomemos a medio millón de adivinos, cada uno con su disparatada teoría, y preguntémosles si, al lanzar una moneda, obtendremos un resultado que sea cara o cruz. Rechazaremos a los que no acierten, y nos quedaremos con los otros. Repitamos con ellos el experimento: por cada lanzamiento de la moneda, aproximadamente la mitad de los adivinos serán descartados. Tras dieciocho lanzamientos, es probable que todavía queden algunos que hayan acertado todas las tiradas (la probabilidad de cada evento de dieciocho tiradas es una entre doscientas sesenta y dos mil ciento cuarenta y cuatro). Si no hemos ido descartándolos cada vez, sino que realizamos las dieciocho tiradas y hacemos público cuáles han sido los adivinos que acertaron todas, el experimento es el mismo, pero la percepción respecto a la capacidad predictiva de los individuos aumenta sustancialmente. Podríamos, entonces, acreditar los fundamentos sobre los que realizaron su presunta adivinación.[23] Habría que encontrar argu-

---

[23]   Recordemos, además, que en las situaciones reales la mayoría de los adivinos tiende a realizar predicciones mediante enunciados ambivalentes, cuando no utilizando engaño y fraude.

mentos adicionales para identificar los modelos científicos, si queremos expulsar de nuestro gremio al adivino afortunado. La lógica puede ayudarnos, pero no será infalible, vistas las dificultades expuestas. ¿Y el sentido común? ¿Evitará que un modelo suplante la condición de ciencia? Seguramente, no siempre. Hasta para escudriñar la verdad en la búsqueda de la verdad, nos encontramos en aprietos.

Mientras, las buenas ciencias seguirán construyendo buenos modelos que ofrecerán buenas predicciones.

3.
CIENCIA Y FILOSOFÍA

Escuelas filosóficas y ciencia

De qué hablaremos cuando hablemos de filosofía

Si el capítulo anterior lo inicié con el aviso de que podía esperarse de él un cierto peso de lo técnico, para este debo advertir que su profundidad y alcance serán muy limitados. Ya he venido adelantando las razones: mi capacidad para desenvolverme en los ámbitos de la filosofía es más bien reducida, y si lo hago, es porque no podemos comprender la ciencia sin explorar, aunque sea en forma parcial e insuficiente, sus vínculos con ella. A ello me ceñiré de manera estricta, y nadie debería esperar desarrollos de gran calidad formal ni de gran agudeza conceptual, cosas ambas para las que no estoy entrenado (ni probablemente dotado).

En fin, dejemos las excusas y vayamos adelante. Será pertinente especificar a qué vamos a llamar filosofía, y dentro de ello, qué cuestiones concretas serán de nuestro interés. El término *filosofía* ya ha aparecido un puñado de veces en capítulos anteriores. A cualquiera que le preguntemos, seguramente la considera un conjunto más bien heterogéneo de conocimientos e intereses. Creo que el lector se alegrará si le evito una nueva búsqueda por diccionarios y libros de referencia, y le informo directamente de lo que hablaré. Para mí, la filosofía se define más bien por sus objetivos generales que por ningún criterio de formas o búsquedas concretas. No hablo de sus objetivos respecto a lo que pretende conocer, sino a lo que motiva a las personas a involucrarse en ese tipo de conocimiento. Y es que no tengo duda de que la filosofía responde a una necesidad íntima y general de los seres humanos. Las personas podemos vivir sin ciencia (y lo hemos hecho durante la mayor parte de nuestra presencia en la Tierra), podemos apañarnos con tecnologías escasas y rudimentarias, pero no encontraremos a nadie que, de maneras más o menos explícitas o conscientes, más o menos racionales o coherentes, no realice una construcción general de qué es el mundo. Eso incluye todo, su interior y su exterior, lo que le afecta y considera próximo y aquello tan lejano que no puede experimentar, y sobre lo que, sin embargo, no puede evitar realizar una imagen mental. Algunos identifican esto con una definición algo inconcreta, «filosofía es hacerse preguntas»; no niego que hay una fase, muy productiva, en la que se filosofa planteando cuestiones. Por otra parte, casi nadie está cómodo ante las incertidumbres, así que la experiencia me dice que la mayoría tendemos a abandonarla atropelladamente, tirando de respuestas que pueden estar reflexionadas o no, que a menudo tomamos de otros, que las respondieron de manera que nos puede satisfacer (bien sea por razones vivenciales, estéticas, rara vez, intelectuales), y las abrazamos sin cuestionarlas demasiado, sin modificarlas apenas a lo largo del tiempo. Y en esa fase, que evita las preguntas y se centra en tranquilizadoras respuestas, también estamos filosofando.

No toda nuestra imagen del mundo es filosofía, una parte muy sustancial es creencia (incluso si esta consiste en la recopilación de aquello en lo que no se cree). Que son dos cosas diferentes, es cierto, como también lo es que no hay fino bisturí capaz de separarlas con toda claridad, porque la filosofía inevitablemente induce creencias, y las creencias inducen planteamientos filosóficos, y como manifestaciones, ambas, de nuestra búsqueda de esa idea general, el pensamiento no suele admitir lindes claras entre ellas. En todo caso, como venimos haciendo, vamos a considerarlas por separado, en dos capítulos diferentes, siempre centrados en sus relaciones con la ciencia.

Como esta última persigue objetivos bien diferentes, de naturaleza más práctica e instrumental, podría pensarse que la interacción con las otras no será demasiado relevante. Si alguna vez llegamos a construir una inteligencia artificial, y descubrimos una forma de evitar que tenga veleidades filosóficas, que necesite una visión general del mundo, seguramente podremos enseñarle ciencia sin que lo otro le preocupe en absoluto. Mientras tal cosa ocurre, si ocurre, la ciencia debe estar contenida en mentes humanas, así que conviene cierta compatibilidad. El propio éxito de la ciencia nos obliga a ello: su capacidad para predecir hechos y para desarrollar tecnologías lo ha cambiado todo, tanto desde el punto de vista material, rodeándonos de artilugios artificiales y sofisticados, como de las ideas, dotándonos de un conocimiento nuevo, variado y poderoso. Nuestra filosofía y nuestras creencias no pueden actualmente obviar la presencia de la ciencia a nuestro alrededor, así que deben ubicarla dentro de sus modelos generales. Se podrá decir que eso es un problema de la filosofía y de las creencias, no de la ciencia, por lo que no debería preocuparnos en este libro. Y yo contestaré que, de momento, no he sido capaz de encontrar a alguien con el que conversar sobre estas cuestiones que, a las pocas frases, no acabe mezclando unas cosas con otras de la forma más desconsiderada (y no me excluyo de tal vicio). Teniendo en cuenta que muchos de aquellos con los que he tenido esas conversaciones son científicos, y desarrollan ciencia, y no parece probado que sean capaces de aparcar sus confusiones al hacerlo (y, sobre todo, al no hacerlo), oh, desde luego que sí, estos dos capítulos son necesarios.

Vamos a suponer que nos es posible, al menos a grandes rasgos, distinguir qué sea la filosofía. Dentro de sus variados intereses que, según lo dicho hasta aquí, serían todos los posibles, podríamos establecer una primera diferenciación entre filosofía pura y filosofía aplicada. La segunda respondería a la comprensión de cuestiones más concretas, basándose en las indagaciones y conclusiones de la primera. Esta clasificación, además de ser criticable por imprecisa, sigue dejando amplios terrenos de estudio dentro de cada tipo. Bien, de la filosofía pura, comentaremos algunas cuestiones sobre metafísica, y algunas sobre epistemología. Y para la aplicada, vamos a hablar sobre ética, y sobre sociología. Si a alguien le parece una aproximación escasa, para mí será todo un logro salir adelante con ella.

Las acotaremos un poco. Llamaremos metafísica a la indagación sobre la realidad, a los intentos encaminados a responder a la pregunta, ¿qué es la realidad? En algunos libros que introducen la filosofía para no iniciados, a veces podemos encontrar la metafísica definida como «la bús-

queda de qué es el ser». Este punto de partida, que se remonta a sus orígenes, dentro de nuestro ámbito de civilización, en la Grecia antigua, tiene
el defecto de que, al presentar el término *ser* de una forma que parece
personificada, se corre el riesgo de confundirlo con una idea trascendente y
más o menos divinizada. Obviando esta suposición, ambas definiciones
son semejantes: ¿qué cosas, de todas las que percibimos y concebimos, son,
existen? Por lo que respecta a la epistemología, está íntimamente relacionada con lo anterior, e incluso podríamos interpretarla como la vía de
conexión entre metafísica y ciencia: establecido lo que es, lo que existe,
¿cómo lo puedo conocer, hasta qué punto, y cómo puedo evitar la confusión o el engaño?[1] En algunos aspectos, hasta podría defenderse que la
epistemología tiene un carácter aplicado.

En cuanto a la ética, podríamos describirla como la indagación sobre
los fundamentos de las conductas, la manera de relacionarse del individuo
con el resto, normalmente en el seno de un orden social. Por expresarlo en
términos más sencillos, la vieja discriminación entre lo que está bien y lo
que está mal. Es una disciplina a la que se invoca, cita y reclama con ex-
traordinaria frecuencia en nuestros días. Mi sensación es que se hace con
cierto descuido: la mayoría de los grandes pensadores que se han preocupado por ella han considerado irrenunciable establecer vínculos entre una
postura filosófica general, o en algunos casos un planteamiento creencial
que a su vez engendra uno filosófico, en todo caso, previos, y una formulación ética, que sería su consecuencia. Ni siquiera es ilógico plantear la
ética como objetivo principal de la filosofía, en el sentido de que una de las
razones importantes para entender el mundo sería saber, a partir de ahí,
cómo debo vivir en él. Podemos discutir sobre los niveles de influencia de
los postulados filosóficos en los éticos, e incluso establecer criterios adicionales, no puramente filosóficos, que deban también tenerse en cuenta.
Sin embargo, lo que más solemos encontrar son llamadas desgarradas a
las cualidades éticas (es usual el nombre *valores*) ligadas a posiciones filo-

---

1   La filosofía siempre es sutil. Según las definiciones anteriores, podría pensarse
que la epistemología es posterior, y consecuencia, del modelo metafísico establecido. Y
también vale razonar al contrario, la metafísica puede concluirse a partir de la forma en
que comprendamos nuestras vías de conocimiento certero. El pensamiento de calidad es
rico y requiere reflexión para ser entendido con propiedad.

sóficas escasamente estructuradas o claramente poco coherentes, cuando no a visiones declaradamente antifilosóficas.

Habrá tiempo de hablar de todo esto, en cuanto la ciencia se ve involucrada. Simplemente quiero adelantar una idea que conecta con lo anterior: si la ética no es filosofía aplicada, solo puede ser imposición, y, por lo tanto, coerción. Para soslayar esta delicada cuestión, es frecuente establecer un respaldo a las normas éticas basado en la negociación, el acuerdo y el consenso entre individuos, o agrupaciones que asumen su representación. Esto parece esquivar la necesidad de una fundamentación más profunda. Tales acuerdos se plasman en declaraciones o normas, no siempre explícitas, y por su cumplimiento velan sus patrocinadores. Bueno, esto ya no es una ética, la práctica de un individuo determinado ante una situación determinada en un lugar y momento determinados. Nos encontramos ante un sistema legal. No hay posibilidad de discrepar de la norma por más que uno disponga de argumentos plausibles para ello, pues no es el argumento, sino el consenso, lo que la sustenta.

Que nadie vea una crítica en esta explicación; soy en general defensor de que las sociedades se doten de sistemas legales sólidos y funcionales. Solo quería destacar que es frecuente encontrar una cierta sustitución de lo ético por lo normativo en muchas discusiones. Eso genera confusión, porque la verdad es que, si existe la pulsión filosófica en el ser humano, desde luego también resulta innegable (seguramente inseparable) la pulsión ética. Es sintomático que muchos evaden a menudo el debate amparándose en la coartada legal: «no me interesa si está bien o mal, sino si es legal o no». Esos mismos no renuncian a analizar la propia legalidad en términos éticos, lo que demuestra que no están estableciendo unos principios, sino evitando una discusión mediante una maniobra de corto alcance. Parece que no nos agrada discutir sobre ética, pero sí que nos dejen usarla como recurso cuando nos conviene. Todas estas cosas no serían objeto de ocupación en este libro, si no tuvieran una relación sensible con la ciencia en nuestros días.

Por último, nos interesa la sociología[2] por el hecho de que se ha ocupado con frecuencia de analizar a la propia ciencia como un hecho social.

---

2   O tal vez la antropología. Para mí no siempre resulta sencillo separar los intereses de ambas disciplinas, que estudian al hombre como entidad social. Tanto más nos dan los nombres, si tenemos claro aquello sobre lo que deseemos hablar.

Algo en principio interesante para nosotros, que venimos indagando sobre su naturaleza y su valor a lo largo de todo el libro.

Un par de clasificaciones en pantuflas

Cuando yo era niño, había por casa un libro que se titulaba *Héroes en zapatillas*. Adaptadas para lectores infantiles, lo mismo contaba historias de la mitología que las de algunos protagonistas destacados de la política o de la ciencia en el pasado. Los trataba con una cierta llaneza y desenfado, aunque tal cosa, en aquella época, no implicaba excesivas concesiones. Con el tiempo, supe que el libro era una traducción del francés (podría haberlo deducido, pues esa era la nacionalidad de la mayoría de los «héroes»), y el título, la traducción literal de una expresión en ese idioma *(Des héros en pantoufles)*. La edición española tuvo el acierto de conservarla más o menos igual. Al no existir la frase hecha en nuestro idioma, resultaba lo suficientemente chocante como para ser recordada, y era sencillo comprender su significado. Más adelante, pensé que aún habría sido mejor dejarla como «Héroes en pantuflas», por su sonoridad.

Ahora, yo me dispongo a ofrecer también una versión simplificada, en pantuflas, de algunos conceptos filosóficos que nos serán útiles.

Para empezar, a continuación haremos una presentación general de las ideas metafísicas posibles, atendiendo a su relación con lo que el ser humano puede percibir, y de su mano, otra de las soluciones epistemológicas a las que recurren. Todo esto, para escándalo de estudiosos y puristas, en apenas un par de páginas.

De todas las cosas que hay, y que podrían ser, los filósofos suelen estar de acuerdo en hacer una primera, gran clasificación, en dos: por una parte, el mundo material, con el que de forma más o menos directa o mediata, más o menos certera o ilusoria, podemos acabar relacionándonos a través de nuestros sentidos; por otra, el mundo inmaterial, cuya condición es precisamente la contraria, por lo que solo podríamos tener acceso a ellas mediante procesos mentales, y que se pueden identificar como ideas (desde su visión más instrumental a la más sólida, y hasta personificada, de Platón y sus secuaces). Sintetizaríamos todo el debate metafísico como el intento de determinar la realidad de lo material y de las ideas, y cuál de estos ámbitos está supeditado al otro. Las dos posturas más alejadas serían el materialismo y el idealismo, que se identifican sencillamente a partir de las definiciones anteriores. Para los seguidores del primero, en su sentido más radical, lo intangible simplemente no existe, es una especie de fantasía o engaño que nuestra mente se ve obligada a practicar para poder aprehender ese mundo material. Mientras que para el idealismo las cosas funcionan exactamente al revés, las ideas tienen entidad, realidad, mientras que lo material es una ilusión con la que nuestros sentidos son confundidos, una especie de simulación contingente destinada a desorientar al observador y mostrarle una apariencia cambiante cuando la realidad de las ideas es estática. Esta manera de interpretar el mundo seguramente fue concebida por primera vez por Parménides, y posteriormente secundada, y desarrollada, por algunas de las sectas pitagóricas y neoplatónicas. En cuanto a la primera, es posible que cuente con precursores en Heráclito o Leucipo, y hoy en día no son pocos los que se sitúan entre sus seguidores (más adelante veremos que tales declaraciones podrían no ser del todo confiables).[3] Un rasgo interesante de las distintas escuelas metafísicas que venimos enumerando es que rechazan algunos elementos de la experiencia como ilusiones, o al menos como partes no dignas de consideración o relevancia. Ya comentamos que esta era condición del conocimiento que ahí llamamos dialéctico: la reflexión filosófica necesariamente debe seleccionar, entre todas las evidencias disponibles, aquellas sobre las que construye sus planeamientos. Eso no significa que lo haga de manera caprichosa: deberá recurrir a elementos argumentales o de coherencia interna, pues nadie espera una aceptación de las ideas de una escuela por mero seguidismo. En el caso del materialismo y el idealismo estrictos, el recurso es muy radical, al echar al pozo de lo irrelevante o

---

3 Lo cierto es que existen posturas todavía más extremas. Por un lado, está el planteamiento de que, en realidad, ninguna afirmación en el ámbito de la metafísica posee ningún verdadero significado. La conclusión sería que se trata, no solo de una indagación infructuosa, sino viciada y reprobable. Esta sería una forma terminante de materialismo, pues habida cuenta de que quienes lo concibieron tuvieron el ánimo de plasmarlo en textos y tratados, y siguieron haciendo vida normal, sin caer fulminados por el nihilismo más absoluto, en el fondo sí debían de confiar, un poco, en la existencia de las cosas materiales. Por el otro, nos encontramos a quienes afirman que lo único que puede recibir entidad de ser es algo imposible de percibir, de concebir y explicar con pobres palabras humanas. También esto es una forma tajante de evitar cualquier discusión, por el lado del idealismo. Y como suele pasar en estas cosas, estas posturas tan radicales no están, en el fondo, demasiado alejadas entre ellas.

ilusorio todo lo ideal o todo lo material, respectivamente. Otras escuelas no serán tan drásticas, pero esta condición de rechazo, o eliminación, de algunas evidencias, o al menos de su importancia, es condición habitual de la filosofía, en razón de la necesidad propia de este saber.

Volviendo a las posibles escuelas, una postura algo más moderada, desde el idealismo, supondría que lo material existe, pero de una manera supeditada, secundaria, respecto a las ideas, que en realidad tendrían supremacía sobre ella. Así, lo material no siempre sería engañoso, pero sería más probable que nos confundiera si entrara en conflicto con las ideas. La más famosa articulación de un planteamiento de este tipo es debida a Platón y a su muy conocido mito de la caverna, por el que el mundo material sería un reflejo, pálido y borroso, de la firme realidad de las ideas. Desde el otro lado, puede defenderse la existencia de unas ideas supeditadas a la realidad material. Se considera tradicionalmente que su primera formulación es debida a Aristóteles.

Este es el panorama básico. A partir de ahí, podemos encontrar formulaciones variadas en cuanto a la forma en que se priorizan unos u otros aspectos, se engranan los distintos niveles de realidad… Y, adicionalmente, cada escuela debe determinar la forma en la que podemos relacionarnos con esa realidad, estableciendo una epistemología. Las posibilidades no son demasiado grandes para las posturas de los extremos. En el idealismo, solo el pensamiento abstracto, procurando evadirse de toda evidencia captada por nuestros sentidos, nos ofrece alguna posibilidad de acercarnos al conocimiento. En el materialismo, deberemos esforzarnos por medir con todo detalle, y evitar las trampas de nuestra mente cuando nos induce a generalizar, abstraer o idealizar. Cada una busca soluciones a la transición entre los falibles sentidos humanos (que, incluso cuando se aprovecha de los instrumentos de medida, pueden ser engañados) y la falible mente humana, que tan fácilmente puede ser engañada. Todo esto, dentro de los postulados metafísicos que se hayan establecido.

Esta exposición de libro de Secundaria resume, de manera suficiente para los objetivos que perseguimos, el debate filosófico a través de la historia de nuestra civilización: Parménides contra Heráclito, Plantón contra Aristóteles, realistas contra nominalistas, son hitos que la jalonan. Llamo la atención, de momento, sobre el hecho de que no encontraríamos fácilmente ejemplos contemporáneos.

El lector, tal vez, estará esperando que establezcamos una clasificación. «Muy bien, descritas todas ellas, y a la vista de lo que sabemos, ¿cuál es la correcta?». La pregunta es pertinente. Y la respuesta es ¡que no hay correcta! El conocimiento filosófico no tiene nada que se pueda asemejar al contraste de las predicciones sobre verdades factuales de la ciencia, y cuando tal cosa se supone, las presuntas conclusiones pueden ser fácilmente soslayadas. Cada escuela tiene sus postulantes y vindicadores que argumentan en su favor, y de las diatribas, contraargumentaciones y cuestionamientos entre ellas, el conocimiento se aprovecha para seguir creciendo. Cada uno podrá abrazar la que más le plazca, con la condición de que deberá hacerlo en función de la convicción generada por los razonamientos, y de que no podrá encontrar argumentos irrebatibles para convencer a todos los demás. Es en el camino, no en el fin, donde la filosofía se justifica. Para aquellos que piensen que la ciencia es superior a la filosofía porque sí puede discriminar entre los distintos modelos, no estará de más recordarles que, por tales métodos, no conseguirá más allá que saber cosas como lo que puede tardar el agua en hervir para cocinar unos garbanzos, mientras la filosofía indaga sobre qué sentido podría tener el mundo que habitamos.

Insatisfecho por mi respuesta, alguien podría aducir: «Bueno, los debates entre académicos y peripatéticos, o entre las escuelas medievales, quedan muy lejos, desde entonces han pasado muchas cosas, y particularmente, la ciencia. Tal vez, visto su desarrollo, las controversias filosóficas se han desvirtuado: ¿qué escuelas son, en definitiva, compatibles con la ciencia que conocemos, y cuáles han sido desmontadas por ella?». De nuevo, una cuestión pertinente. A primera vista, parece que los avances científicos podrían suministrarnos, como mínimo, un buen criterio de discriminación, por el que muchas de las metafísicas quedarían refutadas, apartadas en la polvorienta vitrina de la historia del pensamiento como cacharros en desuso. Para ello, haremos un sucinto repaso a los rasgos de la realidad que podemos intuir a partir del desarrollo (y éxito) de la ciencia, apoyándonos en algunas ideas que aparecieron en el capítulo anterior.

La primera sería, sin duda, que la propia ciencia y la consecución de muchos de sus objetivos apunta fuertemente a que lo material, aquello que podemos percibir y medir, existe. Incluso a pesar de que existan problemas al establecer las definiciones, y aunque adoptemos una postura radicalmente utilitarista en relación con los modelos (y por lo tanto con los conceptos) científicos, si al final se tratase de un montón de ilusiones vanas, parecería demasiada parafernalia dedicada a una simple broma cósmica centrada en el ser humano.

Por otra parte, es innegable que la ciencia no podría existir sin elementos inmateriales. El más importante, en mi opinión, es el orden. El buen funcionamiento de los procesos de inducción, modelización y deducción nos habla de la existencia de un orden intrínseco al mundo, que se manifestaría en esas relaciones entre lo material. La capacidad para repetir experimentos, y que estos repitan resultados, la capacidad de los modelos (que, como enunciados, son solo ideas) para conseguir los objetivos de la ciencia, nos hablan de ello, de que, según su apropiada etimología, el mundo es un cosmos, no un caos. Podríamos explicitarlo, al menos en uno de sus aspectos, con el ejemplo clásico: todo apunta a la existencia de algo que permite el funcionamiento práctico de las matemáticas.[4]

Otras cosas pueden aducirse como elementos metafísicos vinculados a la ciencia, pero no me parece que puedan ser defendidos con tan buenos argumentos. El uso de la lógica ha dejado en evidencia sus limitaciones, así que tanto esta como las propias matemáticas (en ambos casos, mientras no podamos demostrar lo contrario, meras creaciones humanas) no permiten demasiadas seguridades adicionales. La presencia de problemas de coherencia o paradojas, aunque sea en un análisis muy profundo de ellas, podría indicar que no se parecen del todo a la realidad, y a partir de ahí, uno podría preguntarse: ¿y si después de todo no se parecen ni tanto como suponemos, y si nuestras limitaciones de pensamiento fueran las responsables de que inconsistencias aún más básicas no se pusieran de manifiesto? Por lo que respecta a lo material, nuestras definiciones son tan pobres y fantasmagóricas en relación con su valor filosófico que, aunque suficientes para la ciencia, pueden ser puestas en duda casi a cualquier nivel.

Profundizaremos más en todo esto cuando nos refiramos al cientifismo. De momento, trabajaremos con esto: evidencias de un mundo material y evidencias de un orden. Veamos cómo enlazarlo con las distintas soluciones metafísicas.

---

4 El programa de Hilbert planeaba demostrar directamente que las matemáticas existían, no como creación de nuestra mente, sino externas a ella. Según vimos, no pudo concluirse.

Para comenzar, quiero en este momento denunciar una de las falacias peor fundamentadas de las que nos rodean, condicionan nuestra manera de pensar y son aceptadas por nosotros de forma acrítica: la suposición de que la ciencia ofrece su mejor coartada al materialismo, que la aceptación del hecho científico conlleva la de una visión materialista del mundo, o aún más grave, que la ciencia es materialista. Sabemos ya lo suficiente como para desmontar fácilmente esta afirmación. En realidad, la ciencia es una incomodidad para las posiciones materialistas, que deben inventarse cómo compatibilizar su obsesión por negar la realidad de lo inmaterial con la evidencia de que la ciencia solo puede comprenderse sobre la base de un orden natural subyacente. Efectivamente, esto ha preocupado siempre a los materialistas que se han dedicado a fundar sus ideas con seriedad: los empiristas del siglo XVIII, por ejemplo, se empeñan en afirmar que ese supuesto orden no es más que la forma en que la mente humana se dedica a gestionar la información sensorial captada, y lo reducen a una herramienta epistemológica. Lo que, desde luego, no está claro que resuelva su verdadero origen. En un sentido parecido, los positivistas del XIX asocian el orden a las acciones lógicas y de análisis, algo en lo que profundizarán los filósofos analíticos en el siglo XX.[5] Mirado con la adecuada perspectiva, todo esto no parecen más que maniobras de distracción para evitar tener que aceptar que, si la ciencia parece apoyar la existencia de las cosas, también, la de una forma definida de relacionarse entre ellas.

Otra aproximación materialista sería el marxismo. Sobre el marxismo... mejor hablamos un poco más adelante.

Para el buen materialista, lo más apropiado sería que los objetos o los hechos, o lo que quiera que conforme esa única realidad material, se relacionaran de manera caótica, impredecible y desestructurada.[6] La ciencia y su orden, por lo tanto, son una molestia, y el segundo debe ser conside-

---

5   Es peculiar que en esta corriente se inscriben algunos de los que pusieron en evidencia la incapacidad de la lógica para resolver el programa de Hilbert. O sea que los mismos que demostraron que, quizá, no debíamos confiar demasiado en la lógica, tal y como la habíamos inventado, se echaban en sus brazos para evitar reconocer la realidad de los elementos inmateriales...

6   Claro que entonces es probable que no pudiesen existir seres vivos conscientes que quisiesen filosofar. Pero eso es otra historia...

rado como una ilusión, al igual que todas las demás ideas, por ellos. El físico Eugene Wigner plasmó esta dificultad del materialismo en una obrita titulada *La irrazonable efectividad de las matemáticas en las ciencias naturales*. Partiendo de supuestos puramente materialistas, indica que no se puede justificar cómo lo material se organiza de manera que las matemáticas sean útiles para desarrollar ciencia. Habla en algunos pasajes de «milagro incomprensible». Todo planteamiento materialista ortodoxo debería llegar a una conclusión similar.

También es fácil ver que, por el otro lado, el idealismo tiene problemas con la ciencia, pues estará muy contento de encontrar orden por todas partes, pero deberá negar, como ilusión, la materia sobre la que ese orden se manifiesta. Obligado a ello, lógicamente, lo hará, y nos encontramos algunos (desde luego, muy pocos) que no tienen problema para compatibilizar su idealismo con el hecho de que la ciencia existe y funciona. Por ejemplo, el físico Max Tegmark o el filósofo de la ciencia Sam Baron han planteado la idea de que el mundo es esencialmente una estructura matemática, poseedora de la potencia creadora necesaria para generar los fenómenos que la ciencia acaba estudiando. Si no un perfecto idealismo, en esta construcción podemos captar un indudable sabor platónico.

En cuanto a las metafísicas más, por decirlo de un modo comprensible, moderadas, las que aceptan la existencia tanto de las ideas como de la materia, y las organizan en una forma de prioridad de unas sobre otras, no deberían tener más problemas para acreditarse como compatibles con la ciencia, pues no se me ocurre ninguna manera en ella de resolver si el orden antecede y genera las relaciones entre la materia, o es esta la que induce la existencia del orden.

La conclusión de todo lo anterior parecería simple: dado que la ciencia y la filosofía son conocimientos distintos en cuanto a objetivos y métodos, su mutua influencia no debería ser muy grande, y desde luego la capacidad de que la ciencia nos aporte ese criterio de discriminación al que aludimos, es pequeña o inexistente. Luego, nos asomamos a la situación de las corrientes de pensamiento en la actualidad, y nos encontramos todo lo contrario, además en una única dirección: la ciencia tiene una desproporcionada influencia en la filosofía. Si no hay una causa puramente racional para ello, ¿por qué tal cosa está ocurriendo? Veremos si es posible arrojar algo de luz en este enigma durante el siguiente epígrafe.

De cientifismo y otras criaturas

La clave para desentrañarlo se encuentra en la manera en que los que se dedican a la ciencia conciben el mundo. Uso el singular, la manera, porque esta es singularmente poco diversa. La homogeneidad de pensamiento filosófico entre los científicos es un rasgo peculiar. Dudo que se produzca entre otros gremios, como el de los periodistas (por citar uno dentro de la actividad intelectual) o el de los comerciantes (cuya acción suele contener más elementos de acción física). Seguramente, la diferencia parte desde el mismo momento en que los demás gremios no parecen inducir entre sus miembros un posicionamiento, respecto a los aspectos metafísicos, tan patente. Aunque no se declaran demasiado partidarios de la filosofía, es raro encontrar un científico que no manifieste con soltura su posición respecto a lo que considera la realidad del mundo, a poco que la conversación se lo permita. Y aunque no suela calificarlo con esta palabra (la elección más frecuente es materialismo, como ya indicamos antes), su concepción del mundo es la que en adelante vamos a llamar *cientifismo*. Encontrar ejemplos de lo contrario, o al menos que lo declaren, es dificilísimo.

Ahora bien, esta uniformidad de criterio de los científicos no ocurre en otros aspectos. Por ejemplo, aunque en cuestión de creencias, son mayoría los que se declaran ateos, o agnósticos, existe una relevante comunidad de científicos con inquietudes espirituales, incluso religiosas. Misteriosamente, tanto los unos como los otros tienden al cientifismo filosófico, sin apenas diferencias en sus planteamientos. En cuanto a ideología, la distribución de los científicos estaría centrada en posturas socialdemócratas, con colas gaussianas hacia la extrema izquierda, por un lado, y hacia el centroderecha, por el otro. Creo que en ningún otro aspecto encontraremos un posicionamiento tan unificado como en el filosófico, lo que además conlleva una importante influencia en ambientes próximos a los científicos (como los docentes, los sanitarios y los técnicos... también los políticos). Así que resulta muy pertinente analizar el cientifismo como posicionamiento metafísico.

Hablamos, desde luego, de su versión «en pantuflas», la que podemos encontrarnos en un entorno de personas con inquietudes intelectuales, sin ser filósofos de academia. Como en otros lugares del libro, me interesa porque su importancia social será grande, al ser secundada por lo que podríamos entender, abusando un poco del lenguaje, y hasta del concepto, la clase media del pensamiento. Además, se podrán encontrar, lo mismo que para otros términos que venimos utilizando, definiciones distintas para las que, lógicamente, la discusión que sigue resultaría no ser aplicable. De lo que se trata, de todas formas, es de que nos entendamos en una medida razonable.

Y ahí encontramos el primer problema para su caracterización, y es que la forma en que sus propios seguidores la describen es muy pobre. Ya comentamos que un primer impulso puede llevarlos a declararse materialistas, para no llegar a hacerlo, o arrepentirse rápidamente, por las connotaciones negativas que el término posee en ámbitos morales o políticos, al identificarse con actitudes o conductas egoístas, hedonistas o poco sociales (ya hemos dicho que, en general, no aprecian ni conocen mucho la terminología filosófica). Recurrirán después a fórmulas del tipo: «yo solo creo lo que dice la ciencia», o «solo creo en lo que se puede tocar y medir», lo que tampoco resulta muy específico. Aunque sean enunciados sobre cuestiones parciales, les gusta afirmar cosas del tipo «nuestro cerebro no es más que un sofisticado ordenador», «lo que llamamos conciencia y alma consiste simplemente en el funcionamiento de la máquina del cerebro», «el amor es solo química». Les complacen, particularmente, las soluciones neuropsicológicas que explican hechos antes tenidos por trascendentes sobre la base de endorfinas y neurotransmisores, o cuando se pone en duda nuestro verdadero albedrío a través de ingeniosos experimentos. Se refieren al debate entre creacionismo y darwinismo (un planteamiento, según dijimos, distorsionado) para evidenciar los peligros que tienen ciertas posturas en las que se mezcla, para ellos, lo filosófico, lo moral, lo político y también lo intelectual (en este caso en sentido negativo, lo antiintelectual o lo meramente estúpido).

Probaré, basándome en todo esto, un planteamiento general: el cientifismo supone que la ciencia es la medida apropiada para conocer, no solo cómo funcionan las cosas, sino su verdadera esencia y su existencia. Para no incurrir en delicadas argumentaciones, los cientifistas están dispuestos a admitir la existencia de los elementos inmateriales que se precisan para que la ciencia funcione, generalmente como elementos subordinados a la materia, como una especie de propiedades inherentes a los objetos y fenómenos medibles o perceptibles. En general, se declaran partidarios de una interpretación realista de los modelos científicos (que serían, por lo tanto, leyes existentes, colegidas a partir del avance de la investigación científica). Pueden aceptar la visión utilitarista de los modelos, concediendo que existen dificultades todavía para que algunos de ellos sean considerados verdades en el actual estado de nuestro conocimiento; aunque creen que tal cosa es provisional, y que antes o después las mejoras en la ciencia nos llevarán a alcanzar leyes generales verdaderas, como las que estábamos a punto de obtener a finales del xix, salvo que esta vez sí serán las correctas. Son optimistas, en general, respecto a ese progreso científico, lo que a la vez les lleva a temer el poder que emanará de ello, tanto en el terreno tecnológico como en el del pensamiento humano. A partir de esto, rechazan cualquier argumentación no basada en la ciencia o que ponga en duda el valor de esta como verdad o realidad material, y peculiarmente achacan tales errores a la ignorancia y la obcecación. Y aunque tal vez han visto cosas positivas en la redacción del capítulo anterior de este libro, o les ha hecho sonreír alguna vez, consideran que es un ejercicio más bien truculento.

Definida la posición cientifista, y debido a que su preponderancia hace que sean bien conocidas y aceptadas sus virtudes, pasaré directamente a plantear cómo puede llevarse a cabo su refutación. Son diversas las incongruencias de este esquema metafísico. Revisaremos algunas, las que para mí son más evidentes. En el capítulo anterior planteamos los problemas de considerar como verdades los modelos científicos. Veremos ahora los asociados a considerarlos como realidad.

Comenzaremos por una cuestión de planteamiento: el porqué de su enfática declaración del sistema como materialista, cuando ya hemos indicado que tal cosa no es demasiado compatible con la propia ciencia. Considero que todo proviene de una reacción frente a la filosofía clásica. La suposición de que existen, con los matices que se quiera, las ideas al margen de la mente, obliga a buscar formas de articular sus relaciones con los pensamientos, con la realidad material, con las percepciones… En el pasado, todo esto condujo a la multiplicación de conceptos y definiciones (*universales, accidentes, sustancia, especies, fantasmas* y demás parafernalia) extremadamente oscuros que pueblan enrevesados textos en latín medieval, sobre los que se establecían debates punto menos que incomprensibles. Como respuesta, no sé si airada o indolente, los materialistas modernos las barrían del mapa filosófico afirmando que solo necesitaban objetos tangibles individuales que la mente ordena con un proceso analítico de abstracción. Sin ganas de estudiar tan enrevesadas disquisiciones, el cientifista medio abraza esta solución, sin ser consciente de que es insuficiente para sus propios planteamientos. Las leyes físicas, que él considera verdades y realidad, se nutren copiosamente de abstractos, por lo que se necesitaría una correcta comprensión sobre cómo se relacionan entre ellos, dado que de alguna forma serían preexistentes a que alguien las perciba o detecte, a su representación en los cerebros vivos. Algo que se podría, al menos en parte, soslayar en la concepción utilitarista de los modelos, aquí debería ser encarado y resuelto, pues esos abstractos y aun las propias leyes para el cientifista deberán ser *reales,* en vez de *nominales.* Pese a ciertas despectivas narraciones en las que se sugiere que los filósofos viejos se complacían en retorcer lo que no es complicado y en discutir sobre banalidades, en realidad ellos se enfrentaron con sus aciertos o errores a un problema verdadero, que en ningún ámbito (ni en filosofía, ni en ciencia) se resuelve ignorándolo.

En relación con lo anterior, y respecto a lo material (lo más importante para el cientifista) se me ocurre otra dificultad revisando la peculiar organización que propone la ciencia basada en categorías relacionadas, a menudo, aunque no siempre, con el tamaño. Esta es la principal razón por la que nos ha sido históricamente sencillo organizar el conocimiento de la naturaleza en disciplinas relativamente bien separadas, y que todavía nos permite organizar los planes de estudios en carreras, materias y asignaturas diferentes. Si lo pensamos, esto es un rasgo de nuestro mundo, que no tenía que ser así necesariamente. La mecánica newtoniana pudo desarrollarse gracias, entre otras cosas, a que se puede hacer una buena descripción del movimiento de los objetos macroscópicos, siendo la influencia de lo microscópico (lo que hoy llamamos *cuántico*) sobre ella, limitada. De haber sido mayor, las complicaciones para entender esa parte de la física habrían sido muy grandes, y los éxitos de la ciencia del siglo xix podrían no haberse producido. La biología puede estudiarse porque es posible hacer una separación entre lo vivo y lo inerte bastante eficaz: no es que no haya zonas intermedias, de dudosa asignación, e influencias mutuas entre ambos, pero estas son limitadas, dentro del conjunto general. Esto podría no haber sido así, y entonces no habría sido sencillo ni plantearse un estudio específico de los sistemas biológicos.

Esto influye en la realidad de la ciencia porque implica una estructura también peculiar en cuanto a los conceptos científicos. Para referirnos a cosas más concretas y no perdernos en disquisiciones, consideremos las partículas macroscópicas con las que se realizan las predicciones del modelo newtoniano. Se acepta su uso considerando que, aunque funcionan como una unidad, son agregados de objetos más simples. Podemos tratarlas como una sola entidad porque la experiencia nos dice que las fuerzas de cohesión entre ellos los mantendrá juntos de manera que el todo de la partícula puede ser manejado para las observaciones, y, por lo tanto, para la aplicación del modelo. ¿Cuáles son esos objetos más simples? Entendemos que nuestras partículas newtonianas son aglomerados de átomos. Hoy sabemos que estos, a su vez, son entidades compuestas de un núcleo y unos electrones, que se mantienen cohesionados. Los electrones son considerados partículas elementales, mientras que el núcleo está compuesto de protones y neutrones. Los cuales son agregados de unas partículas más básicas, los quarks. Todas esas partículas viven en una sopa de campos en los que a su vez se intercambian otras partículas, que son las responsables de sus interacciones.

¿Cómo afecta todo esto a la realidad? Como hemos dicho, los conceptos asociados a realidades no simples pueden ser considerados utilitaristas incluso por el cientista más ortodoxo, para el que decir núcleo atómico, en el contexto apropiado, no es más que una forma abreviada y cómoda de decir «conjunto de protones y neutrones». Esos dos nombres, protón y neutrón, son también formas más simples de referirse a unos aglomerados concretos de quarks. Cada uno se apoya en el otro, de manera semejante a las tortugas que sustentaban nuestra Tierra plana en la construcción cosmológica de la famosa anécdota.[7] El caso es que, para los objetos macroscópicos, disponemos de una experiencia personal y de una muy buena

---

7 Por si aún queda alguien que no la conoce, la repito en esta nota: una anciana de aspecto adorable asistía a la conferencia de un conocido científico sobre el origen y la estructura del universo. Al concluir, se dirigió a él para decirle: «lo que usted ha contado es evocador, pero no tiene ningún sentido: cualquiera sabe que la Tierra es una gran bandeja de piedra plana, apoyada sobre el caparazón de una tortuga gigante». El científico aceptó el reto de la anciana, y le preguntó, con interés, sobre qué se apoyaba la tortuga, a lo que ella respondió que, a su vez, reposaba sobre el caparazón de otra tortuga, más antigua y venerable. Creyó entonces nuestro conferenciante haber atrapado a la anciana, y dibujando una sonrisa casi imperceptible, volvió a preguntar: «¿y sobre qué se apoya esa segunda tortuga?», a lo que ella, sin amilanarse, respondió de inmediato: «joven, es usted muy inteligente, pero ¡hay tortugas hasta el fondo!».

capacidad de caracterización: los podemos medir, tocar, conocer muchos de sus detalles. Y podemos propagar esa experiencia hacia los objetos más grandes, para los que carecemos de tantas evidencias. Así, por muy enorme que sea nuestro planeta, por inmensos que sean las estrellas, las galaxias y el propio universo, sus desproporcionados conceptos se apoyan bien sobre sus componentes de tamaño accesible. Eso, claro está, mientras aceptemos la universalidad de las leyes científicas, y aún de la entidad y esencia de lo material, en los lugares astronómicamente alejados de nosotros. Según se vio, tenemos la sospecha de que los modelos que rigen en nuestros laboratorios terráqueos, y en nuestro rincón del cielo, son los mismos que en el resto, en todos los demás lugares y en todos los tiempos, por distantes y antiguas que sean las galaxias y las estrellas. Esto, pese a que algunos de nuestros cálculos cosmológicos no terminan de casar o requieren suposiciones no muy convincentes. Una mayoría supone que el modelo debe ser completado, y que la física en aquellos lugares inalcanzables será, en todo caso, igual a la que experimentamos nosotros. También los hay quienes suponen diferencias, no demasiado grandes o de un enorme exotismo. La clave es que, a partir de ciertas distancias, todo ello es, y permanecerá, indemostrable. ¿Por qué no ha de ser posible que, no solo los comportamientos, sino la misma esencia de todo, sea distinto e incomprensible en ese inasible más allá cósmico?[8]

Por si fuera poco, la cosa aún se complica más cuando nos dirigimos hacia lo microscópico. En ese caso, nuestra experiencia de caracterización es cada vez más mediata e indirecta. Lo podríamos expresar de manera muy sencilla diciendo que, pese a lo familiarizados que estamos con ellos a nivel conceptual, nadie ha visto nunca a los electrones. Al menos dispo-

---

8 Frente a argumentos de ese tipo, está de moda, debido a su uso en las novelas de misterio, aducir el impedimento filosófico de «la navaja de Ockham», por el cual no deberían plantearse soluciones complicadas y sin demostración a los problemas. Por esas bellas simetrías que tiene la filosofía, contra ello se puede aducir un contraargumento que es también de aplicación para la famosa vía ontológica con que Anselmo de Canterbury pretendía probar la existencia de Dios, siendo ambos filósofos extremos opuestos del pensamiento medieval: las hipótesis pueden estar obligadas a ser simples (condición meramente estimativa, cuando no estética), o lo que sea, pero no así la realidad. Considerar que la simplicidad hace más probable una predicción parece muy razonable, pero hablar en términos de probabilidad si no se está realizando una afirmación con recorrido estadístico, sino para un único hecho concreto, carece de valor.

nemos de una buena teoría cuántica, en el sentido de que hace estupendas predicciones, si bien eso no elimina la dificultad. Y las cosas se agravan cuando nos dirigimos al modelo estándar de partículas y la teoría cuántica de campos, que como ya dijimos, realiza sus predicciones haciendo uso de matemáticas muy sofisticadas, que maneja además de forma poco intuitiva: cuando algunos valores de los cálculos son infinitos, se usa el truco de la renormalización.[9] Si el modelo no permite comprender qué les ocurre a las partículas durante el proceso de sus interacciones, se renuncia a conocerlo, centrándose en conocer cosas sobre lo que queda al final. Nuestros tangibles conceptos macroscópicos se apoyan sobre conceptos microscópicos que cada vez son más fantasmagóricos. Y lo peor es que todos parecen estar de acuerdo en que el modelo estándar, con su puñado de partículas, sus distintas interacciones y sus dificultades para ofrecer una teoría cuántica de la gravedad, debería no ser la realidad fundamental. Caemos entonces en teorías de cuerdas y de supercuerdas, en teorías M, con sus objetos intangibles, viviendo en universos de inconcebible número de dimensiones infinitesimalmente diminutas, de los que las partículas que creemos detectar y conocer son meras ilusiones proyectadas en la única geometría que somos capaces de percibir, y para las que parece poco probable que podamos encontrar algún tipo de confirmación experimental. Algunos furibundos popperianos las califican directamente de pseudociencias, por su incapacidad (que tal vez sea una imposibilidad, dado el ámbito tan extremo en el que se producen sus efectos) de realizar predicciones falsables. En el cientifismo, a diferencia de en la ensoñación de la anciana, sí debería existir la tortuga final, la que sustentaría la realidad material. Y la evidencia actual parece decir que esa última tortuga está literalmente flotando en la nada…

Además de una dificultad para extraer evidencia sobre lo material a partir de nuestro conocimiento científico, todo esto plantea serias dudas sobre la conveniencia de los procedimientos de abstracción como guía fiable para indagar en la esencia de las cosas. Y ya dijimos que esa es, esen-

---

9   Evitaré ofender a los investigadores en el campo resaltando que hablo de «truco», en el sentido de la conexión entre su uso y algún tipo de realidad intuitiva. La renormalización es un estupendo y genial método para hacer ciencia. Solo que no es tan admirable si uno se empeña en sacarle partido metafísico.

cialmente, la manera en la que sabemos pensar... Por no hablar de la manera en que se evidencia nuestra pobre comprensión de la forma en que podemos acceder a conocer la realidad, visto que solo disponemos, en cuanto a la materia, de una especie de «epistemología de lo intermedio».

Sobre los problemas que encontrará el cientifista para respaldar la realidad de la lógica y de las matemáticas, ya se habló y no insistiremos más. Si parecen dudosas, como verdad objetiva, externa a nosotros, cuando se profundiza en ellas, ¿qué impide dudar de su condición de falible invento humano incluso en sus planteamientos más básicos? ¿Y si, en realidad, son solo una forma de engaño sistemático urdido, desde la propia ignorancia, por nosotros mismos?

Todas estas críticas, u otras que pudiéramos pergeñar, a la consideración de la ciencia como procedimiento para identificar la realidad del mundo no son, me apresuro a decirlo, cualitativamente más graves que las que puedan realizarse contra otros presupuestos metafísicos. Estoy convencido de que todas han sido planteadas y discutidas con anterioridad, y no tengo duda de que habrá habido estudiosos que las hayan refutado con brío. Lo habrán hecho, claro está, filosofando. Lo que también parece claro es que todos aquellos que se adhieran al cientifismo por desprecio a la filosofía y a la metafísica, pensando que la ciencia es el método por el que podamos ahorrárnoslas, deberían ir aceptando que tal cosa no es razonable.

Otro tema complicado en relación con el cientifismo estriba en la propia identificación del corpus de conocimientos a los que se atribuyen las virtudes de realidad. Aunque no es de naturaleza fundamental, su importancia reside en la propia coherencia de su definición. En mi desapasionado escrutinio del primer capítulo, yo he podido establecer delimitaciones entre conocimientos, incluir y excluir disciplinas dentro de lo que he definido como ciencia, en función de meros criterios convencionales, sin que tales elecciones supongan mayor dificultad ni los debates deban elevar demasiado el tono. Algunas podrían entrar o salir, y todo seguiría más o menos igual. Es muy diferente si la ciencia acredita la realidad, si debe ser usada como coartada de lo que existe. Dado que ningún conocimiento como el filosófico posee una dimensión tan pasional, de tanta implicación existencial, esa delimitación, aparentemente inocua, cobra en tal caso tintes casi dramáticos. No es una exageración: de ahí las reacciones virulentas que se producen a menudo cuando uno intenta ubicar, por ejemplo, el darwinismo o la neuroeducación como formas de conocimiento que no se ajustan a los presupuestos de la ciencia; de ahí la incomodidad al excluir a las matemáticas y a la medicina de nuestra lista de ciencias.

Mantengo aquí que los cientifistas incluyen dentro de su realidad aceptada, lo mismo ciencias ortodoxas (siguiendo nuestra definición), como ciertas derivas verificativas de las ciencias naturales, y no pocas disciplinas abrumadoramente verificativas. Y que a todas ellas confieren categoría de verdad en su más alto grado, tanto por lo que corresponde a la precisión como a la exactitud de sus predicciones o de sus afirmaciones, oponiéndolas a las aberraciones intelectuales de los otros conocimientos. Cada uno que lo analice en su caso, y decida hasta qué punto la supuesta realidad respaldada por el saber científico no es más que un conglomerado de convenciones.

Tal cosa no se produce porque el cientifismo, en estas cuestiones, sea un planteamiento intelectualmente perezoso y desgarbado, sino por un rasgo de la ciencia que venimos eludiendo con circunloquios hasta ahora, y va siendo momento de encarar: la ciencia hace mucho tiempo que es demasiado grande, en relación con el ser humano. La ciencia es inasequible para el individuo, y no por poco. La mayoría de nosotros, incluso si nos dedicamos a ella, conocemos con detalle, en el mejor de los casos, una parte muy reducida de nuestra materia; con cierta corrección, algunos de los aspectos más próximos a ella; y apenas nada sobre el inmenso resto. Son muy escasas las personas que poseen una visión general aceptable, desde el punto de vista de su profundidad, de la ciencia. La ignorancia o la información basada en difusos titulares periodísticos es lo más común.

Ciertamente, poseer cultura ha sido una misión ardua en todas las épocas, reservada a los pocos que dispusieron de la curiosidad, el tiempo y los medios apropiados para adquirirla. Lo que cambia respecto a la cultura científica es que, dada la naturaleza ultratecnificada de la ciencia, la profundidad necesaria para acceder a la discusión crítica de cualquier cuestión exige una dedicación y comprensión desmesuradas. En cada faceta de cada especialidad, es patrimonio de unos cuantos expertos. Y las hay a centenares. En resumen, solo conocemos la ciencia, la mayoría de la ciencia, de oídas, y la identificamos porque alguien, a quien no conocemos, la va etiquetando como tal. Ese alguien es, en cada caso, una persona o un grupo implicado y, por lo tanto, con intereses propios en tal etiquetado.

¿Cómo se acepta? Recurriendo a un viejo recurso vinculado con el conocimiento social, seguramente uno de los más denostados por su vinculación con el escolasticismo, del que ya se habló: el criterio de autoridad.

Antes de abalanzarnos a negar semejante imputación, a sentirnos injuriados por ella, analicemos en qué consiste: hay que resaltar que el criterio de autoridad no fue inventado durante los debates bizantinos del Medievo, en los que sin duda se abusó de él. En su origen, no era un recurso para la filosofía, sino para la teología, y está íntimamente ligado al desarrollo del cristianismo. Durante sus primeros siglos, el establecimiento de una doctrina unificada, que recibiera la calificación de ortodoxa, fue un problema central, tras haber logrado imponerse como creencia mayoritaria dentro de la sociedad tardorromana. Se podría decir que el cristianismo corría el riesgo, en esos tiempos, de morir de éxito. Prelados, eruditos, iluminados de todo tipo se dedicaban a comentar los más diversos conceptos de la joven religión, que, desde sus principios, con su afición a los testimonios, sermones, cartas y encíclicas, ha mostrado una peligrosa vocación por multiplicar los contenidos dogmáticos. La cantidad de opiniones desviadas y herejías que se producían era difícilmente sostenible. Es en ese momento en el que se empieza a considerar útil hacer uso de la autoridad de las referencias más insignes (los propios escritos sagrados, apóstoles, santos) para acreditar la validez de los comentarios que se realizaban, los cuales ganaban prestigio tanto por la referencia en sí como por el ejercicio de consulta y estudio que denotaba su uso. El criterio de autoridad, en estas circunstancias, ayudó a la progresión de ese conocimiento. Vino luego su empleo para otros menesteres, y para imponer ideas y romper debates, y vino su desprestigio.

El criterio de autoridad no es bueno ni malo por sí mismo. Se puede identificar como una de tantas herramientas de gestión del saber en una estructura social. Como las demás, puede utilizarse con inteligencia y honradez, y contribuir a la mejora de las cosas, o de forma mezquina o malintencionada, y convertirse en un problema de difícil erradicación. Lo que resulta malsano es negar su existencia en un ámbito donde en realidad sí se utiliza. No solo porque causa una distorsión de cómo son las cosas, sino porque, si se niega su presencia, no habrá forma de establecer una discusión serena sobre la mejor forma de manejarlo, aprovechar sus ventajas y minorar sus defectos. En el actual estado de la ciencia, es necesario, y debemos ser vigilantes y críticos con su uso. Las llamadas a su inexistencia, basadas en que «todo experimento y predicción cuantitativa de un individuo o laboratorio pueden ser reproducidos», son insostenibles si pensamos en la situación real. Hace poco, durante una conferencia, oí que se estima que el 60 % de los experimentos cuyos resultados son publicados jamás serán repetidos por nadie. Ignoro la fuente, ni la precisión de esta estimación: le doy crédito porque es verosímil, más allá de la cifra concreta, y responde a la percepción que se tiene desde la práctica de la investigación científica. Hasta para los que sí se repiten, son necesarias unas estructuras materiales y de conocimiento tan especiales, que tal ejercicio solo está a disposición de unos pocos en todo el mundo. Deberemos, por tanto, aceptar la autoridad (léase, la honestidad) de esa reducida comunidad de iniciados. Ocurre lo mismo con los distintos desarrollos teóricos o conceptuales. Si se produce una polémica, los que los conocen a un nivel divulgativo no pueden participar, y si adoptan una postura, lo harán basándose necesariamente en criterios acientíficos. Y de la inmensa mayoría de la ciencia, los individuos no llegamos a más que suponer que se deberá de mantener en ciertos niveles de coherencia con el resto. Todos esos sabios no tendrían razones para engañarnos. ¿O sí? Dada la mayoría de cientifistas en las posiciones de acreditación (autoridad) para las distintas disciplinas, se genera una especie de convenio consensuado para precisamente reforzar determinadas posiciones. Como venimos diciendo, suficiente y más que suficiente si queremos hacer ciencia; pobre e incómodo, como fundamento filosófico.

Estos son los mimbres básicos con los que se da cuerpo al cientifismo imperante. No lo hemos desacreditado, ni era nuestro objetivo, únicamente pretendíamos poner en evidencia que sus seguidores no tienen demasiados argumentos para enarbolar su bandera de manera triunfalista.

¿Qué hacen, mientras tanto, los filósofos profesionales y de academia? Sobre ellos, claro está, poco más puedo hacer que ofrecer unas impresiones vagas, dada mi falta de destreza en el campo. No dudo de que serán fácilmente criticables. En favor del panorama que voy a dibujar puedo aducir mis escasas lecturas, hijas de mi condición de curioso aficionado; y algo seguramente más relevante, aunque sea una prueba circunstancial, como se dice en las novelas de misterio. La cuestión es que lo que voy a contar es acorde con el actual estado de cosas en cuanto al enfoque cientifista que impera en la sociedad, según hemos contado. Si todo es muy diferente de lo que yo describiré, si ofrezco una imagen distorsionada del conocimiento filosófico en centros de investigación y universidades, ¿por qué las cosas son como son, fuera de sus puertas? Agradeceré, a quien rebata lo que sigue, que ofrezca una alternativa compatible con lo que está ocurriendo, bien porque dé lugar a los mismos efectos sociales, bien porque la comunicación entre los eruditos y el movimiento de las ideas en la sociedad está quebrada. En ambas situaciones, seguirían existiendo razones para la preocupación.

Lo primero que puedo decir es que los filósofos, desde hace un buen puñado de tiempo hasta aquí, parecen intimidados por la ciencia, a la que se acercan con terror pánico, o evitan acercarse en absoluto. Los viejos complejos sobre la objetividad y la decadencia de la discusión filosófica parece que, si no están vigentes, al menos han dejado una cicatriz indeleble. En lugar de disiparse, se han reforzado por las dificultades de comprensión y formalización de muchas disciplinas científicas. Me atrevería a asegurar que muchos filósofos, simplemente, temen no conocerlas lo suficiente, habida cuenta de la cantidad de afirmaciones filosóficas históricas sobre cuestiones en las que la ciencia tiene algo que decir que han demostrado ser erróneas, cuando no auténticos disparates. Esa posibilidad les bloquea, y en lugar de animarles a reforzar su formación en estas disciplinas, los repele de ellas. Por eso es poco frecuente encontrar filósofos que afirmen afrontar las cuestiones tradicionalmente vinculadas a la metafísica, y prefieren dedicarse a problemas menos esenciales, como el lenguaje, las conductas o la educación. Que no son, desde luego, baladíes, pero no parecen los centrales de las preocupaciones de la filosofía, que han quedado relegados, o en un plano muy secundario.

Para los que aún se atreven a tanto (o no les queda otro remedio: no es fácil desarrollar filosofías sin utilizar alguna referencia al modelo general del que se parte), existen algunos tabúes insoslayables. Para empezar, las referencias a los filósofos anteriores a la revolución científica newtoniana son evitados, o al menos se encuentran siempre bajo sospecha. Son culpables de haber extraído, de sus posturas generales, consecuencias sobre fenómenos naturales que, posteriormente, la ciencia rebatió y desacreditó. Y no parece existir voluntad de desbrozarlas de sus incoherencias y extraer su esencia. Así que pueden llegar a utilizarlos para realizar alguna cita de apoyo, o como exhibición de una cierta capacidad erudita de síntesis, sin permitir que sus ideas puedan asociarse con las propias. Esto incluye a los filósofos antiguos, desde luego, todos los medievales (con cierta atenuación si son musulmanes o judíos), y a muchos modernos. No hay mucho espacio para racionalistas, ni para Leibnitz. El propio Kant, con su empeño de ofrecer una estructura general del mundo, que lógicamente acaba inmiscuyéndose en aspectos de las ciencias naturales, queda proscrito. Salvamos a los empiristas, filtrados a través de los positivistas; un poco, como antecedente, a Hegel.

En este estado de cosas, los posicionamientos escogidos no son muy variados. El primero, seguramente mayoritario, es adherirse al marxismo.

La principal virtud del marxismo consiste en que, como los grandes centros comerciales, ofrece en una sola escuela solución para un buen número de cuestiones, partiendo de la filosofía pura y adentrándose en ciencias sociales de todos los tipos, política, ideología, y un buen número de saberes de naturaleza verificativa. Se podrá argüir que tal cosa debería ocurrir también para el resto de escuelas, merced a la propia definición de filosofía que ofrecimos apenas hace unas páginas. Lo peculiar es que aquella lo hace mediante una virtud invocativa por la que, con solo tildar a un pensador como marxista, se lo encuadra inmediatamente en todos esos aspectos, tanto por parte de los suyos, como de los adversarios. No ocurre lo mismo si se le adjetiva de positivista, materialista o neoplatónico, tras lo que aún permaneceremos expectantes hasta recabar más información con la que hacernos una idea de cómo desarrolla sus planteamientos básicos en los distintos aspectos. Y eso no se debe a que estas otras escuelas no tengan una fecunda historia de exegetas y desarrolladores. Simplemente, el marxismo, en nuestro imaginario, funciona como un bloque de fácil identificación. En cuanto a su relación con la ciencia, ya hablamos de las encendidas declaraciones del propio Marx reclamando la condición de científico para su análisis de la realidad. Otra cosa es si tales proclamas pueden sustentarse, aunque tampoco parece que a sus seguidores eso les cause grandes preocupaciones, más allá de ser utilizado como punto de apoyo para no tener que dedicar más tiempo a esta delicada cuestión. Visto con perspectiva, el marxismo es una filosofía extraña, ecléctica, se diría que poco implicada en establecer unas bases firmes, coherentes, sobre las que ser construida. Se declara materialista, y además en su versión radical, para luego preferir las formulaciones dogmáticas, llenas de ideas generatrices para fundamentar el mundo, su dialéctica, su estructura social o su historia. Si se pone en aprietos su conciliación con los avances de la ciencia, evitará la discusión, exhibiendo algo así como mohín despectivo, y puede acabar recurriendo a planteamientos relativistas (en el sentido filosófico del término, claro), asociando la ciencia a una especie de construcción social, cuestionable como todas las demás. El marxismo gusta de acudir al recurso del relativismo, salvo cuando otros les devuelven el golpe poniendo en duda sus propias bases, interpretándolas en función de algunas causas sociológicas, o biográficas de sus principales teóricos, o del propio Karl Marx. En ese momento, abren mucho los ojos, se declaran ofendidos, y hay poco más de lo que se pueda hablar.

Existen, desde luego, filósofos que no se resignan a ser marxistas. ¿Qué hacen? La mayoría recurren a Schopenhauer. Siendo más precisos, a una línea de discurso que parte de Schopenhauer, sigue por Nietzsche para acabar en los psicoanalistas (Freud los más convencionales, Jung, los osados). Que estos estudiosos logran, por este camino, diferenciarse netamente de los marxistas, es verdad. Los avances, en cuanto a coherencia de sus planteamientos metafísicos, son más discutibles: el materialismo, tan radical como pueda exponerse, sigue siendo el fundamento. Las dialécticas a las que se recurre por momentos resultan pintorescas: como si la materia estuviera impregnada de una especie de magia constitutiva y de alguna forma accesible a nuestra mente a través de una poderosa fuerza, de nombre voluntad. Sus construcciones son más creativas que consecuentes. Más allá de su declaración materialista, mantienen las buenas relaciones con la ciencia a base de evitar hablar demasiado de ella.

Esta es más o menos la situación que se percibe desde fuera. Los positivistas y filósofos analíticos también están vigentes, pero da la impresión de que se los considera especialistas, gentes centradas en las cuestiones epistemológicas o filósofos de la ciencia, cuya influencia no es demasiado importante.

No veo nada particularmente malo en el materialismo filosófico. Por lo que se refiere a la finura argumental y a la riqueza de su pensamiento, ninguno de los filósofos nombrados en los tres párrafos precedentes estaría en una lista de mis cinco preferidos, pero mi opinión no es una gran referencia, y su desarrollo en los últimos dos siglos ha sido importante, implicando a muchos grandes pensadores. Lo que me inquieta es la escasa variedad, la pobreza del ambiente general de la filosofía, y el hecho de que ello se debe a la influencia, no de la ciencia, sino de los que la han utilizado para imponer ese estado de cosas. Los filósofos de academia parecen intimidados por ello, y evitan pisar terrenos que se puedan, hoy en día, considerar propios de la ciencia. Se asemeja al paseo del león por la selva: todas las criaturas se retiran, entre acobardados y cabizbajos tras toparse con el superdepredador. Una vez apartados de su camino, lo ignoran, lo reverencian o le dedican frases despectivas. Todo es lo mismo, es la marca del temor. Aún peor, se asemeja al paseo del hombre por la selva, que hace retirarse a todas las criaturas, leones incluidos, pese a que se trata de un ser extraño al ecosistema, al que todos reputan con poder suficiente para destruirlos. Porque el cientifismo tal y como lo hemos delineado aquí, esa forma de zanjar los debates sobre la realidad del mundo afirmando «la ciencia se encarga de eso, mi postura es la suya» (cuando ella, en realidad, no tiene ninguna), no es una verdadera postura filosófica, sino que parece mucho más un engendro perpetrado para ofrecer una mínima coartada a un ejercicio global de suplantación del saber filosófico por parte de la ciencia. La suplantación se está llevando a cabo por razones históricas, y aun políticas, con la necesaria asistencia de un grupo de científicos y técnicos engreídos por lo que creen saber, y la de un grupo de filósofos que se mueven entre la falta de confianza para cambiar las cosas, y las maniobras algo mezquinas para aprovecharse de lo que ocurre y apoyarlo, aunque seguramente no les gusta cuando profundizan en ello.

Chesterton, siempre lúcido, hacía decir a uno de sus personajes, un cura católico, que cuando los hombres dejan de creer en Dios, acaban creyendo en cualquier cosa. Podríamos modificar la cita para nuestro caso, diciendo que, cuando los hombres dejan de hacer filosofía, acaban aceptando como tal cualquier cosa. Temo que nos encontremos en un escenario como ese. Más que todo lo dicho hasta aquí, una prueba del actual estado de suplantación lo encontramos en las entrevistas periodísticas, en las que, sistemáticamente, los científicos insisten en incrustar, venga o no a cuento, sus ideas generales y cosmovisiones, con gran aplauso del público, mientras que los filósofos se mantienen en un discreto modo menor, en el que se enfatizan las implicaciones prácticas o vivenciales de sus planteamientos, sin atreverse ni aun a hablar de ética (no digamos de metafísica), sino meramente de interpretación de los comportamientos humanos.

Para los que puedan pensar que sencillamente no necesitamos tanta reflexión general, que es mejor centrarnos en más y mejor conocimiento práctico, se les puede responder que existen al menos dos problemas graves relacionados con la suplantación de la filosofía por la ciencia, a través de la imposición del cientifismo: la falta de riqueza de planteamientos generales da lugar a falta de riqueza en sus consecuencias prácticas (sobre todo, éticas, y en gran medida, ideológicas); y la propia presión de la imposición expulsa, a los no convencidos por el cientifismo, del ámbito del pensamiento. A menudo, encontramos que la disidencia filosófica es considerada disidencia creencial o mera obcecación de incultos o locos que niegan la verdad de la ciencia.

Ni pretendo ni podría decirle a nadie cómo debe filosofar. Todo esto es una mera llamada de atención respecto a la descarada y grave suplantación que hemos descrito. Ya he explicado que no tengo ninguna duda de que está ocurriendo fuera de los circuitos académicos, y he mostrado algunas evidencias de que, también, a un nivel comparable, en ellos. Debo, además, decir, que no me impulsa el deseo de favorecer el desarrollo de una filosofía más fecunda, o no solo, y que considero que el actual estado de cosas es igualmente perjudicial para la ciencia. La suplantación de un conocimiento por otro mina a ambos. De la misma forma que todo lo que acaba mal en las relaciones humanas comienza con una impostura, la suplantación de conocimientos es destructiva para todos los implicados, aunque pueda parecer que uno de ellos se está imponiendo al otro. La clave es que le obligará a hacer aquello para lo que no fue concebido, y dejará de ser un saber, conocimiento, cuyo alcance es necesariamente benéfico, para convertirse en coartada, excusa o arma arrojadiza. En este proceso, los resultados pueden ser muy diferentes a los que esperan quienes patrocinan el equívoco. Así que animo a los filósofos a salir de la trinchera y volver a desarrollar teorías más ricas, más variadas, a implicarse de nuevo en el relato de la realidad, y no solo en otros menores. Y a salir a la calle para que la gente les escuche. Deberán, sí, conocer más a la ciencia. Presenciaremos de nuevo esas encendidas críticas de unos a otros, esos debates tan inflamados sobre cuestiones aparentemente abstrusas e irrelevantes. Y todo resultará liberador. Después de criticarlo a lo largo de los siglos, tengo la sensación de que necesitamos de nuevo valerosos paladines que discutan sobre el sexo de los ángeles. Por su parte, los científicos deberían apartarse con algo de humildad de todo esto, dejar de creerse que, porque comprendieron un par de axiomas sobre la mecánica cuántica (o creyeron hacerlo), porque consiguieron purificar un par de proteínas en el laboratorio (olvidando que la mayor parte del trabajo la realizaron unas sencillas bacterias), tienen una idea sobre el ser o sobre el papel de nuestra mente en la comprensión del cosmos, y que esa idea merece ser expuesta ante los demás, pobres no científicos, que ansían recibir de ellos esos preciados frutos de su mente.

Filosofía aplicada

No diga ciencia si quiere decir ética (o cualquier otra cosa)

Todas las disquisiciones del apartado anterior pueden dejar algo frío al lector, y yo estaría de acuerdo en no conferirles mayor importancia, si no fuera por sus consecuencias prácticas. Y no tengo duda de que la principal es su efecto sobre lo que podríamos llamar *la salud ética de nuestra época*. Muchas de las cosas que vienen ocurriendo a nuestro alrededor, muchos de los presupuestos implícitos en conversaciones usuales o en los comentarios más sesudos, pueden comprenderse en función de ello. Ha ido apareciendo, como a pinceladas, a lo largo de los capítulos anteriores, y ahora estamos ya en condiciones de analizarlo con detalle. En breves palabras, diríamos que el proceso de suplantación filosófica (la ciencia como única fuente de verdad) da lugar a (o viene motivado por) un proceso de suplantación ética (la ciencia como única fuente del bien). Veremos cómo opera todo ello.

Antes de producirse la suplantación, hay un primer proceso de desplazamiento. La cuestión fundamental de la ética está en determinar qué es el bien, y qué, el mal. Y una forma insidiosa de evitar la gran pregunta es reformularla, o más bien plantear como cuestión previa si existen el bien y el mal. Percibimos, de manera intuitiva, su esencia a nuestro alrededor (particularmente nos invade una aversión prerracional hacia los actos malvados). Sobre esta sencilla base, se inicia el debate. Desde luego, el mero hecho de que identifiquemos cualidades morales en las acciones no implica que estas cualidades existan, o lo hagan de una manera determinada. La elaboración de un planteamiento ético es, desde luego, una cuestión sofisticada, cuyos detalles exceden los objetivos de este libro. Lo que nos interesa aquí es cómo la visión cientifista del mundo maneja todo esto.

Generalmente, los cientifistas no aceptan que exista el mal, sino que ocurren cosas malas. [10] En tal caso, los actos malvados de las personas tienden a ser vinculados con causas objetivas, materiales, que los harían comprensibles: la pobreza, la alienación, la presión social o la manipulación ideológica. Los orígenes de esto se pueden indagar en la idea rusoniana del «buen salvaje». Por otra parte, otra corriente de origen igualmente cientifista considera que el mal se relaciona en gran medida con una forma de enfermedad o condición genética, que impondría al individuo la realización de malas acciones más allá de la voluntad. Las posturas extremas, y combinaciones mediante las que se da mayor o menor importancia a las condiciones genéticas o ambientales, son moneda frecuente; todas ellas comparten la negación del albedrío o su reducción a un papel subalterno, algo que, como ya se comentó, es particularmente grato al cientifista.

La inmediata consecuencia es que todo parece tener relación con la ética, excepto la propia ética, que dejaría de ser una materia en sí misma para ser una especie de enfoque o realización de resultados de otras especialidades: la sociología, la psicología (o la psiquiatría), la política, la pedagogía y hasta el urbanismo. Esas disciplinas se impregnan de connotaciones morales, y establecen premisas que dificultan sus propios debates a la vez que desvirtúan los puramente dedicados a la ética. Analizado así, el mecanismo no parece demasiado lógico, ni aun muy serio, y sin embargo nos rodea por doquier.

La máxima intensidad de esta forma de razonar, que entronca nítidamente con el cientifismo, consiste en postular una especie de ética natural de base evolucionista. Los impulsos que llamamos *morales* solo serían imperativos evolutivos, seleccionados por mecanismos darwinianos: una especie de ley del más fuerte (mejor dicho, del más apto, que podría no excluir actitudes colaborativas, solidarias o compasivas). Ni que decir tiene que, como ya comentamos, el uso del darwinismo como justificación de cualidades que se consideran *a priori* como las favorecidas por la selección, permite defender los mayores dislates desde lo racional.

Una vez realizado el desplazamiento, en el que el cientifismo ha sido un colaborador necesario, resulta sencilla la suplantación. Solo precisa

---

10   Es más frecuente la discusión sobre la existencia del mal que sobre la del bien, aunque daremos más adelante cuenta de una excepción. Parece que es más sencillo dar la del bien por sentado, lo que es en realidad una postura estética sobre el problema.

cierto desarrollo argumental, y un ingrediente adicional: la introducción de los valores de la ciencia.

La asociación de cualidades morales positivas con la ciencia es un proceso de prolongada tradición y ya comentamos que seguramente está vinculado con la mitología que se fraguó en torno a la objetividad científica frente a la subjetividad de otros saberes. Para reforzarla, hoy se habla con frecuencia de los valores de la ciencia. Para empezar, la elipsis es interesante, pues la referencia completa sería «valores éticos positivos de la ciencia», parece que se evita hacer referencia directa a la ética (tal vez porque atrae un regusto algo rancio para la mentalidad moderna), y a la cuestión de que se pueden encontrar «valores negativos» en relación con los posicionamientos éticos. En este contexto parecen evitarse por razones similares a las que llevan a negar la existencia del mal.

¿Cuáles son esos valores? La lista puede variar. Los que encontramos con más frecuencia son la honestidad, la humildad, la curiosidad, el espíritu crítico, incluso a veces, el compañerismo...

No perderemos tiempo en largos comentarios. Es evidente que semejante pretensión no acepta un contraste mínimamente serio. Los valores los poseen los individuos, no las actividades profesionales que puedan realizar. Ni que decir tiene que tales actividades están enfocadas a objetivos determinados y que la suposición de que esos objetivos inducirán mejoras morales en sus practicantes es casi siempre cuestionable, también para los científicos. Lamento decir que, en mi habitual relación con ellos, no puedo afirmar haber encontrado diferencias estadísticas, en términos morales, con el resto de la población. Los hay bondadosos, solidarios, amables, y de los otros; ni siquiera me atrevería a asegurar que sean más curiosos o críticos que quienes practican otras profesiones, porque la manera en que tales rasgos se aplican a la ciencia está filtrada a través de usos profesionales específicos.[11]

---

11   Otro contexto social en el que se utiliza esta terminología, de manera igualmente confusa, es el de la práctica deportiva. Los valores del deporte son continuamente invocados, sobre todo en relación con su uso en la educación y entre los jóvenes. Está claro que la situación es tanto o más incoherente que la de la ciencia, pues entre los deportistas más relevantes que participan en competiciones de alto nivel, tan frecuente es encontrar comportamientos éticamente encomiables como reprobables. La suplantación en este caso es también burda, pese a que nadie parece querer darse cuenta.

Sin necesidad de citar casos modernos, lo que resultaría incómodo, podemos hacer alusión al propio Isaac Newton, del que ya hemos hablado para alabarlo como la mente científica más importante que ha existido. Sus defectos en la faceta moral son bien conocidos: al parecer era un hombre huraño, fácil para el rencor y hasta para la venganza, pagado de sí mismo y al que le complacían los aduladores. Su polémica con Leibnitz sobre la prelación en el descubrimiento del cálculo diferencial está llena de detalles muy poco edificantes, que incluyen la mentira y la conspiración para el fraude. Por si fuera poco, no puede achacársele tampoco una entrega absoluta de sus capacidades al progreso de la humanidad, pues de todos sus escritos, solo un tercio se dedicaron a la ciencia, mientras que el resto de sus desvelos se dividió, a parte iguales, entre la alquimia y la teología, actividades ambas en las que no dejó contribuciones útiles para sus semejantes. Ha sido la posteridad la que ha filtrado, de todas las luces y sombras de su vida, aquello por lo que podemos estarle agradecidos. Ejemplos de actitudes turbias son fáciles de encontrar entre los más señeros científicos del turbio siglo xx. Eso no desvirtúa su obra científica. Solo lo traigo a colación para afirmar la obviedad de que, si los más grandes científicos tuvieron tachas morales, es evidente que no existe correspondencia necesaria entre la práctica de la ciencia y ningún valor ético positivo.

Y ahora, el argumentario. Creo que puedo ahorrarme una descripción prolija, habida cuenta de que el lector curioso la tiene disponible, muy bien redactada y ordenada, en los primeros capítulos de *El mundo y sus demonios,* de Carl Sagan, libro al que ya nos referimos en la introducción. Aquí lo resumiremos muy brevemente. Como todos los intentos de cierre categórico de la ética, su punto de partida resulta esquemático hasta la decepción, y se sostiene apenas a partir de un par de trucos de estilo. Imagina un mundo dividido de forma maniquea (en el sentido actual, peyorativo, del término) entre el mal de las creencias fanáticas e irracionales, y el bien de la ciencia (ya identificamos anteriormente alguna estratagema semántica). Además, ese bien se haya amenazado por una confabulación (ya se sabe que las masas malvadas tienen tendencia a la conspiración) empeñada en destruirlo. Con nuestro esfuerzo, el bien científico puede prevalecer, pues es dueño y garante de la verdad. Y nadie puede poner en duda que la verdad y el bien están indisolublemente unidos. Todos debemos, pues, apoyar a los denodados luchadores, llenos de virtudes, que lo extienden por la Tierra, los científicos. La ciencia se identifica con el perfecto orden social, la democracia,[12] y con la correcta orientación ideológica, que se movería en los entornos de la socialdemocracia europea o las posiciones liberales estadounidenses.

Si algún lector se muestra incrédulo, y considera que quizá estoy parodiando las ideas planteadas por el famoso divulgador, solo puedo recomendarle que acuda a la fuente principal, y decida por sí mismo. Insisto, además, en que, si bien esta sería una muestra pura de la suplantación ética del cientifismo, su influencia, entre los que afirman no secundarla del todo, es muy grande.

No me resisto a comentar lo que a mi juicio son las dos pulsiones que la motivan. Una, más bien ingenua; otra, algo más oscura.

La primera es la profunda animadversión de muchos cientifistas por las creencias de base espiritual o religiosa. Están convencidos de que son su condición de científicos, sus estudios y conocimientos (y también sus grandes capacidades para el razonamiento abstracto y las matemáticas) las que les han conducido irremediablemente a su esquema general del mundo. Es una suposición que ya hemos rebatido, la ciencia poco o nada tiene que ver con determinadas filosofías o creencias, más allá de desbaratar las intenciones de algunas de ellas por realizar predicciones materiales infundadas. Ellos no lo entienden así, y practicando una forma sutil de clasismo, consideran que la única forma de llegar a posturas diferentes es la obcecación y la estupidez (rasgos que, claro está, caracterizan a los otros). En lugar de comprender que sus posiciones son también creenciales y filo-

---

12 Apuntaré que, pese a la asociación de ambos términos por parte del autor, esta es una de sus afirmaciones más fácilmente cuestionable. Incluso suponiendo un ejercicio de la ciencia ideal, que dista de producirse en la realidad, hay un principio democrático en el acceso de cualquiera a la práctica del conocimiento, y otro, radicalmente ajeno a las mayorías, meritocrático, en la adopción por parte de la ciencia de la solución más útil, en el sentido de su capacidad de predicción, aunque se oponga al conocimiento aceptado por el consenso social. La solución a esta aparente contradicción está, lógicamente, en que el conocimiento científico y la política son dos cosas completamente distintas. Eso, sin hablar de que no resulta muy democrático considerar que existen unas grandes masas alienadas por la superstición creencial, que deben ser combatidas: ¿qué deberá hacer la democracia si esas masas acaban constituyendo una mayoría? Sagan no lo aclara: lo que parece desprenderse es que «su» democracia posee un grupo de garantes (los científicos) que deben velar por ella, pues son los que tienen razón. Mi torpeza intelectual me impide diferenciar esta descripción de la que cuadraría a un totalitarismo aristocrático de corte paternalista.

sóficas, y que es bastante posible que vengan inducidas, no tanto por su erudición como por su vida y experiencias, se colocan a sí mismos en un plano esencialmente diferente, superior, a los otros. El error de apreciación es doble, porque consideran también que la mejor manera de derogar el resto de creencias es acabando con sus fundamentos éticos. Solo que ya hemos explicado que lo que respalda la ética no es la creencia, sino la filosofía. Esto es fácil de comprender mediante un análisis sereno. Los sistemas religiosos son eminentemente rituales, no morales, y solo son morales porque, en el objetivo de ofrecer una solución global para las sociedades en las que influyen, pueden incluir también un cierto orden en las relaciones entre los individuos (normalmente, afianzando costumbres tradicionales, sin inducir novedades). Tal cosa no es imprescindible, y hay religiones que se limitan a establecer orden en las relaciones entre el individuo y la divinidad, sin inmiscuirse apenas en cuestiones éticas; y son frecuentes los ejemplos de seguidores de distintas religiones que aseguran mantener sus vínculos creenciales pese a haber roto con los supuestos éticos, a través de la conservación de los ritos. No se puede negar que algunas de las religiones más influyentes dc los últimos siglos llevan aparejadas construcciones éticas muy elaboradas, pero eso se debe a que han diseñado previamente potentes estructuras filosóficas.

Todo esto no parece ser comprendido por los patrocinadores de la suplantación (quizá no se atreven a comprenderlo, por las consecuencias que entraña), así que, ciegos de rabia contra las creencias espirituales, se afanan en desplazarlas de cualquier ámbito, al precio que sea. Esa actitud tan irracional y apasionada, en personas a menudo de notable inteligencia, evidencia claramente que su postura es, en realidad, la de unos más entre tantos creyentes.

Además, queda la cuestión de la relevancia social que supone el control de los fundamentos sobre los que apoyar las relaciones humanas en una sociedad. Las religiones se habían situado, y aún lo hacen en muchos casos, en una posición de entendimiento y provecho mutuos con los poderes temporales. Ellas conferían respaldo trascendente a los mandatarios y sus leyes, que hacían emanar de un privilegio divino, y a cambio los líderes religiosos se integraban en los escalones superiores de esas estructuras de poder. El proceso de reducción de la influencia de la religión en Occidente vino a dejar vacío ese espacio. No son pocos los que vienen trabajando para que la ciencia lo ocupe. Sus reclamaciones como única fuente de acceso a la verdad; la creación de un gremio de conocedores de sus arcanos, que no son accesibles para la gente ordinaria, al estilo de los druidas, profetas y monjes de otras épocas, y que ahora se denominan *investigadores, médicos* o *profesores;* la insistencia en ofrecer soluciones de base científica para toda cuestión o conflicto; la propia adopción de sistemas nacionales de ciencia con influencia política; todos estos elementos son suficientemente sospechosos para no considerar la posibilidad de esta motivación.

Bioética

En el estado de indefinición descrito, es frecuente que, cuando se discuten las repercusiones del uso de la ciencia, se preste voz a los científicos, que tienen los conocimientos necesarios para plantear el problema técnico. Sin solución de continuidad, en la misma intervención y hasta en la misma frase, estos mismos sacan sus consecuencias éticas, para lo que no tienen mayores atribuciones profesionales o de talento. Ellos no pueden evitarlo, pues es difícil exigirle a alguien que muestre los detalles aburridos y deje la parte más jugosa para los siguientes: es como preparar la tarta para que se la coman otros. Esto envía el peligroso mensaje subliminal de que los conflictos éticos son mejor resueltos por personas entrenadas en ciencia. Tal situación, en manos de individuos ofuscados o perversos, se puede convertir en un arma de control social formidable.

Que en los debates de todo tipo puedan aportarse argumentos relacionados con la ciencia (o con evidencias materiales cuantificables) no ubica a la ciencia en el centro de ese debate, lo mismo que el hecho de que en una conversación sea pertinente utilizar conexiones lógicas coherentes y compartidas entre los intervinientes no hace que cada debate, o hasta un diálogo informal, trate sobre lógica conceptual. Ni necesariamente tendrá mayor calidad una conversación dada solo porque intervenga un catedrático de esta materia (salvo seguramente si la conversación en verdad tiene a la lógica por tema).

Ofreceremos a continuación un ejemplo sencillo y muy claro de cómo las cosas se mueven en una dirección poco deseable. En los últimos años se ha popularizado el término *bioética,* y se prodigan las discusiones, los comités y los opinadores de toda condición sobre el tema. Si aterrizara entre nosotros un hablante del español ajeno a nuestro entorno social, una especie de marciano entrenado en el idioma, tal vez pensaría que el término da nombre a una disciplina realmente revolucionaria, en la que la ciencia ha encontrado métodos y protocolos capaces de poner a prueba los planteamientos éticos, de manera que algunos se verían respaldados frente a otros mediante meros experimentos o deducciones, propios de las ciencias biológicas. La realidad es algo más decepcionante. No es otra cosa que la aplicación de la ética a las cuestiones relacionadas con las ciencias y tecnologías de la vida y la salud. Nuestro improbable visitante podría reflexionar sobre el nivel ultraespecializado que han adquirido las cuestiones filosóficas en nuestros días, pues la ética, por su condición de saber aplicado, necesariamente se ocupará de los actos concretos de los humanos, y dado que estos cada vez tienen más relación con la tecnología, podría haberse dedicado a ellos sin necesidad de inventar nuevas especialidades. Si, después, le enseñáramos el verdadero nivel de especialización en otras ramas de la filosofía, o de otros conocimientos, vería que las cosas no parecen responder a esa idea que se había hecho, y temo que quedaría sumido en cierto estado de confusión.

Bueno, nuestro viajero acabaría por marcharse. Lo que ahora podemos preguntarnos, ya sin tener que darle cuentas a él, es si en verdad no tenía razón. Va siendo hora de desmontar esta fantasía: el Dios de la Biblia creaba seres, y les confería atributos, por el poder de su sola palabra. Algunos modernos propagandistas parecen convencidos de su capacidad para realizar prodigios parecidos. La bioética no existe. Existe la ética, y dado que la ciencia y la tecnología relacionadas con la vida son actividades humanas, su uso entra dentro de sus ocupaciones. El mismo nivel de especificidad nos obligaría a hablar de gastroética si discutimos sobre la dimensión moral de la alimentación, econoética para hablar del uso correcto del dinero, o traficoética cuando hablamos de las normas de urbanidad básicas con las que debemos interaccionar con nuestros semejantes cuando nos desplazamos en vehículo o a pie por las ciudades y los caminos. Todos estos términos son innecesarios, como lo es también el primero, cuya única utilidad verdadera es crear confusión, y acabar conduciendo los debates éticos a un lugar que a algunos les resulta más cómodo o conveniente, sin causar demasiado escándalo en los demás.

La manera de hacerlo es intelectualmente banal, hasta el punto de que sorprende su eficacia. Dado que ya hemos lanzado el palabro, con la definición que nos interese, su construcción sugiere que algo tendrá de bío y algo de ética. De repente, nuestra mente acepta que un estudioso de la biología o la medicina está aproximadamente igual de cerca de esta «nueva disciplina» que un estudioso de la ética. Y los efectos son radicales. En el actual Comité de Bioética de España, dependiente del Ministerio que se ocupa de las cuestiones de sanidad, de los trece miembros, ocho son científicos o médicos. En el comité de bioética de una comunidad autónoma del país, no diré cuál (todos serán más o menos semejantes), de diecinueve miembros, cuyos currículos son públicos, diez proceden del ámbito de la medicina y la enfermería asistenciales, o de la investigación médica. Solo cinco de ellos han tenido alguna formación en «bioética» (másteres, cursos), sin que sea la línea principal de sus estudios. Frente a ello, solo aparece un currículo de especialista en un tema que podríamos considerar afín a la ética (filosofía del derecho). Por más argumentos que se nos ocurran, el desequilibrio es apabullante.

No está en mi ánimo ofender a los miembros de estas entidades, sin duda los anima el impulso de realizar sus funciones con la mayor probidad. El problema es que cojea manifiestamente la pata de conocimiento (aquí diríamos ciencia, en el sentido tradicional) de la ética. Lo que no parece higiénico en un comité así. Más, cuando los currículos de sus miembros buscan respaldar su calidad académica y profesional, lo que aún pone más en evidencia su aproximación meramente experiencial a las cuestiones éticas: la propia formación en bioética, una materia empeñada en autojustificar su existencia, rebaja las expectativas de excelencia en ese plano.

Podría compararse a un comité de lucha contra los monopolios, oligopolios y carteles empresariales que integrara, con más de la mitad de sus miembros, a directivos de grandes corporaciones. Nadie querría tampoco acusarles de no cumplir con las misiones encomendadas al comité, pero el saber popular viene recomendando, desde hace mucho tiempo, no colocar a un zorro para vigilar a las gallinas, por más que sea un acreditado zorro vegetariano. En realidad, no es tanto un problema de comportamiento como de imagen exterior.

Tengo otro ejemplo. En España existe una entidad creada por los publicistas, llamada Autocontrol, que vigila algunas de las dimensiones éticas de la publicidad que ellos mismos producen (según dicen, trabajan para una publicidad «leal, veraz, honesta y legal»). Para darse a conocer, lógicamente, recurren a un anuncio televisivo. Parecen convencidos, en esa corta presentación, de que su labor es un éxito. Yo me pregunto qué ocurrirá con el autocontrol corporativo cuando los imperativos morales perseguidos choquen con las necesidades corporativas. Sin duda ellos contestarán que su compromiso está por encima de su búsqueda de beneficio: ¿podrán comprender que el resto del mundo tenga dudas razonables al respecto?

Los especialistas en bioética, si verdaderamente lo son (esto es, especialistas en ética que, entre los temas de los que se preocupan, se encuentra la aplicación de su disciplina a conflictos relacionados con el uso de las ciencias y tecnologías relacionadas con la salud y la vida), deberían ser los primeros en denunciar este estado de cosas, que permite que personas sin la formación adecuada ofrezcan a administraciones e instituciones la coartada de que se están preocupando de cuestiones éticas, cuando solo se está salvando un expediente. Creo que nadie estaría satisfecho si el comité de supervisión de arquitectura fuese encomendado a un grupo de personas cultas, pero no arquitectos, solo porque son aficionados a montar maquetas de edificios en su casa, y han leído bastantes libros sobre el tema. Nuestra hipertécnica e hiperespecializada sociedad exige más en esas cuestiones: ¿por qué no respecto a la bioética? ¡Tal vez no importa, tal vez se prefiere que las cosas se mantengan en un estado más confuso de lo que sería apropiado?

Porque esa es la cuestión de fondo: una bioética construida de este modo conducirá inevitablemente a la desaparición de los básicos controles éticos del avance en ciencias y tecnologías biológicas, incluyendo los que tienen que ver con la condición biológica del ser humano. No es razonable esperar que quienes ansían aplicar esos avances en su práctica profesional vayan a ser quienes mejor disciernan los posibles conflictos éticos que tal aplicación provocaría. Y si lo hacen, es dudoso que se basen en fundamentos firmes, coherentes o apropiados. No voy a poner en duda que eso sea lo adecuado, o al menos lo que consideran adecuado algunos. Solo me pregunto: entonces, ¿por qué los subterfugios, por qué no proclamar abiertamente que no se considera que la ética tenga nada que decir respecto a esos avances, en lugar de vestirlo con esos preciosos, aunque imaginarios, ropajes?

Podríamos prodigar los casos y ejemplos de distorsión que produce la suplantación ética. Con lo dicho hasta aquí, confío en haberla puesto de manifiesto. Las causas que a mí me llevan a denunciarlo son las mismas que para la suplantación de la filosofía: la ciencia es ubicada en un lugar que no le corresponde, y eso le perjudica, o le perjudicará a la larga. Creo además que este caso de apropiación en campos de conocimiento ajenos es particularmente peligroso, pues considero la reflexión e indagación éticas, en términos generales, mucho más difíciles que las científicas, y las consecuencias de prácticas erróneas en ellas, mucho más graves para nuestra sociedad. Definitivamente, prefiero que los expertos en ética adquieran esa responsabilidad, en lugar de los científicos.

Algo sobre sociología de la ciencia

Voy a dedicar el último epígrafe del capítulo a hablar un poco sobre sociología. Esta forma parte del grupo de saberes por los que los humanos, siempre dispuestos a asumir los retos de apariencia más inalcanzable, hemos pretendido hacer de nosotros mismos el objeto de estudio: la geografía, la historia, la sociología, la etnografía, la antropología y algunas ramas de la propia filosofía se dirigen a tal fin. No contentos con encarar una búsqueda de por sí peliaguda, no hemos renunciado a hacerlo de una manera tan empírica, tan próxima a la indagación científica como nos fuera posible, de manera que el sujeto que estudia es a la vez el objeto de estudio, medición, abstracción y predicción. Un objetivo verdaderamente apasionante, y cuyos resultados están entre los más interesantes (y, claro, los más polémicos) de todo nuestro conocimiento.

La ciencia es un fenómeno cultural, lo que sin duda lo ubica entre los intereses propios de la sociología. Podemos explorar cómo se ha desarrollado, por qué lo ha hecho así, cuáles son sus relaciones con otros elementos culturales o sociales... Cabe aducir una salvedad, una especie de enmienda a la totalidad a este respecto: la ciencia no sería un hecho cultural al uso, pues está supeditada a la observación y medición de elementos externos, tanto en el proceso de caracterización previa como en el contraste de las deducciones. Podemos concebir una civilización que desarrolle las ideas estéticas más extrañas para nosotros, mientras que no vemos posible que, por ejemplo, se imponga una ciencia que afirme que los objetos caen hacia arriba: por muchas presiones culturales y sociales que se produjeran sobre sus científicos para afirmar tal cosa, los experimentos comprobarían que eso no sucede. Por ello, el alcance de la sociología de la ciencia sería limitado. La respuesta a esta objeción sería que la fenomenología es una mera restricción externa a la ciencia que las sociedades desarrollan, al igual que otros hechos culturales tienen también las suyas, y que el campo para su estudio por parte de la sociología es muy amplio.

En realidad, no es sencillo establecer unos límites claros, así que, como los abogados de película que comienzan un agresivo interrogatorio al sospechoso, deberemos permitir que la sociología realice su trabajo ofreciéndole un margen de maniobra.

Centraremos la discusión en las ideas de uno de los más influyentes sociólogos de la ciencia: Thomas Kuhn, según aparecen en su famoso libro *La estructura de las revoluciones científicas,* y la refutación de su enfoque llevada a cabo en el no menos famoso *Imposturas intelectuales,* de Alan Sokal y Jean Bricmont.

Resumiremos muy brevemente el enfoque del primero. Kuhn se enfrenta al dilema sobre el alcance que puede tener una sociología de la ciencia que llegue tan lejos como sea posible. Así, presta escasa atención a la relevancia de la fenomenología para el desarrollo científico (aunque no me consta, en mi pobre conocimiento de su obra, que la rechace explícitamente), y construye un modelo dialéctico sobre cómo la ciencia avanza en las sociedades, mediante un proceso repetitivo en el que aparece un consenso aceptado por los científicos (el paradigma científico) y relacionado con el resto de corrientes culturales dominantes en su época. Este paradigma entra en crisis por razones igualmente sociológicas, y se produce una «catástrofe» (en el sentido termodinámico del término, o sea, un cambio repentino y radical) al que se denomina *revolución científica.* Ello supone la aparición de un nuevo paradigma, y el proceso comienza de nuevo. Además, todo esto no se concibe como un progreso en el conocimiento, sino como un mero cambio cultural, debido a la que seguramente es la idea más polémica de Kuhn, denominada «incomensurabilidad teórica», que viene a afirmar que el nuevo paradigma no puede compararse con el anterior, en términos de utilidad, aplicabilidad, o cualquier otra cuestión que hemos venido describiendo, porque sus contextos culturales son distintos. Sería como la discusión encaminada a establecer una comparación sobre cuáles tienen mejor sabor, si las peras o las manzanas.

Estos planteamientos fueron criticados por Sokal y Bricmont en su libro. Resulta muy curioso que *Imposturas intelectuales* estaba, en principio, concebido (y su título así lo indica) a denunciar el uso deshonesto, por parte de algunos estudiosos de las ciencias sociales, de terminología extraída sin ton ni son de las ciencias naturales con el mero objeto de impresionar a los lectores e incrementar el oscurantismo de los textos. Sin embargo, los autores, en un capítulo (que titulan «Intermezzo») se dedican a discutir lo que denominan *relativismo epistemológico* de Kuhn y Paul K. Feyerabend. Porque a eso es a lo que conduce el proyecto de una sociología de la ciencia sin cortapisas: acaba cuestionando las bases reales de la ciencia, a la que considera una mera construcción cultural más. Lo interesante es que ese relativismo hunde sus raíces filosóficas en el materialismo (en muchas ocasiones se formula desde postulados marxistas), para acabar cometiendo una especie de «gran traición» contra el cientifismo, al que se empeña en desacreditar. Podríamos identificar aquí una especie de huida hacia adelante de la filosofía aterrada por la ciencia, a la que pondría en duda para liberarse de su opresión.[13] Sokal y Bricmont lo atacan desde posturas cientifistas bastante ortodoxas.[14] Es evidente que sienten incomodidad respecto a los derroteros que ha seguido la versión posmoderna del materialismo, y como podría esperarse, realizan una crítica que extienden a cuestiones éticas y políticas.

Tal vez yo no alcanzo las cotas de profundidad intelectual de todas estas discusiones. El relativismo en todos sus aspectos es, en mi opinión, mucho más una consecuencia que una causa de nada. Es el resultado de que el mito de la objetividad, que han enarbolado algunos al amparo de la ciencia, viene defraudando en algunos aspectos a algunas personas. Una especie de hijo no deseado de la uniformidad metafísica impuesta por el cientifismo, cuando la complicación de los modelos y la falta de una respuesta satisfactoria por parte de la ciencia a algunas cuestiones conduce a la desesperación. El relativismo podría ser simplemente una broma, a la que no se

---

13   Todas estas ideas están en relación con una corriente de pensamiento a la que se suele denominar *posmodernidad*. No la he incluido en los apartados anteriores porque, en mi modesta opinión, su aportación a las ideas metafísicas y epistemológicas no es demasiado relevante. Podríamos asimilarla a otras escuelas de materialismo irracionalista, que desprecian como ilusión el aparente orden natural.

14   Si se acude a su libro, hay que cuidar la cuestión de las definiciones, pues ellos utilizan el término *cientifismo* con un significado algo diferente al que se está usando en este.

prestase demasiada atención (al menos respecto a su versión científica) si no se estuviera abusando de la ciencia para menesteres que no le son propios. Si yo consigo colocar un satélite en órbita gracias a mis conocimientos de mecánica, y por encima de mi hombro, un pensador de melena revuelta se desgañita afirmando que la ciencia que yo presumo haber aplicado es solo un constructo cultural al que se podría poner en duda desde muchos puntos de vista, creo que apenas levantaré un poco la mirada hacia él, para después seguir con mi trabajo. Si yo me rebajo a darle importancia discutiendo con él porque, después de haberme ayudado a hacer mi trabajo, me empeño en que la mecánica deba respaldar mi manera de ver las cosas en niveles filosóficos, éticos o políticos, el debate cobrará importancia, a la vez que, pese a las apariencias, ya no estará tratando sobre ciencia.

No se me ocurren demasiados argumentos en contra de las tesis de Thomas Kuhn, salvo, tal vez, el sentido común. La idea de la inconmensurabilidad teórica es truculenta y no conduce a ningún sitio si tengo la prudencia de seguir usando la ciencia para mis predicciones factuales. Podré elegir en todo caso el modelo más útil para mis objetivos, no necesito una profunda comparación entre los conceptos de cada modelo disponible. Se me podrá objetar que mis condicionamientos sociológicos me imponen sin yo saberlo qué predicciones factuales quiero realizar. El matiz es que entonces ya no estoy haciendo sociología de la ciencia, sino sociología de los científicos, y la dimensión de las discusiones se modifica sustancialmente. Este libro contiene, de hecho, no pocas aproximaciones sociológicas (poco profesionales y eruditas, es cierto) a las personas que hacen o usan la ciencia. En realidad, todo consiste en no distorsionar el objeto de estudio.

En cuanto a la dinámica, o dialéctica, de las revoluciones científicas, adolece de los mismos defectos de todas las teorías reduccionistas: difícilmente soporta un análisis en sus detalles, y en seguida muestra sus trucos y sus costuras. En una cuestión como el avance científico, existe siempre un grupo de investigadores que, utilizando evidencias no resueltas por un modelo, se empeñan en desentrañar su significado. Y la acumulación de pequeñas contribuciones acaba por dar lugar a un descubrimiento de mayor calado, que causa una revolución, más o menos grande, en el ámbito de ese conocimiento, y es asimilada de forma más o menos rápida. Esta forma convencional en que se desarrolla la ciencia es cuanto hay, el resto es mero afán por extraer consecuencias desproporcionadas.

Todas esas ideas no explican que muchos de los cambios científicos que se identifican con revoluciones no parecen adecuarse bien a las necesidades culturales, éticas o de pensamiento, de la sociedad en las que tienen lugar. Es más, de lo único que se me ocurren ejemplos es de lo contrario, situaciones en que los avances científicos más bien llegaron cuando menos le habría apetecido que tal cosa sucediera a la sociedad contemporánea. El postulado atómico, particularmente en física, era suficientemente incómodo para los científicos y quienes les pagaban en el siglo XIX, de manera que lo soslayaron hasta que ya no se pudo más. Los veinte años a principio del siglo XX que destrozaron la física clásica habrán contribuido a los anecdotarios populares, pero en una sociedad que ansiaba imponer el cientifismo y el realismo científico, un modelo del mundo que demostraba lo inapropiado de tales planteamientos, como hemos ido viendo anteriormente, más bien parece que no conciliaba con la ideología dominante. Lo único que ha sabido hacer la sociedad, a ese respecto, es meter la cabeza debajo del ala, y no darse por enterada. El descubrimiento de la expansión del universo gracias a las contribuciones de Henrietta S. Leavitt, George Lemaître y Edwin Hubble, y la consiguiente teoría cosmológica del Big Bang, ha hecho frotarse las manos a los que vieron en ella una ratificación de las teorías religiosas de creación del mundo en un instante determinado del pasado (otra cosa es si esos frotamientos de manos están justificados): estoy seguro de que los descreídos y contrarios a las religiones, que ya entonces eran un grupo influyente, si no mayoritario, entre los científicos, habrían preferido un modelo de creación del universo menos ambivalente respecto a los planteamientos no científicos. Todas esas cosas, y otras muchas, han sucedido en momentos concretos, generados por científicos, que podrían tener ideas preconcebidas, pero que solo consiguieron ratificarlas gracias a que la verdad factual vino en su ayuda. No dudo de que los defensores de la sociología de la ciencia posmoderna tendrán justificaciones para todos los ejemplos que acabo de presentar, y otros que se me pudieran ocurrir. Tampoco dudo de que serán artificiales, elaboradas y solo aptas para la aceptación y el aplauso de sus propios convencidos. Ni que decir tiene que los postulados que plantea Kuhn son meramente verificativos, sin capacidad para realizar la más mínima predicción, y dogmáticos. Tanto es así que podríamos permitirnos una pequeña broma: ¿qué impide aplicarles el mismo análisis, y suponer que no pasan de ser meros constructos, ideas preconcebidas que no están respaldadas por ninguna forma de realidad?

4.
LA CIENCIA Y LAS CREENCIAS

Espiritualidad

Los repetidos y aburridos debates

Según se indicaba al comienzo del capítulo anterior, las creencias son parte indisoluble de nuestra íntima construcción general del mundo. Por más que insistamos, cualquier separación respecto del saber filosófico resulta artificial, debido al hecho, que venimos observando, de que la realidad se resiste a ser organizada en categorías, por más que nuestra comodidad lo prefiera. No encontraremos un criterio certero para resolver cuándo un pensamiento está siguiendo un proceso racional basado en conocimiento dialéctico, y a medida que las evidencias van quedando supeditadas a las convicciones, las primeras pierden peso y nitidez, se difuminan para dejar a las segundas sin otro apoyo que los propios deseos, y se transforma, de lo que pensamos, en lo que creemos.

Si aprovechamos la descripción anterior, resulta tentador identificar las creencias por su carácter eminentemente no racional.[1] Por desgracia, esto tampoco ofrece una vía infalible, pues dada nuestra propensión a revestir cada idea de un sofisticado aparato argumentativo, casi nunca es

---

1 Lo que no siempre significa irracional.

factible desnudarla hasta el punto de reconocer si sus orígenes verdaderamente son ajenos al razonamiento. Tampoco los objetivos del conocimiento creencial están suficientemente deslindados. Podríamos identificar como uno de ellos lo trascendente, pero no resulta demasiado fácil separarlo de lo metafísico, problema típicamente filosófico. Además, son muchos otros los aspectos en los que las personas hacemos uso de las creencias.

Pese a las dificultades que se presentan, y para empezar por algún sitio, tal vez podríamos poner en duda la misma entidad de esas creencias. O sea, preguntarnos si verdaderamente son un rasgo de nuestra especie, practicado por todos sus individuos, o solo un defecto lamentable que padecen un puñado de ellos, que han sido engañados, alienados por una gran mentira social (o por varias). Existe, de hecho, una posición típicamente agnóstica que afirma: aquellos que no creemos en el hecho religioso, estamos liberados de esa lacra, las creencias. Se puede responder que todo el aspecto sentimental, que supone una faceta muy amplia de nuestra existencia, dada su condición no racional, está fuertemente influido por ellas. Y la alegación más común es que, aunque los seres humanos estamos sometidos a las circunstancias de nuestros impulsos vinculados a la química cerebral, nuestras hormonas y demás efectos fisiológicos, es posible realizar una gestión desapasionada de todos ellos. Y en este argumento, el lector ya habrá identificado a nuestro interlocutor como un cientifista.

Para ellos, la definición de nuestra especie como «animal racional» es considerada de forma excluyente, por lo que proclaman que todo uso de la mente para actividades no argumentativas debe considerarse subhumana, lo que justifica su aborrecimiento por las religiones, y sus esfuerzos para erradicarlas, dada su condición despreciable.[2]

Como ya venimos encontrando, este tipo de visiones demuestran escaso recorrido lógico cuando se analizan con serenidad. Describir al hombre

---

2   Los cientifistas con inquietudes religiosas suelen vivir este conflicto de forma algo angustiada. Tienden a no encarar explícitamente la contradicción, a mantener ambos impulsos en planos mentales o vivenciales diferentes, reservando su faceta religiosa en lo que se suele llamar «ámbito privado». La postura de un Ramanujan, que no dudaba en achacar sus contribuciones matemáticas a la inspiración de una deidad familiar, es globalmente considerada como una excentricidad de escaso valor como testimonio.

(y a la mujer) como animal racional puede parecer sugerente, pero en realidad es engañoso.[3] Hasta donde alcanza nuestro conocimiento, parece más sencillo obtener rudimentos de razonamientos en otros animales, que rudimentos de creencias, así que seguramente sería más acertado poner en estas, y no en aquellos, la cualidad diferencial de nuestra especie. El origen de nuestros desarrollos culturales e intelectuales posee una indudable dimensión prerracional (delirante, la llamamos en nuestro primer capítulo). Por otra parte, la conexión, que ellos juzgan inmediata, entre la creencia y las peores pulsiones humanas (la obcecación, la credulidad, la impulsividad, la ingenuidad…) no es cierta: sería una relación causal fantástica, caso de ser probada, pues nos ayudaría mucho a mejorar. Pero, desgraciadamente, podemos encontrarlas a todas ellas, igual de lozanas y abundantes, entre los más ortodoxos razonadores.

Con todo, el cientifismo dominante gusta de atacar la estructura creencial de nuestras sociedades, por sus ya conocidos métodos. La premisa es que toda forma de conocimiento es inferior a la científica, sea lo que sea aquello a conocer, así que bastará un poco de imaginación para aplicarla con éxito a las cuestiones que tradicionalmente han sido confiadas al ámbito de las creencias. Y desde luego, su primer objetivo es terminar de destruir las religiones establecidas. Aunque piensan que han avanzado bastante en este proceso,[4] les irrita no haberlo concluido ya en el conjunto de las personas con formación y que viven en entornos urbanos del primer mundo (pues consideran que la erradicación en el resto de gentes y lugares se producirá de manera natural si es efectiva para ese caso). Así que insisten

---

3 Remito al lector curioso a la famosa polémica entre Diógenes el Cínico y Platón, recogida por Diógenes Laercio en su anecdotario sobre los filósofos antiguos. La resumo aquí: Platón, tras sesudas cavilaciones, se presentó en el ágora ateniense proclamando que había descubierto la definición del ser humano como especie biológica: «el bípedo implume». Diógenes corrió a buscar un gallo, le arrancó en vivo todas sus plumas y lo echó a correr por la plaza, al grito de «ahí tenéis al hombre de Platón». Tal vez arrebatado por sus ínfulas intelectuales, o tal vez molesto por la intromisión del siempre molesto Diógenes, Platón, en lugar de aceptar con deportividad la ironía, volvió a su rincón de pensar, y salió al tiempo proclamando, con gesto de victoria, que su definición seguía siendo válida, sin más que añadir al final «… de uñas planas». Esperamos que Diógenes no machacara las uñas del pobre gallo con una piedra, para continuar la broma. Sirve para mostrar que los reduccionismos insensatos arrastran una larga tradición.
4 Con notable ayuda, además, de esas mismas religiones.

en su misión, entre otros medios, a través de controversias públicas entre «ciencia y fe», eventos o discusiones por los que la ciencia presuntamente pueda discernir la existencia o no (suele ser esto segundo) de Dios, en sus diversas formas, o en las que un científico desmonta mediante (como decía García Márquez) «martingalas racionalistas» dogmas o afirmaciones religiosas. Los repetidos y aburridos debates.

He criticado en el capítulo anterior la suplantación filosófica del cientifismo. Cuando se pretende aplicar a menesteres tan ajenos a aquellos para los que se concibió como son los trascendentes, cuando intenta una suplantación creencial, nos encontramos ante espectáculos en verdad desafortunados. El tipo de argumentos que aparecen se clasificarían en dos grupos. Pueden suponer que Dios es una especie de objeto o artilugio determinado, y plantear pruebas de su no existencia. O que es una especie de superhumano, con grandes poderes pero sujeto a los mismos juicios que se aplicarían a los demás, de manera que, dado que el universo es uno de sus actos, sus (aparentes) debilidades, defectos e imperfecciones pueden achacársele. Como un tribunal sumario, tal cosa conduce a la sentencia suprema, que es la de la desaparición.

Discursos similares han venido siendo planteados desde antiguo partiendo de posiciones materialistas (por cierto, no entre sus más brillantes razonadores), y ahora vuelven con fuerza al ser enarbolados, proclaman sus nuevos adalides, desde la ciencia. Es evidente que tal cosa no es cierta, solo lo es que las defienden individuos que se intitulan como científicos (cosa que el lector entenderá de inmediato que es bien distinta) y, por ello, presumen que todo cuanto digan, sin importar a lo que se refiera, estará acreditado como verdad. Por extraño que resulte, el vuelo intelectual de esas disquisiciones no levanta ni un palmo por encima de lo que acabo de explicar. Algún que otro investigador, y no daré nombres, ha logrado crearse un prestigio, que por el camino enmascara una producción científica entre mediocre y extravagante, a base de participar en espectáculos en los que se ofrece a intercambiar pareceres con una persona del entorno de la religión (frecuentemente un pastor de alguna iglesia cristiana), buscando probar que la ciencia ha convertido las construcciones espirituales en algo innecesario, estúpido y hasta peligroso. Ni que decir tiene que siempre se ha declarado vencedor en las polémicas. Se publicita en los medios, y ha logrado una camarilla de seguidores apasionados, así que, al menos, sus objetivos personales están cumplidos. A mí me sorprende que, al parecer, no le han faltado interlocutores del bando contrario, pese a su evidente condición de montajes enfocados a la mera exaltación de su persona. Nunca puedo evitar la sospecha de que sus antagonistas siguen un guion previamente pactado, recibiendo la correspondiente remuneración. Tal vez soy simplemente un tipo malintencionado.

Para concretar, ofreceré un ejemplo de tales entretenimientos. Se denomina *la tetera de Russell,* pues fue Bertrand Russell quien lo planteó por primera vez, y ha ganado algún grado de popularidad.

El argumento, por llamarlo de algún modo, es sencillo: si alguien asegura que existe una tetera, tan pequeña que no se puede detectar, siguiendo una órbita en torno al Sol, entre las de Marte y la Tierra, esa afirmación sería irrefutable. Quien tal cosa defienda, podría vincularla a una forma de fe, y reprochar a los demás que no permitan enseñar y preconizar la creencia en la tetera. Para Russell, la tetera y Dios no presentan mayores diferencias. Curva su boca en una leve sonrisa y espera los aplausos de los suyos y el estupor de sus adversarios.

El lector me perdonará: no soy capaz de conciliar el hecho indudable de que Bertrand Russell fue un hombre inteligente, que se movió con soltura entre la indagación filosófica y la matemática, y que tenía una razonable cultura científica, con esta burda confusión entre formas de conocimiento. Solo puedo pensar que, arrastrado por su fervor antirreligioso, consideró que era lícito ofrecer un razonamiento trufado de trampas, y que su prestigio, y el poco discernimiento de quienes le rodeaban, ya fueran seguidores o rivales, impedirían que se descubriera su impostura.

Debo además decir que esta suposición se ha visto en parte respaldada, pues no han sido pocos los que han perdido su tiempo (que no debía de parecerles tan preciso) en idear refutaciones, y tampoco los que han visto en la tetera un gran éxito del racionalismo ateo. Mi primera intención había sido no rebajarme a ser uno más entre ellos. Luego pensé que, en atención al lector, no sería inútil gastar un par de frases (no hace falta más) en esos menesteres.

Russell expone la posibilidad de un insidioso objeto material que no se puede *ni se podrá* detectar. Lo segundo es una condición irrenunciable, pues si no, el resto del razonamiento no se sostiene: bastaría con aplicar grandes presupuestos y equipos humanos (algo tan del gusto de la ciencia institucional) para encontrar sus evidencias medibles. Ahora bien, yo soy incapaz de recordar que ni una sola de las religiones actualmente vigentes defienda la existencia de un objeto así. La vindicación de objetos de detección problemática o imposible, la imposición de que los demás no pueden cuestionarla, por diversas razones más o menos técnicas, la defensa de las actuaciones consecuencia de esas creencias (por ejemplo, para seguir manteniendo investigación activa dependiente de presupuestos públicos), es patrimonio de la ciencia: energías y materias oscuras, singularidades relativistas y cuánticas, supercuerdas, serían algunos buenos ejemplos de teteras de Russell.[5] Son legión los elementos materiales postulados por la ciencia cuya detección es problemática, y que deben ser aceptados en razón de la correcta aplicación de los modelos. Las religiones, escarmentadas por haberse entrometido en cuestiones materiales cuando no debían, hace tiempo que han renunciado a tales estratagemas.

Y ya hemos tenido suficiente sobre la tetera.

Respecto al otro enfoque, el argumento estrella es, con frecuencia: «De existir, Dios sería un individuo horrible y desalmado, pues permite las guerras, las injusticias o la muerte violenta de los inocentes. Como es imposible ser bondadoso y no actuar contra todo esto, no puede existir». Bueno, un primer problema está en la supuesta originalidad del planteamiento. Cada vez que lo oímos, quien lo enuncia dibuja una sonrisa de suficiencia, dando a entender que su hallazgo zanja la cuestión. En realidad, esta viene siendo discutida desde el origen de la humanidad, y sin duda durante los siglos de existencia de las principales religiones actuales. Que alguien ignore la tradición de un argumento y las discusiones generadas a su alrededor a lo largo de la historia, no lo convierte en original cuando lo usa, aunque él crea que ello ocurre por primera vez. El cientifismo tiene, en estas cuestiones, una vocación adanista. Suelen afirmar que llevan al debate religioso a un nivel más popular y comprensible, lo que más bien viene a ocultar la mera infantilización de discusiones que inevitablemente deberían ser profundas.

---

5 Una vez más, indico que el párrafo se dirige a desvirtuar el planteamiento del filósofo británico, no a atacar la investigación en todos estos aspectos, que en mi modesta opinión es respetable, sobre la base de las razones que continuamente vengo exponiendo.

Aunque no contaron con muchos seguidores en el pasado, el ateísmo y el agnosticismo han sido defendidos mediante posiciones firmes y muy bien razonadas. Quiero acordarme aquí, en particular, del elegante y sensible Epicuro. Han participado en las viejas controversias, esquematizadas hasta la caricatura por los modernos campeones del cientifismo descreído, que las simplifican en la pregunta sobre si Dios existe o no, cuando las estructuras creenciales de un panteísta, un sintoísta o un seguidor del judaísmo son tan diversas como cualquiera de ellas respecto del ateísmo. Es del todo cierto que los seguidores de este último a menudo fueron perseguidos y denostados injustamente, en ámbitos en los que una religión dominante establecía una tiranía creencial que no aceptaba a los que dudaban de la divinidad. Lo que, por otra parte, no creo que justifique un cambio de tornas radical, y el descrédito de las creencias que en su tiempo fueron utilizadas para la imposición y la intolerancia. Por más que ello sirva de adorno en bellas historias antiguas, los pecados no se heredan hasta la séptima generación, ni las injusticias actuales resarcen a los muertos que antaño sufrieron las contrarias.

En todo caso, estas disquisiciones forman parte de nuestra cultura, y quien decida aventurarse a ellas debería aproximarse con humildad, estudiar lo que personas sabias y hábiles han aportado, y reflexionar desde la serenidad y la calma, antes de presumir que un par de ocurrencias modernas o posmodernas resolverán la cuestión para siempre. Y conceder que, tal vez, las gentes del pasado que tantos esfuerzos le dedicaron no eran sencillamente estúpidas.

Algunos aducen que merece la pena erradicar, aunque sea con medios espurios, los debates sobre cuestiones religiosas, pues tradicionalmente no han servido más que para generar duras rivalidades y animadversiones entre bandos, odios que han concluido en guerra y destrucción; que podría merecer la pena desterrar tales controversias, pagando el precio de algún empobrecimiento espiritual de las sociedades para lograr que estas sean más amistosas y confortables. Es una objeción seria. Si verdaderamente la solución tuviese posibilidades de funcionar, no deberíamos rechazarla sin más. Sin embargo, disponemos de suficientes evidencias para desestimarla: hace dos siglos que la mayor parte de las desavenencias y guerras entre países y comunidades no tienen orígenes religiosos, y ni han sido menos, ni menos crueles, ni menos destructivas, ni las han animado odios menos incontrolables. Deberemos concluir que esos instintos negativos no desaparecen simplemente borrando las excusas que se utilizaron para justificarlos.

Pero me estoy alejando de lo que quería explicar en este epígrafe. Que no es nada distinto de lo que venimos describiendo a lo largo de los capítulos: la ciencia, en cuanto a ciencia, no puede hacer predicciones sobre nada que no sea un hecho concreto, material, medible, y que se ajuste a sus métodos. Para lo otro no sirve, no tiene que servir, y quien se empeña en que vaya a servir, está usando la herramienta que no debe para una función inapropiada. Si se hace a sabiendas, se está siendo un tunante, si no, simplemente un razonador inexperto en la cuestión sobre la que se discute. Ya va siendo hora de que dejemos esa dinámica muy del siglo xx, tan repetitiva y sobre todo tan estéril: la espiritualidad y la ciencia son compatibles lo mismo que la gastronomía y la ciencia son compatibles: hablamos de campos diferentes en sus objetivos, y por ello, en sus métodos y planteamientos. Solo las unen dos cosas: su inequívoco sabor humano, pues ambas son creaciones intelectuales de nuestra especie; y el hecho de que, como materias, están separadas y son separables, pero al entrar en las mentes de los individuos, inevitablemente unas se contaminan con otras, y nuestras ideas contienen de manera difícilmente discernible ingredientes de ambas, cuando no pedazos arrancados literalmente de ellas, en nuestro afán de sintetizar todo y comprender todo. De ahí proceden las confusiones, y de este obvio mecanismo se nutren tantos diálogos inanes y tanta palabrería. Si un científico, por insigne o charlatán que sea, defiende una posición respecto a la espiritualidad, está en su derecho de hacerlo, pero en ningún caso se debe concluir que tal postura está respaldada por la ciencia, ni siquiera por la especialidad científica que él domine, lo mismo que si se declara amante de las lentejas guisadas, en contra de las ostras crudas, no podemos colegir un apoyo por parte de la ciencia a esas deliciosas legumbres. De igual modo, si un predicador hace pública su postura respecto al lugar que ocupa la ciencia en una visión cosmológica o trascendental, no dejará de ser una opinión más, y a lo mejor no demasiado relevante, si nos las vemos con un gran pensador que al final no tiene demasiada idea sobre ciencia. Otra cosa son las afirmaciones sobre hechos materiales que, supuestamente basadas en verdades reveladas, haga alguien de espaldas al conocimiento científico. Semejantes tonterías son fácilmente desmontables, y de verdad no pueden ser sustento para un debate serio y abierto. Basta con enviar a quien diga la barbaridad en cuestión a estudiar un poco más.[6] De igual modo, un gran cocinero puede afirmar que sus platos adquieren su particular gusto a través de un fenómeno científico inexistente, y un no menos grande científico puede achacar las virtudes culinarias de un plato, mediante un planteamiento reduccionista, a alguna sencilla ley termodinámica. Bastará con que el moderador les llame la atención sobre que hablan de lo que no saben, se den la mano y vayan después a compartir un buen almuerzo.

Por su parte, las religiones y los movimientos espiritualistas de todo tipo deberían dejar de patrocinar estudios sobre complementariedad o síntesis de sus creencias con la ciencia.[7] Semejante cosa no existe, apenas existe. En lo que deberían centrarse es en dejar de una vez de inmiscuirse en cuestiones que son científicas, y no en conferir a los resultados de la ciencia respaldo creencial, que ni necesitan, ni aporta nada a los unos ni a los otros. Una religión que se precie debería estar preparada para que no la modifique ningún resultado sobre los fenómenos materiales, ya se refieran al origen del cosmos, las relaciones que se establecen entre los objetos materiales, o cosas así. Debería ser robusta frente al posible descubrimiento de que los objetos pueden caer hacia arriba. La razón es simple: antes o después, alguien podría demostrar tal cosa. Debería aprender, en esto, del científico cuando está bien centrado en realizar su trabajo, al que no le preocupan las derivas metafísicas o creenciales que puedan suponerse a sus hallazgos.

La sonda *Voyager* y nuestro lugar en el mundo

Otro fenómeno en la relación con la espiritualidad es el interés de algunos por considerar que, dado que la ciencia ofrece tantas y tan variadas respuestas para todo lo que nos rodea, podemos adoptar una forma de sentimientos y visiones espirituales basada en ella. Avanzando dos pasos

---

6   La cosa puede ser más preocupante si sus afirmaciones parten de una posición socialmente respaldada. En ese caso, la cuestión no se centra en establecer un debate, pues hay una parte que tiene razón y otra que no, sino de atacar el problema desde otro punto de vista, según veremos en los apartados sobre pseudociencias y supersticiones.

7   Este consejo estaría excluido de un libro que persigue indicar lo que debería hacer la ciencia, no otros conocimientos. Mi coartada es que, con esa costumbre de meterse en todos los ajos, los científicos, aquellos con inquietudes espirituales, se convierten en colaboradores, cuando no protagonistas, de tales esfuerzos.

más, que solo deberíamos dar por buenas las que tengan ese origen, y que es posible, y mejor, una especie de espiritualidad científica.

Hay una historia sobre algunos de los ingenios espaciales que el hombre ha diseñado, construido y lanzado, que resume bien lo que quiero decir. A principios de la década de los setenta del pasado siglo, el éxito de la llegada del programa *Apollo* a la Luna produjo un efecto expansivo en los programas espaciales. Su causa primera sin duda fue el envanecimiento que la victoria casi militar sobre el programa soviético produjo en los Estados Unidos y en su agencia espacial (a la que en adelante identificaremos por sus bien conocidas siglas, NASA). Eso tuvo un positivo impacto sobre la ciencia, pues dio origen a varios proyectos de exploración más ambiciosos y complejos, en los que se unía el afán de conocimiento con el de hacer patente que la supremacía tecnológica seguía de su parte. Uno de ellos fue el programa *Voyager*, que consistió en el envío de dos sondas científicas que explorarían distintos planetas exteriores y acabarían abandonando el sistema solar, adentrándose en el espacio interestelar, alejándose de la Tierra hasta que perdiésemos cualquier contacto con ellas.

Una euforia entre intelectual y política rodeó este programa desde sus inicios, y desencadenó un torrente de declaraciones cuya dimensión superaba el mero logro material que todo esto suponía. Por primera vez, decían, la humanidad haría que un ingenio creado por ella abandonase nuestro vecindario cósmico, y se aventurase más allá. Los símiles con las antiguas hazañas de navegantes vikingos, portugueses y españoles eran inevitables, salvo que esta vez no se debían al arrojo de hombres sin duda valientes e intrépidos, aunque quizá no demasiado agudos, sino que era un triunfo del puro intelecto humano. Nuestra especie parecía haber alcanzado una especie de mayoría de edad galáctica reubicando, una vez más, la frontera de lo inexplorado.

La NASA fue muy consciente del impacto popular de todo esto (y de los réditos en forma de prestigio, influencia y fondos que ello podría reportar), así que dispuso que un importante divulgador y astrónomo, que ya había trabajado con ellos en cuestiones científicas, se hiciera cargo de (usando terminología actual) «gestionar el relato». Sí, volvemos a toparnos con Carl Sagan.

La *Voyager I* despegó de la Tierra en septiembre de 1977. Con la paciencia propia de todo mecanismo, en agosto de 2012 abandonó la llamada *heliopausa* (la zona en la que las radiaciones solares todavía son importantes), y se convirtió en el primer artilugio humano que intencionadamente lo hacía. En otros diecisiete mil años, abandonará los últimos escombros del material que orbita el Sol, la nube de Oort.

Durante los principios de su viaje realizó interesantes observaciones científicas de Júpiter, Saturno y sus satélites. En febrero de 1990, a seis mil millones de kilómetros de la Tierra, la sonda dirigió su cámara hacia la Tierra, y tomó una imagen. No estaba destinada a ser usada como evidencia científica, sino para que Sagan la comentara. Contenía una mancha tenue, último rastro de nuestro planeta (el «pálido punto azul»), y le sugirió una reflexión sobre la insignificancia de nuestra existencia, nuestros anhelos y ambiciones, en comparación con la inmensidad del espacio. También, de nuestra obvia soledad cósmica, de la necesidad de preservar nuestro humilde hogar, nuestro planeta. El texto con el que Sagan comentó la fotografía se hizo muy famoso, y dio incluso lugar a la escritura de un libro con el mismo título.

La reflexión es atinada y está expresada con corrección. Sin embargo, para su autor eso no es suficiente, y a lo largo de ella, no deja de destacar la importancia que las técnicas y la ciencia (que permitieron captar la imagen) tiene para su concepción. La indudable intención de Carl Sagan es proponer que solo la ciencia permite esta forma de trascendencia, mezcla de astronomía, óptica, biología y lógica racional. Es un auténtico documento fundacional de una manera específica de trascender, de otorgar un significado a nuestra existencia, sobre bases científicas (y, claro está, cientifistas).

¿Qué podemos decir? El discurso sobre el pálido punto azul es fácil de compartir. Lo prescindible, en él, es precisamente lo que para Sagan tiene más valor: el programa espacial, la fotografía, el alarde científico. Podría haber nacido de la sensibilidad de un terraplanista, de esos que cuentan la edad del universo sumando las de los profetas del Antiguo Testamento o mediante otro método irrisorio. ¿Cómo estoy tan seguro de ello? Pues porque tal cosa ya ha ocurrido. Ignoro los planteamientos científicos de Séneca, de Marco Aurelio, de Boecio. Con toda probabilidad serían disparatados. Respecto a la reflexión sobre nuestra insignificancia, sobre el valor de nuestro mundo, a la vez humilde y genuino, se adelantaron apenas unos milenios a un Sagan que, arrebatado por su fervor cientifista, y pese a que sin duda conocía sus contribuciones y se inspiró en ellas, sugiere que son los elementos científicos los que las generan. Lo que no deja de ser, en el mejor de los casos, una verdad sesgada.

La suposición de que nuestro terraplanista es incapaz de concebir la debilidad de nuestra condición humana y la fragilidad del mundo en el que creemos vivir seguros es un prejuicio ridículo y peligroso. Ese individuo estará muy equivocado en cuestiones de ciencia, pero podrá argüir, con razón, que si nosotros necesitamos de ecuaciones y números y fotografías de alta tecnología para comprender esa verdad, los que tenemos la sensibilidad embotada somos nosotros. La pretensión de que nada valioso puede salir de una mente que niega lo que la ciencia dicta como realidad es intransigente, maniquea y clasista, pues establece la condición de los *acertados en ciencia* (como antiguamente los *muy puros*) para el acceso a la discusión intelectual. ¿Quién, entonces, extenderá los carnets de ortodoxia científica? Porque ya hemos discutido la imposibilidad de acceder a esa condición beatífica en todos sus aspectos y ramas. Todo esto son caminos enmarañados que conducen de vuelta a las viejas intolerancias.

Respecto a nuestro terraplanista, deberíamos limitarnos a no consultar con él cuestiones relacionadas con la orientación náutica ni contratarlo como ingeniero de satélites, reírnos tal vez un poco de él por todo ello (como él podrá reírse un poco de nosotros, digamos, por lo mal que hemos combinado el pantalón con la americana), y seguir adelante. Si el lector ve este planteamiento con cierto escándalo (¿así de simple? ¿A un terraplanista?) solo demuestra lo implantado que tenemos ese prejuicio en nuestra mente.

Pero hay más cosas que contar sobre la participación de Carl Sagan en el programa *Voyager*. En el interior de las sondas se depositó distinta información sobre nuestro planeta y nuestra especie, en forma de discos de oro grabados con dibujos esquemáticos e impresos con bandas sonoras. Esto ya se había llevado a cabo con las *Pioneer 10* y *Pioneer 11,* las primeras misiones de las que se esperaba que acabaran en el espacio interestelar. Incluían elementos básicos para la comunicación con un ser inteligente, unos rudimentarios mapas para ayudar a localizar nuestro sistema solar, e información sobre los humanos. Eran mensajes dirigidos a inteligencias alienígenas que pudieran encontrarlos en un futuro.

Para mí resulta desconcertante que el campeón de la racionalidad creyera en civilizaciones ajenas a nuestro planeta, y no tuviera reparo en evidenciarlo durante su participación en el programa espacial. Para aligerar la evidente paradoja, a menudo he oído resaltar el mero «carácter simbólico» de los mensajes para extraterrestres en las sondas espaciales. Solo que, en ese caso, no entiendo qué pintan ahí los mapas, bastarían esos dibujos de nuestras siluetas, los saludos en muchos idiomas, o los ruidos de la selva. Además, Sagan era reincidente: participó en el programa SETI (cuyo objetivo es la búsqueda activa de vida inteligente fuera de nuestro planeta), al que por su propio prestigio individual ayudó para que fuera socialmente aceptado; y envió, a través de un gran radiotelescopio, un mensaje también con la intención no oculta de que fuera recibido por seres poseedores de la tecnología adecuada procedentes de otros sistemas y planetas.

En mi simplicidad, no entiendo cómo, a la vez, denostaba a todos los avistadores de ovnis, supuestos abducidos, y demás caterva de creyentes populares en visitantes de lejanas galaxias. Me ocurre, pobre de mí, lo mismo que a él le pasaba con los credos religiosos: no distinguía entre los salvajes ritos antiguos de sacrificios humanos y las finas elucubraciones de los sufís medievales, todos le parecían manifestaciones de la superstición irracional. Igualmente, para mí, los hombrecillos verdes son siempre hombrecillos verdes.

Los mensajes en las sondas no soportan el más sencillo contraste racional. La probabilidad de que otros seres pudiesen encontrarlas (incluso si existieran, incluso si abundaran), flotando en el espacio profundo por miles de millones de años, es en todo caso despreciable, dadas sus insignificantes dimensiones. Su destino más certero será, antes o después, su desintegración por algún accidente astral. Nos encontraríamos ante unos objetos tan diminutos que jamás podrán ser detectados, y cuya única utilidad es ofrecer un soporte material ilusorio a una creencia que resulta rocambolesca para los que no la practican… ¿A alguien le suena todo esto? ¡Sagan y la NASA se construyeron sus propias teteras de Russell, para consumo de los creyentes en civilizaciones ultraterráqueas!

La batalla contra las pseudociencias

¿Debemos combatir las pseudociencias?

«El problema de las pseudociencias es real y preocupante. Se diría que una parte de la población no es consciente de su gravedad: parecen intuirla cuando surgen noticias sobre envenenamientos o accidentes relacionados con "terapias milagrosas", o sobre aparición de un brote epidémico infantil en relación con grupos de padres antivacunas. Pasa el susto generalizado, y la mayoría se olvida, pero los negadores de la evidencia científica y los que la impostan para defender ideas ridículas o peligrosas amparadas por una pincelada de apariencia racional no desaparecen con él, sino que siguen ahí, reforzados en sus perversas intenciones y dispuestos a crear la siguiente alarma que nos impactará. Solo algunos divulgadores, algunos científicos, profesores, médicos o farmacéuticos mantienen el combate en distintos medios sociales. En particular, Internet se ha convertido en uno de los principales campos de batalla, y en la actualidad no es raro encontrar personas que a través de blogs, canales o entradas en distintas redes sociales combaten los bulos asociados a las pseudociencias y denuncian su aparición en otros blogs, canales y entradas en redes. Su misión no pocas veces resulta complicada, porque el cibermundo ha supuesto un ámbito ideal para la propagación de las ideas pseudocientíficas y para la organización y coordinación de quienes las defienden y propagan. Lamentablemente, creo que hoy es más sencillo encontrar desinformación pseudocientífica en Internet que la información que la desacredita. La impunidad que alcanzan los seguidores de estas malvadas doctrinas en esos entornos hace que se sientan fuertes y aumenten su osadía, cuando no su agresividad: es frecuente que se produzcan amenazas y hasta agresiones, verbales y físicas, por parte de los defensores de las pseudociencias contra aquellos que los denuncian, y no pocos líderes políticos están aprovechando su carácter irracional para obtener votos, defendiendo las pseudociencias o siendo tibios respecto a ellas: lo hagan sinceramente o como estrategia, saben que constituyen un caladero de seguidores que serán poco críticos con sus actividades y los defenderán de manera radical. En este sentido, podemos cuestionarnos si la racionalidad está ganando actualmente la batalla contra las pseudociencias».

He entrecomillado el párrafo anterior con la intención de darle apariencia de una cita externa. En realidad, es de mi cosecha. Lo he escrito con el objetivo de que sea considerado como un planteamiento básico aceptado por la mayoría de los que lo lean.

A estas alturas del libro, el lector ya habrá intuido que, al presentar una visión generalizada, tiendo después a cuestionarla. Así que ahora puede venir la perplejidad: ¿es que voy a poner en duda lo que ahí se afirma? En verdad es así. Desde luego, no voy a replantearme la validez de las ideas pseudocientíficas, aunque sí, la forma en que las miramos quienes las deploramos y, percibiéndolas como una amenaza social, desearíamos hacerlas desaparecer.

Porque ese es también mi caso. ¿Dónde veo el problema? En el mismo planteamiento. El título que he puesto al subcapítulo, y mucha de la terminología que he utilizado en su primer párrafo, es convencional y recurre continuamente a metáforas y analogías bélicas. Y es que verdaderamente creemos estar ante una guerra frente a las pseudociencias. Puede parecernos apropiado: defienden ideas inicuas, engañan a mucha gente, socavan la propia racionalidad, tan importante para que una sociedad se mantenga equilibrada... ¿Por qué no guerrear contra ellas?

Bien, a esto debo responder que existen muchas formas de afrontar un conflicto, y que la guerra es solo una entre las posibles. Podemos pensar que es un eufemismo denominar *conflicto* a un enfrentamiento entre los defensores de la lógica científica y quienes sencillamente la niegan, pues parece colocar ambas posturas, de partida, en pie de igualdad. No pretendo tal cosa, solo suplico al lector que me ofrezca un poco de margen para justificar mis reparos: hablemos, pues, de momento, de conflicto.

La guerra sería una forma extrema de resolución. Se caracteriza, en primer lugar, por sus objetivos, y conlleva la utilización de determinados métodos.

El objetivo de la guerra es nada menos que la destrucción del adversario (que adquiere la denominación de *enemigo*). Si el objetivo fracasa, puede dar paso a otros menos ambiciosos (conversaciones de paz, acuerdos de no agresión, etcétera). Se concibe que objetivos tan maximalistas solo están justificados si el enemigo supone una amenaza muy grave. Otra cosa es qué concebimos como amenaza grave, y si esto se rige por unos mínimos criterios de objetividad y justicia, pero de momento no nos preocuparemos de esto último. Supondremos en efecto que las pseudociencias son una amenaza real y grave para nuestro sistema de convivencia.

Además, la guerra conlleva unos métodos determinados. Tanto si la entablamos con otro país, o dentro del nuestro, con una facción determinada, con ella se busca desactivar los medios que permiten a ese grupo o nación perpetuar su amenaza contra nosotros. Eso se logra anulando la capacidad de sus integrantes para defenderse de nosotros o atacarnos, destruyendo sus medios materiales, apoderándose de ellos o inhabilitando su uso, y en los casos extremos, eliminando físicamente o apresando a esas personas. Todas estas acciones son terribles, y requieren, además de las herramientas apropiadas para ejecutarlas, un respaldo intelectual que evite las dudas de conciencia de quienes deben llevarlas a cabo. Esto era particularmente necesario cuando los ejércitos se nutrían de levas y movilizaciones del personal civil. La mayoría de la gente tiene aversión instintiva contra la violencia, y no digamos contra la violencia dirigida a otras personas, aunque sean desconocidos. Aunque exista una minoría agresiva, para la guerra necesitamos a todos nuestros efectivos, así que esa justificación de la guerra es necesaria. La cosa no varía por el hecho de que hoy una buena parte de los ejércitos nacionales sean profesionales: el mantenimiento de la moral de la tropa, y también de la población que permanece en la retaguardia, justifica la elaboración de un mensaje que haga aceptable a las personas corrientes una situación de violencia excepcional.

Eso constituye la propaganda de guerra, y podemos ver que funciona siempre de manera similar. La clave está en identificar al colectivo externo como enemigo personal de cada uno de nosotros. Lógicamente, se hace por el camino de atribuirles defectos que producen repulsión inmediata. Todos los del otro bando son malvados, perversos y nos causarían perjuicio, a nosotros y a quienes queremos y nos importan, si les diésemos la mínima oportunidad. Cuanto menos los individualicemos, cuanto más los consideremos una masa odiosa y amenazadora, más eficaz es el mensaje. Los ejemplos de delitos aberrantes o brutales (sean reales o inventados) perpetrados por algunos de ellos y ofrecidos como muestras de un comportamiento colectivo sistemático, los abusos lógicos mediante los que se confiere a circunstancias más o menos aisladas cualidad de situaciones generalizadas e inevitables, la asignación gratuita de intenciones malignas mientras se relatan unos hechos, la caricatura y el estereotipo resaltando de manera burda los rasgos más reprobables del grupo, la incentivación del odio ciego hacia el otro y la denuncia de comportamientos, entre los propios, que tiendan a ser comprensivos o simplemente tibios hacia los individuos del bando contrario, todo eso forma parte de la parafernalia asociada a la propaganda bélica. Es, ciertamente, triste, aunque inevitable para reforzar la acción de guerra de los nuestros.

Igual que ocurre con las armas materiales, el ser humano a veces muestra un gran talento en desarrollar este tipo de herramientas conceptuales pero en seguida pierde el control sobre ellas, y quedan a disposición para su uso en contextos distintos a los que le serían propios, causando daños importantes en la voluntad y en la convivencia de la gente. Un líder belicista puede acumular armas materiales, pero no le será posible usarlas hasta que la guerra se declare: su primer uso marcará, de hecho, el inicio real de la contienda. En cambio, el arsenal propagandístico está a su disposición para ser utilizado desde un principio y sin límites. Por ejemplo, lo utilizará para resaltar las diferencias con el enemigo, y para crear un ambiente bélico, incluso si las razones para entablar una disputa son, al principio, débiles. Si se tiene suficiente habilidad, el mensaje, que en un principio va dirigido a los propios, puede tener eco en los adversarios, y si estos reaccionan con los consiguientes mensajes de odio hacia los nuestros, el proceso se retroalimenta de manera muy efectiva. A este tipo de conductas, que por desgracia son frecuentes en la actualidad, se les ha dado el nombre de radicalización.

Incluso cuando la propaganda bélica es utilizada en las circunstancias que podrían justificarla, en un ambiente de guerra declarada y con el objetivo de mantener la moral de la población y la efectividad de las tropas propias, y pese a que resulte útil, tiene unas consecuencias negativas cuyo alcance es difícil de evaluar. Son estos mensajes los que, particularmente en las guerras civiles, una vez concluidas, perpetúan los odios por decenas de años, heredados de padres a hijos y a nietos que ni siguiera las vivieron, odios que dificultan la reconciliación y empañan el futuro. Es más sencillo reconstruir ciudades y fábricas, incluso es más sencillo enterrar a los muertos, que erradicar el rencor que queda enquistado en las mentalidades, que no se olvida y puede ser reavivado fácilmente por personas irreflexivas o desalmadas. Por eso las guerras civiles son particularmente dañinas.

Esto es la guerra, todos sabemos de su horror. Podemos pensar que la batalla contra las pseudociencias no es cruenta, que su violencia, si la hay, está contenida y causa una destrucción, en términos de molestias para los ciudadanos, incomparablemente inferiores a las otras. Es cierto, no pretendo hacer demagogia con un tema tan serio.

Simplemente, querría analizar algunos de los mensajes que corren usualmente con relación a los seguidores de las pseudociencias, a la luz de la descripción que acabo de hacer.

Cuando pienso en la manera en que habitualmente se visibilizan las pseudociencias, en seguida vienen a mi cabeza esos documentales, tan bien rodados, en los que un avispado periodista concierta una entrevista con algún creyente del próximo apocalipsis generado por la ciencia (survivalistas, los llaman). Ha localizado al típico *red neck* que habita en una casa en mitad de un bosque del Medio Oeste, amante de las armas, machista, de aspecto obtuso, enfermizamente delgado o desproporcionadamente obeso. Se seleccionan unos cuantos, apropiados, cortes de la grabación en la que el tipo, con gesto impávido, realiza enloquecidas afirmaciones, y otros en las que, afectando mostrar algo de sus rutinas, se ponen en evidencia sus conductas más antisociales. El documental cambia de pronto el escenario: y en un hotel respetable entrevista a algún líder de la misma o parecida tendencia, y lo va llevando, con hábiles preguntas, a un callejón sin salida en sus argumentos. Deja la cámara encendida un momento más, en el que el hombre, visiblemente molesto, decide abruptamente dar la conversación por concluida. Bajo la apariencia de ofrecer una visión objetiva o neutral de ese grupo de secuaces, no ha hecho más que enfatizar sus contradicciones, vicios e incoherencias. Con una cámara bien manejada, un par de agudas preguntas y un montaje apropiado, no sería demasiado difícil dejarnos en evidencia a cualquiera de nosotros. El documental no va dirigido a otra cosa que a ratificar los prejuicios de sus potenciales espectadores, que sin duda vienen ya bastante convencidos de casa.

Ya hablé en la introducción de los espectáculos de debate entre seguidores de las pseudociencias y «gente sensata», cuyos recursos escenográficos siguen pautas parecidas.

¿Y qué hay de los científicos y divulgadores, cómo afrontan su actividad de oposición a las pseudociencias? Es relativamente famoso en España, entre el gremio de los divulgadores, uno que realiza anualmente un «suicidio homeopático». Consiste en tragar de golpe una gran cantidad de píldoras homeopáticas. Los seguidores de esta pseudoterapia los consideran medicamentos, así que, lo mismo que ocurre con los reales, una sobredosis debería poner en riesgo nuestra salud. Como solo son píldoras de excipiente azucarado, todo lo que puede conseguirse ingiriéndolas es un pequeño pico de glucosa en sangre, similar al de comer unas cuantas golosinas, algo bastante inocuo salvo que se tengan graves problemas de diabetes. He visto a muchos otros divulgadores reír esta gracia. Cuando ya están más serios, afirman que es un buen método para convencer al público de que las píldoras homeopáticas son un falso medicamento, y a partir de ahí, socavar de raíz el supuesto fundamento científico.

Recuerdo que un médico, en los tiempos en los que existía el servicio militar en España, me relataba los esfuerzos de algunos reclutas por simular tentativas de suicidio (lo que solía conducir a una exención por motivos mentales). Me habló de uno que fue a su consulta, muy excitado, asegurando que se había tomado un bote entero de pastillas. Cuando les indicó dónde había dejado el recipiente, y fueron a revisarlo para aplicarle los cuidados más apropiados, descubrieron que su ataque de locura había tenido una vertiente muy sensata, pues lo que había tomado era… un complejo vitamínico.

Dejemos la digresión: el suicidio homeopático es una forma ingeniosa de, aparentemente, desvelar un bulo asociado a una pseudociencia. Pero si se analiza con algo de cuidado, se descubre que de nuevo estamos ante una herramienta de propaganda. Para empezar, no convencerá a ningún seguidor de la homeopatía: precisamente ellos aseguran que la virtud de sus terapias está en el logro de una eficacia comparable a la de la medicina convencional (es su terminología) con mucho menor riesgo en términos de efectos secundarios. Que el divulgador no resulte dañado más bien ratifica esta idea. Además, y mucho más importante que lo anterior, sería la primera vez que alguien es convencido de que está en un error mediante el mecanismo de humillarlo y ridiculizarlo. El divulgador se coloca en una evidente posición de superioridad, e indisimuladamente desprecia a los oponentes. Lo único que se logra así es ofender, y causar risotadas entre los «nuestros». Si se consigue además que las risotadas sean suficientemente sonoras como para que lleguen al ofendido, ese efecto se multiplica. Todo esto no contribuye más que a la radicalización del debate.

Pasemos a la ciencia: durante los momentos álgidos del debate sobre el covid y sus vacunas, leí en las noticias un estudio realizado, nada menos, que por la prestigiosa revista *Nature,* sin duda una de las más importantes en el ámbito de la publicación científica. Existía un ambiente en el que la enfermedad y su remedio eran objeto de multitud de teorías de la conspiración. La revista había realizado una encuesta entre científicos y divulgadores para desvelar cuántos habían sido agredidos, según su propio testimonio, por hablar sobre cuestiones relacionadas con la evidencia científica del origen y tratamiento del covid y en favor de las vacunas. El artículo enfatizaba el ambiente de amenaza y de agresión al que se han visto sometidos: más de la mitad de los encuestados declararon ataques contra su credibilidad, hasta un 20 %, amenazas físicas o sexuales, cerca de un 15 %, amenazas de muerte, y un en absoluto despreciable 2 %, agresiones físicas. El artículo se detenía en los consabidos efectos morales sobre los encuestados (miedo y ansiedad ante las amenazas y agresiones, desánimo a seguir ofreciendo sus opiniones basadas en evidencia científica…), incluía distintos testimonios y opiniones (estos, ya, no anónimos) y recogía la intención, por parte de organizaciones científicas, de estudiar estos resultados y hallar respuestas apropiadas ante el problema visualizado.

El título del artículo era bastante directo:

> «"Espero que mueras": cómo la pandemia de COVID desató los ataques contra los científicos».

Con un subtítulo:

> «Docenas de investigadores le dicen a *Nature* que han recibido amenazas de muerte o amenazas de violencia física o sexual».

El artículo parece encomiable: presenta un caso, aparentemente bien sustentado, de ataque sistemático que está siendo recibido por una comunidad. Empezaré expresando, por si alguien tiene alguna duda, mi total rechazo a la violencia en los debates indicados, y mi apoyo a quienes la reciben. Nadie debería ser agredido por manifestar una opinión, en ningún grado. Solo que el artículo de *Nature,* que por cierto fue reproducido y comentado por muchísimos medios no especializados, posee sesgos de planteamiento y recursos de propaganda bélica abundantes. Citaremos algunos. Para empezar, todo el artículo se construye a través de la percepción subjetiva de la agresión por parte de quienes la recibieron. El testimonio de una víctima siempre es respetable, pero la objetividad requiere que sea contrastado frente a fuentes externas. De eso, de desentrañar la realidad de unos hechos a partir de los testimonios (siempre respetables) de implicados y testigos, van los abundantísimos juicios de faltas y delitos relacionados con agresiones que saturan nuestros tribunales, y se puede comprender que la mera declaración de la presunta víctima no permite construir una estadística de agresiones (especialmente agresiones verbales) ni siquiera medianamente fiable en términos cuantitativos. La propia mezcla de las agresiones físicas y de palabra en el mismo estudio ya supone un sesgo, pues son problemas sustancialmente diferentes, y que seguramente exigen un tratamiento distinto. Parafraseando a Borges, hay conceptos que, al colocarse juntos, pueden causar contaminación cruzada en nuestro inconsciente.

Debemos reconocer que muchas de las agresiones verbales tienen lugar en determinados foros de opinión de Internet en los que las amenazas y los insultos son, por desgracia, moneda común. De nuevo, una agresión en esos medios es reprobable, pero puede estar hablando mucho más del problema general de violencia en ese foro que sobre las opiniones en torno a las que se produjo esa violencia concreta: si entramos a una sala donde se reparten mamporros, no es fácil distinguir si a nosotros nos dieron más o menos por ser rubios o por llevar una camisa clara. El artículo comenta esta cuestión, pero no se centra en que puede estar desvirtuando los resultados obtenidos en su encuesta. Dado que los agredidos han pasado a ser presuntos agredidos (pues no disponemos de herramientas para verificar su testimonio subjetivo), ¿por qué no se intenta obtener el testimonio de los presuntos agresores? ¿Y si ellos, a su vez, declararan haberse sentido agredidos por los otros, o pudiesen ofrecer una versión distinta de los hechos, y ubicarlos de manera distinta? Ya he dicho que cualquier agresión concreta debe ser reprobada, pero es muy distinto enfrentarse a un hecho aislado que concluir que existe una persecución violenta sistemática contra un colectivo determinado.

La respuesta a las últimas preguntas del párrafo anterior es obvia: *Nature* da por sentado que existe tal persecución violenta, y culpabiliza a los conspiranoicos sobre el covid, su tratamiento y las vacunas. No quiere encontrar a los agresores porque sostiene implícitamente que no pueden individualizarse dentro de esa masa deshumanizada de pseudociencia: todos ellos son potencialmente violentos, no tendría sentido contactar con los que amenazaron y golpearon en estos casos concretos. Al humanizar particularmente a los presuntos agredidos, al visualizar los daños causados y recoger sus razonables testimonios, les concede, por anticipado, presunción de veracidad, los coloca en un plano moral superior. Esto no solo ofrece una realidad sesgada, sino que puede ser utilizado para justificar una reacción violenta de respuesta, bajo el conocido planteamiento de «ellos pegaron primero».

Lamento decir que todo esto me parece impropio de una revista del prestigio de *Nature*. Sustitúyase a «los científicos que defienden las evidencias sobre el covid» por otro colectivo (los arios, los judíos, los defensores de una ideología concreta) y colóquese en el bando agresor a un conveniente antagonista (los judíos, los árabes, los partidarios de la otra ideología), y tal vez el lector compartirá mi preocupación. No me sirve que se afirme que la encuesta es real, porque ya hemos detallado los muchos defectos que le hacen perder significación como conclusión general deducible de unos hechos. Y si decimos: «pero, ¡por Dios!, es que lo que nosotros defendemos es lo correcto, y ellos están equivocados», pues sin duda es lo mismo que diría todo el que usase los mismos métodos. Parece evidente que el objetivo de la revista es sencillamente mantener alta la moral de sus lectores en la declarada «guerra contra las pseudociencias». El tono es similar a muchas otras aproximaciones a la cuestión (ya señalé algo así en *El mundo y sus demonios*). Por último, destacaré que, respecto también a los antivacunas, en los últimos tiempos se ha popularizado el término *negacionistas* para referirse a ellos. Una interpretación ingenua diría que se les califica simplemente por un rasgo que les es propio, la negación de la eficacia de las vacunas, pero es evidente que el término conlleva una inevitable connotación, que los vincula con quienes niegan el holocausto judío, los primeros a los que se aplicó: con un adecuado uso de un adjetivo hemos acercado a los antivacunas y a los nazis, por más que no es descartable que a estos últimos su gusto por el desarrollismo tecnológico los hubiese impulsado a ver las vacunas como un avance positivo (siempre que se inocularan con preferencia a las razas superiores o elegidas).[8]

---

8   Al parecer, esta terminología responde a una forma de violencia verbal que está ganando adeptos en muchos debates, políticos y sociales, en los que se califica de negacionista, con mucha alegría, a cualquier oponente. Más que rebajar la carga negativa del término, más bien parece que el proceso lo está convirtiendo en una forma más de insulto convencional.

Visto el ambiente, lo único que nos queda es determinar si la citada guerra es pertinente, dado que sin duda las herramientas que se están utilizando en nuestro bando son bélicas. Insisto en que lo que determina la forma en la que se resuelve un conflicto son los objetivos que se persiguen, lo que a su vez determina las herramientas más apropiadas para lograrlos. Y para deslindar cuáles deberían ser nuestros objetivos, conviene comprender un poco mejor a nuestro adversario.

Cómo funcionan las pseudociencias

Lo que pasa, una vez más, por definirlo apropiadamente. No todos estamos de acuerdo en qué se engloba bajo esa denominación.[9] Los fieles popperistas y positivistas (es condición común de los discípulos ser más exaltados que el maestro) gustan fulminar de pseudociencia a todo tipo de conocimiento que no cumple sus requisitos de falsabilidad, o tiende a abusar de la verificación. Bueno, la condición de mentira que incluye el prefijo nos hará ser, a nosotros, algo más restrictivos. Nos referiremos a las ideas o las doctrinas como pseudocientíficas cuando, según la fórmula forense, «más allá de toda duda razonable», exista una voluntad de engaño. No meramente cuando insistan en pasar por conocimiento científico sin serlo, habida cuenta de la presión que muchos saberes sufren en ese sentido, sino cuando postulen una capacidad de predicción de verdades factuales de la que carecen, por lo que deberán tergiversar de algún modo su contraste: bien engañando sobre alguna de las cualidades de la predicción, bien sobre la propia verdad.

Aun habiendo descartado un puñado, restan todavía buena cantidad de ellas que se engloban aquí. La tergiversación puede realizarse de formas variadas: desde una mera suplantación de los datos (afirmar que existe una evidencia cuando no es así), a una interpretación de verdades factuales que no está amparada por ningún procedimiento que pueda ser calificado

---

9 Por no incidir en que muchos seguidores de alguna pseudociencia las identificarán en las creencias de otros, sin dar a la suya por aludida. Como, de nuevo, estas consideraciones nos llevarían por vericuetos de lo más intrincado, pensaremos que todos los implicados en este epígrafe, esto es, mis lectores y yo, somos equilibrados seres no contaminados por la pseudociencia. Lo que, empezando por mí mismo, tal vez no pase de ser una mentira piadosa…

como científico, aunque se pretenda. Las encontramos en el ámbito de todas las ciencias (la física, la cosmología, la biología, la geología, también las ciencias sociales), si bien tendemos a considerar como más relevantes socialmente las más peligrosas, las que tienen que ver con la salud. Terapias y medicamentos milagrosos, falsas enfermedades a las que se aplican los consiguientes falsos remedios, usos inapropiados que perjudican o al menos apartan a los pacientes de las terapias reales, todo este tipo de cosas. Una variante, que no sería exactamente una pseudociencia pero podría vincularse con ellas, y que incluiremos en este apartado, es la de los que niegan la base científica de terapias reales, a las que acusan a su vez de ser pseudociencias ineficaces, de ocultar intencionadamente efectos adversos o de formar parte de una trama oculta en la que el paciente es engañado con un objetivo espurio, generalmente un complot planetario. El ejemplo paradigmático serían los antivacunas, que se oponen a estas medidas preventivas por alguna de estas razones o por combinaciones de ellas. Moviéndonos dentro de un significado más laxo del término, podemos identificar pseudociencias en las justificaciones aducidas por muchos sistemas de superstición (como las distintas adivinaciones del futuro individual). Aunque hay bastantes puntos en común, prefiero ahora dejar aparte las supersticiones, a las que dedicaré su propio apartado. También las encontramos en el discurso justificativo de algunas sectas que combinan elementos sapienciales más o menos tradicionales con afirmaciones que simulan la jerga científica; en ese caso es difícil deslindar lo religioso de lo pseudocientífico. Ampliando algo más la visión, serían también pseudocientíficas las imposturas intelectuales que denunciaron Sokal y Bricmont en su ya clásico libro, al que nos referimos en el capítulo anterior.

Vista su diversidad, supone un reto buscar lo que tienen en común en cuanto a su funcionamiento. Vamos a partir de una realidad evidente, que ya hemos indicado en su definición y que nos permitirá encontrar otros hechos sobre los que construir, mediante analogía, algo que pueda parecerse a una teoría general del funcionamiento de las pseudociencias: esa realidad es que tales creencias son falsas. No hablamos de una cuestión relativa, pues involucra verdades factuales. Si una persona defiende un sistema filosófico o religioso, por absurdo que pueda parecernos, al debatir con ella podemos acabar simplemente en un callejón sin salida, porque se ampare en su derecho a creer en lo que quiera. Pero a quien postula una idea con la intención de que sea científica, podríamos siempre llevarlo a la situación de que se viera obligado a realizar predicciones basadas en esa idea, y que esas predicciones cumplieran las que obligan a todo modelo científico: deberían ser estadísticamente relevantes, deberían dejar claro su cumplimiento más allá del mero azar. Volviendo con la homeopatía, contra su aseveración de que constituye una terapia que ha tenido efecto beneficioso en mucha gente, se puede tranquilamente responder que tales supuestos resultados no han sido contrastados en pruebas válidas, usando el doble ciego y el resto de protocolos que permiten descontar el efecto placebo y, en general, conferir significación estadística a la evidencia. Téngase por cierto que, en ese momento, el discurso del individuo variará hacia una crítica general a los conceptos de *prueba* y *demostración* que maneja la medicina oficial, y resto de argumentario bien conocido. O sea, ha tenido que salir del ámbito de la ciencia (al que en un principio aseguraba pertenecer) para mantenerse en la discusión. Ha perdido, aunque no vaya a reconocerlo.

Cuando se difunde una mentira, hay muchas posibilidades de que al menos alguno de los que la comparten sea consciente y esté actuando de forma malintencionada. Además, entre los métodos de implantación de esa idea en la mente, no puede recurrirse a la convicción racional o a algún tipo de procedimiento analítico. Hay, en cambio, otras soluciones bien conocidas. El pasado siglo se caracterizó por la expansión continua y acelerada de tecnologías en todos los aspectos de nuestras vidas. Nos gusta resaltar las bondades que todas ellas nos han proporcionado, y en los momentos pesimistas, deplorar aquellas que han contribuido a la destrucción. Lo que no se comenta tan a menudo es que una de las más disruptivas ha sido las de control global del pensamiento y de las conciencias. Esta tecnología se suele poner en conexión con las ciencias neuropsicológicas, aunque su verdad es más prosaica, pues su origen no es científico, sino que procede de los característicos métodos de prueba y error, y fue sistemáticamente desarrollada en diversas situaciones, desde las más oscuras, en relación con la represión de la voluntad de los individuos por estructuras de poder organizadas, a las más inocuas (en apariencia), la publicidad en el entorno del libre mercado. Hoy son herramientas poderosas, frente a las que todos estamos expuestos, y lo mismo sirven para incitarnos a comprar un coche, recurriendo sutilmente a nuestros instintos hedonistas o nuestros deseos de exclusividad, como para implantarnos la ocurrencia más ilógica, convenciéndonos además de que procede de nuestra propia cosecha.

Las pseudociencias recurren a ellas con profusión. En adelante las identificaremos con el nombre de lavado de cerebro. El término puede parecer exagerado, pues sugiere una especie de control total de la mente, cuando habitualmente las pseudociencias implican una idea pequeña o anecdótica, que no perturba en exceso el modo de vida y las relaciones del sujeto, pero he querido usarlo porque eso me lleva a explicar qué es, en el fondo, una creencia pseudocientífica: es similar a una secta y es similar a una estafa. Y esas similitudes se plasman en los dos elementos que todas las pseudociencias comparten, que son el uso de herramientas propias del lavado de cerebro, y la participación de propagandistas, personas que contribuyen activamente a expandir el mensaje, la idea y sus elementos de convicción, de forma que van captando a un grupo cada vez más abundante de seguidores. Y aún se establece una distinción adicional entre ellos, pues hay embaucadores malintencionados, que conocen en el fondo la falsedad de sus ideas, y embaucadores bienintencionados, a los que se aplicó el lavado de cerebro, y, por lo tanto, desconocen la falsedad de la idea, pero la propagan usando los mismos métodos que les aplicaron en su momento. Los embaucadores suelen ser una minoría frente a los embaucados, si bien los bienintencionados proceden de los más entusiastas y activos de estos últimos.[10]

No todas las pseudociencias acaban construyendo una estructura similar a la de una secta: algunas lo hacen y entre las pseudoterapias esto es común: asociaciones de médicos que practican y defienden las terapias holísticas, grupos de padres antivacunas decididos a difundir las pruebas del complot planetario por el que gobiernos y farmacéuticas se han entregado a perjudicar la salud de nuestros hijos o a controlarlos mediante experimentos no revelados... Estas asociaciones ofrecen a los prosélitos un entorno

---

10 Aquí quiero resaltar algo que desarrollaré después, y es que los métodos de lavado de cerebro pueden utilizarse también para implantar ideas que sean verdadera ciencia, así como para ideas de carácter no científico. En esa situación, no tiene que haber un embaucador que conozca la falsedad de la idea, pues de hecho es científicamente válida, pero quien usa este tipo de métodos puede pensar que son apropiados, por ejemplo para extender una idea científica entre un grupo de personas que no posean la formación necesaria para acceder a ella por métodos racionales. Curiosamente, eso lo colocará en una posición parecida al embaucador bienintencionado de la pseudociencia, una persona que utiliza los métodos de lavado de cerebro por el bien de los usuarios, porque ella a su vez ha sufrido la implantación de la idea y cree hacer el bien a los potenciales nuevos prosélitos. Como se puede ver, la cosa puede complicarse un poco.

organizado, con su correspondiente halo de honorabilidad y eficacia (en particular si es una asociación de profesionales de la salud), y a los embaucadores, una forma más sencilla de obtener un beneficio económico o de prestigio. También es verdad que rara vez se esfuerzan por condicionar al completo la forma de vivir y relacionarse de sus seguidores, como sí suele ocurrir en las sectas religiosas. Se conforman con mantener y reforzar la idea falsa en sus mentes, habitualmente para obtener dinero de ellos (aunque no siempre) y les permiten seguir en la sociedad. Puede que incluso los prevengan para evitar que la difundan entre sus conocidos más próximos, haciendo que muchos de ellos se comporten como *criptosectarios,* que no manifiestan su posición por temor a ser atacados por el entorno descreído, y tratan de protegerse en su derecho a la intimidad. Y desde luego muchas se limitan a expandirse como una mera idea común u opinión. Lo que por su parte les dota de fuerza, pues al no exigir una afiliación, una declaración explícita como seguidor, no son pocos los que acaban concediéndoles una forma de privilegio de la duda, y aceptando de manera tibia su presencia, por lo menos, entre las ideas respetables, asentándolas de este modo entre los usos sociales.

Pero no podemos llevar más allá las semejanzas entre pseudociencias. Pese a sus relaciones, es también evidente que los métodos de implantación de ideas pseudocientíficas serán muy distintos dependiendo de la idea en sí y del perfil social, cultural y económico de aquellos sobre los que se practicará el lavado de cerebro.

Así que parece que no sería muy sensato incluir en el mismo grupo a un terraplanista que a alguien que insista en justificar los sinsentidos basados en jerga fisicomatemática de un Lacan o un Deleuze. Por otro lado, estos dos podrían estar en el mismo grupo de «leves» si atendemos a la peligrosidad de la pseudociencia, en relación con las que pueden afectar a la vida y a la salud de las personas, como antivacunas o convencidos de las pseudoterapias.[11] Elijamos el rasgo que elijamos (nivel de organización de

---

11   El evidente riesgo de las pseudociencias en el ámbito de la salud humana puede llevarnos a menospreciar el del resto. No deberíamos olvidar, aun así, que las ideas de apariencia menor, devienen, en no pocas ocasiones, en gérmenes de movimientos de opinión, sociales o políticos cuya fuerza, originada sobre la base de una mentira, puede resultar muy dañina.

sus creyentes, visibilidad y forma de comunicación entre ellos, influencia global en sus estilos de vida), lo que principalmente caracteriza todas estas creencias es la heterogeneidad.

¿Lograremos en este batiburrillo encontrar rasgos comunes que nos permitan una descripción útil para comprender los fundamentos de esta especie de epidemia intelectual contemporánea? Yo confío en que sí, para lo cual deberíamos profundizar en las motivaciones profundas de los que las abrazan, que, pese a sus diferencias formales, en realidad no son tan diversas.

Por qué funcionan las pseudociencias

No hay observador externo de cualquier creencia pseudocientífica que no tenga a sus adeptos por unos incautos manipulables. Una primera impresión podría respaldar este juicio, dado que han sido estafados y captados por una mentira, como explicamos en el epígrafe anterior. Si profundizamos un poco más, veremos que, como de costumbre, las cosas no son tan simples. Para empezar, el recurso de considerar estúpido al distinto, al disidente o al extraño está ampliamente extendido entre nosotros, lo que lo desvirtúa como verdadero. Las mujeres creen que los hombres somos tontos, al igual que nosotros lo creemos de ellas, los del campo piensan otro tanto de los de la ciudad, que a su vez encasillan de la misma forma a los del campo, lo mismo los que practican un oficio a los de otro, sobre todo si es próximo y les obliga a interaccionar con frecuencia; los de una tendencia política, a los de la otra, los de una región, a los de las vecinas; y todos, a los que vivieron antes que nosotros.[12] Un hábito tan extendido e inmediato sugiere una reacción instintiva. De lo que no me veo capaz es de hallar la ventaja evolutiva o social que favoreció su aparición. Claro que nuestra especie es bastante peculiar, pues vemos en las otras que forman estructuras sociales desarrollar temor, aversión o agresividad hacia el

---

12   Mi experiencia como investigador me ha llevado a colaborar con científicos de otras disciplinas, y he vivido a menudo las mutuas suspicacias que se producen al comienzo de tales colaboraciones. Cada vez que el avance de la investigación depende de los resultados del otro, y estos no concuerdan con las propias expectativas, se produce un impulso de incontrolable desconfianza (lo que será lógico) asociado a las dudas sobre la capacidad y solvencia profesional (lo que no lo parece tanto). Si se logra superar estos inconvenientes, lo que no siempre es sencillo, el trabajo en común acaba siendo fructífero.

extraño, y en eso se nos parecen; pero nada semejante al desprecio, la burla y la ridiculización, que entre la nuestra es lugar común.

Hay más inconsistencias: no parece haber una correlación entre la situación social, económica o de formación y las creencias pseudocientíficas. Ya hemos indicado que el colectivo de personas embaucadas por ellas a las que se puede suponer una cultura y solvencia intelectual no es despreciable. Es muy llamativa la difusión de las pseudoterapias entre los médicos, y muchos de los que no se declaran adeptos de ellas, se ubican en posiciones ambivalentes o tibias.

Y por último, existe un contraargumento de naturaleza más filosófica, y por cierto bastante incómodo: tú, que reprochas la credulidad al defensor de una determinada pseudociencia, ¿cómo puedes estar seguro de que entre tus posiciones no se encuentra alguna otra? ¿Por qué crees que estás inmunizado contra la mentira? ¿Cuál es tu fórmula magistral para identificarla?

Sobre esto volveremos un poco más adelante. De momento, ofreceré al lector una explicación alternativa de la condición mental que favorece la implantación de ideas incompatibles con la ciencia o ajenas a ella. En realidad, no nos enfrentamos a un problema de inteligencia, sino de neuroticismo. Los psiquiatras hablan de este concepto (o hablaban, confieso que llevo tiempo sin leer sobre estos temas) en relación con aspectos en los que no se puede establecer con facilidad una frontera entre la salud y la enfermedad mental. La neurosis es un trastorno por el que distorsionamos algunos aspectos de la realidad, convirtiéndolos en fijaciones u obsesiones. Sin embargo, ello no nos impide tener una visión normal del resto de nuestro entorno. Usaremos el ejemplo de la higiene. Calificaríamos como enfermo (en el sentido de que precisa ser atendido por un facultativo) a la persona en la que el neuroticismo es tan intenso que le lleva a tener conductas que dificultan o ponen en peligro la vida del propio individuo o la de su entorno. Cuando a alguien la obsesión por la limpieza le lleva a lavarse las manos veinte veces seguidas, y hacerlo cuarenta veces al día, lo que le impide tener unas relaciones sanas con su entorno o incluso le causa heridas en la piel, estamos ante un caso de neurosis obsesiva-compulsiva. Hasta llegar ahí, la gradación entre el absoluto desinterés por la higiene, y las distintas cotas de atención (porque, de hecho, se trata de una cuestión importante, a tener en cuenta, en nuestra vida) es un continuo sin solución; diferenciar cuándo leves manías se convierten en problemas de conducta más serios, dónde ubicar la frontera de la persona sana, que puede gestionar razonablemente bien su comportamiento, y la que necesita ayuda, es realmente complicado, y requiere la aplicación de todo el conocimiento de un especialista. La cuestión es que todos tenemos un nivel de neuroticismo, que manifestamos en algunos aspectos de nuestra vida, no en todos, y con intensidades variables. Mientras las cosas no se desmanden, hay una cierta relación de sinonimia entre neuroticismo y personalidad.

Todo esto puede conectarse con el problema de las pseudociencias. Me parece muy interesante que los seguidores de alguna pseudociencia son, en su mayoría, también convencidos del cientifismo filosófico que introdujimos en el capítulo anterior, con la única diferencia de que desconfían de la parte específica de la ciencia que consideran tergiversada por algún poder concreto. Por eso, la sustituyen por otra (la correspondiente pseudociencia), que preserva muchos de los elementos formales científicos: de lo contrario, filosóficamente no le satisfaría. La sustitución filosófica, ética y creencial por elementos que tienen que ver con lo material (o materialista) y todo el resto de parafernalia cientifista es identificable en muchos de sus discursos, y también en esto se los diferencia con claridad de los meros fanáticos religiosos.[13] En general, ellos no son neuróticos obsesionados por la ciencia, sino por el poder.

Venimos comentándolo a lo largo de los capítulos precedentes. La ciencia, que fue en otros siglos una forma de conocimiento revolucionaria, un entretenimiento para millonarios curiosos, una forma de desafío a la verdad vigente, hace ya mucho tiempo que está ligada al poder económico y político. La ciencia se hace, y se paga, desde instancias gubernamentales o corporativas. El hecho de que se deba a su propia utilidad y éxito no modifica esta realidad. Un instrumento de poder (el conocimiento siempre lo es), de crecimiento del individuo y de la sociedad, de libertad individual, se convirtió en un instrumento del poder, de quien lo ostenta institucionalmente o lo combate institucionalmente.

---

13   Cuyo problema tampoco tiene que ver con la debilidad mental. Pero eso es algo que, por fortuna para mis capacidades, se aleja de los objetivos de este libro.

Ahora bien, sabemos que ese poder dispone de formidables herramientas para controlar la información que llega al ciudadano normal. Las conspiraciones, por lo tanto, son seguramente reales, o al menos no resulta insensato que existan, lo que ofrece un buen fundamento para dudar, en parte, de lo que sabemos (o las instituciones consienten que sepamos). Y aquí ya tenemos un espacio para el recorrido del neuroticismo, desde una aceptación crítica y precavida de las noticias, dirigida a evitar el control individual a través de ellas, hasta la obsesión enfermiza por la supuesta desinformación global perpetrada por los que mandan.

No podemos hacernos ilusiones sobre la inmunidad de la ciencia frente a ello, pues hemos visto varios rasgos que la ubican ante este riesgo. El principal, en mi opinión, es la vastedad y extrema tecnificación del conocimiento científico. Casi toda la ciudadanía accede a él de manera esquemática, cuando no trivial o sobresimplificada, mediante un mero procedimiento de autoridad. Estamos en manos, para ello, de científicos, divulgadores, o periodistas, y no nos queda otro remedio que suponerles, al oír sus declaraciones, no solo capacidad respecto a los contenidos, sino absoluta probidad en sus intenciones. Un cierto nivel de argumentación y la prueba que supone la vinculación con el funcionamiento de alguna tecnología no cambia demasiado las cosas, pues sabemos la facilidad de enturbiar o tergiversar ambas cosas (lo que de hecho es utilizado por distintas pseudociencias). Un ejemplo clásico es el de los que cuestionan la llegada del proyecto *Apollo* a la Luna. Establecido el prejuicio de que gobiernos y agencias espaciales nos engañaron, la lógica que se aplica y la reinterpretación de las supuestas evidencias, basada en las tecnologías entonces disponibles, es muy rebuscada. Frente a ellos, los defensores de aquella verdad factual solo pueden esgrimir explicaciones tan técnicas que no producen convicción, y declaraciones solemnes de autenticidad por parte de testigos. Nada que se pueda considerar demasiado terminante.

Es difícil, desde fuera de los ámbitos científicos, aproximarse a un campo determinado con el afán de hacerse una idea suficiente sobre ellos para poder involucrarse en sus debates. Las fuentes divulgativas resultan insuficientes para hacer planteamientos críticos u originales. Acudir a las fuentes primarias, los artículos de investigación, suele devenir en frustración: acceder a la información que sin duda está contenida en esos textos no es en realidad posible. Para mí, que soy científico profesional, es extraordinariamente difícil entender artículos en cuanto se salen un poco de mi ámbito de especialidad, como ya comenté en un capítulo anterior. Si es necesario, puedo hacerlo, tomándome el tiempo que precisa familiarizarme con sus métodos, tipos de experimentos e incluso jerga propia. No es suficiente con acceder a algunos artículos dispersos, lo que puede dar una visión muy distorsionada del estado de la investigación, hay que penetrar en el ambiente general, realizando un escrutinio sistemático y laborioso. El tiempo es limitado, así que apenas puedo desarrollar ese ejercicio un número limitado de veces a lo largo de mi carrera. Quien parta de ámbitos aún más alejados se enfrenta a mayores dificultades, pues están menos familiarizados con la profesión.

La ciencia nos rodea e influye en casi todos los aspectos de nuestra vida, y no podemos entenderla, más allá de unas pocas cosas, casi siempre con poca profundidad. En verdad, mecanismos y artilugios funcionan, pero para la inmensa mayoría de nosotros, incluso para las personas muy cultas e incluso para las de más cultura científica, podrían decirnos que lo hacen debido a las virtudes de unos genios invisibles y benévolos, y tendríamos aproximadamente la misma información que la disponible sobre sus verdaderos fundamentos. Y las descripciones divulgativas, llenas de atajos para consumo de los no expertos, lagunas en el discurso cuando requeriría demasiada carga técnica o matemática, y recursos literarios para hacerlas más atractivas, en vez de resolver el problema, parece que lo aumentan.

Ni siquiera el sentido común puede ayudarnos demasiado, habida cuenta de la cantidad de fenómenos científicos antiintuitivos e inesperados que, cada vez más, dan lugar a nuevos aparatos. Estamos, nos guste o no, rodeados de magia, de una magia minuciosa y que funciona con gran precisión. O que de repente decide no funcionar, se estropea y nos sume en la incomodidad material y mental: ¿dónde están entonces todas esas fantásticas justificaciones racionales sobre el funcionamiento de lo que me rodea, si en un momento deja de hacer lo que yo esperaba con impaciencia? ¿Quién sabe las causas por las que, sin que yo haga nada, de repente vuelve a funcionar?

Aquí es donde nuestras percepciones generales, menos racionales, se ponen a actuar. Hay dos pulsiones más o menos frecuentes ante este estado de cosas: la admiración y la desconfianza. Ambas abonan el terreno, en las condiciones apropiadas, para la aparición de pseudociencias.

Por otra parte, la presión del cientifismo reinante no ayuda a mejorar este ambiente. Es complicado distinguir, en cuanto a su retórica y escenificación, a un científico y a un farsante cuando hablan de cuestiones científicas (experimentación, modelos, predicciones sobre verdades factuales); si el primero dirige su esfuerzo en sacar conclusiones sobre cuestiones ajenas a ellas, esas diferencias no es que sean sutiles, sino que desaparecen. Algunos nos creemos exentos de pensamientos pseudocientíficos sencillamente porque nuestras convicciones se ciñen al corpus científico y cultural oficial. Entre nosotros no faltarán gentes cargadas de neuroticismo excesivo, salvo que está aplicado a lo mayoritariamente considerado correcto. La reacción al estrés y la alienación de nuestra vida diaria contribuyen a conductas cada vez más impulsivas, más obsesivas. Las pseudociencias no necesitan en absoluto centrarse en los tontos para implantarse en sus mentes, cualquiera de nosotros está expuesto a su influjo, por muy listos que nos consideremos.

Cómo no deberíamos combatir las pseudociencias

El tono y las conclusiones del epígrafe anterior pueden parecer derrotistas. Por ello, voy a encuadrar de nuevo la cuestión volviendo a la pregunta inicial del capítulo. No sé si lo dicho hasta aquí ha sembrado alguna duda en el lector sobre mi postura personal, así que lo mejor será despejarla cuanto antes: existe un problema real con las pseudociencias en nuestra sociedad. La presión de las pseudoterapias sobre la medicina convencional está siendo tan intensa que varias de ellas están consiguiendo que los estamentos oficiales se vean obligados a concederles cierto respaldo, y a no oponerse al menos a su compatibilización con la medicina real. Los efectos de esta rendición, motivada nada menos que por la cantidad y el prestigio de los adeptos a las pseudoterapias, incluso entre la clase médica asistencial, todavía no son porcentualmente importantes, si bien el futuro inmediato resulta preocupante, y en todo caso las implicaciones conceptuales son desasosegantes. En cuanto a los movimientos antivacunas, han visualizado su fuerza, con ostentación, durante la última epidemia. Me inquietan especialmente las consecuencias que la visibilización del problema tenga sobre las campañas de vacunación infantil en los próximos años. Por el mismo camino, una forma de presentar la realidad, no ya pseudocientífica, sino puramente anticientífica, está saliendo de las catacumbas del pensamiento, y progresivamente se siente más fuerte para exhibirse en público, como alternativa atractiva y hasta moderna frente a las imposiciones de la ciencia imperante. Hay indicios de que estamos perdiendo algunas batallas, y no menores.

Lo que mi argumentación pone de manifiesto, creo yo, es que los embaucadores de las pseudociencias nos van ganando, no porque, pese a que son tontos y malvados, haya una gran conjura global en favor del oscurantismo y de la obcecación intelectual. Nos ganan porque tienen claros sus objetivos de control de las mentes y los beneficios que planean obtener con ello, y porque están encantados con nuestra estrategia desenfocada y pretenciosa que se empeña en demostrar que tenemos más razón, cuando ya tenemos toda la razón que hace falta. Nos ganan porque no tienen que esforzarse en absoluto para hacer creer que la ciencia es el pensamiento del poder, y que pese a que es poco menos que incomprensible, ha sido impuesta sin mayor voluntad de convicción por unos sospechosos individuos, llenos de soberbia y palabrería, que ridiculizan y atacan a los disidentes, cuyo papel siempre resulta simpático en los relatos. Nos están ganando, en resumen, porque están siendo más listos que nosotros, porque las cosas están ocurriendo como les conviene a ellos, y no como nos convendría a nosotros. Así que no traigo soluciones definitivas, pero sí el mensaje de que no deberíamos estar poniéndoselo tan fácil.

Sinceramente, no creo que estemos en la situación de reclamar una victoria con rendición incondicional. Deberíamos conformarnos con ir mejorando nuestras posiciones, por ir reduciendo poco a poco la fuerza de todos esos movimientos que ahora tienen su moral por las nubes. Más que destruir sus ideas, deberíamos ir minándolas. Y en primer lugar deberíamos comprender cómo se hace eso.

Empezaremos por descartar como solución que, para eliminar la idea, se podría eliminar a las personas que la sustentan, no físicamente (aún no he conocido a nadie que lo postule), sino sometiéndolas a alguna forma de muerte civil. Su denuncia y escarnio público, la limitación o prohibición de acceso a los sistemas de opinión, el ataque en ámbitos sociales ajenos a sus opiniones pseudocientíficas... La batería de herramientas que últimamente se identifican bajo el término *cancelación*. Instrumentos de justificación moral discutible, y que se mantienen dentro de la parafernalia bélica, pues son típicos en la gestión de los desertores y colaboracionistas con el enemigo. Es evidente que, dadas las especiales características del movimiento pseudocientífico, descritas en los dos epígrafes anteriores, tales métodos son contraproducentes, y de hecho su aplicación, hasta ahora, no ha hecho más que contribuir a la actual situación. Las personas, por muy equivocadas o perjudiciales que nos parezcan, no son el problema. Así que, ¿contra qué deberíamos actuar?

Lo interesante de las ideas es que no se las combate destruyendo la idea, pues es una cosa que no se puede tocar: una idea se combate haciendo que desaparezca de la mente de los que la secundan. Aunque no hagamos nada para deteriorar o debilitar su entramado racional, si conseguimos que cada uno de los individuos que la defendían deje de hacerlo, sean convencidos de otra cosa, la idea desaparecerá. Y al contrario, por más que pongamos en evidencia la incoherencia, o incluso la maldad, de los postulados sobre los que se basa, mientras tenga defensores, la idea no se verá dañada. Si sus defensores aumentan, incluso se verá reforzada. Destruir una idea es muy distinto a destruir un tanque o una fábrica de armamento. Por eso, quien emprende la tarea de controlar la voluntad de otra persona no hace tanto por introducir en ella ideas especialmente lógicas y bien argumentadas, sino que en su lugar se preocupa por anclarlas con firmeza, recurriendo a las debilidades del sistema de protección que las mentes suelen tener respecto a los planteamientos nuevos, que a su vez se relacionan con sentimientos y pasiones más o menos evidentes, más o menos ocultas o vergonzosas.

En esta lucha, encaramos dos tareas bien diferenciadas: por una parte, deberíamos reducir el número de personas que están siendo dominadas por ideas pseudocientíficas; por otra, deberíamos dificultar que la idea sea implantada en nuevas mentes.

Para lograr lo primero, temo que necesitamos menos espectáculo, menos divulgadores y científicos haciendo la guerra por su cuenta y dedicados a blasonar de superioridad, menos candidatos a *influencer* en redes sociales que solo ansían aumentar el número de sus seguidores entre quienes no necesitan ser convencidos, porque ya lo están; y más expertos en psicología, y en remediar el lavado de cerebros, que es lo que se está produciendo. No mandemos predicadores agresivos para resolver el problema de la captación de personas por sectas. Casi todas las iglesias saben desde hace mucho tiempo que, si de lo que se trata es de favorecer las conversiones, es mucho más productivo enviar a sus adeptos más convincentes y amables, en lugar de los más radicales e inflexibles, y mucho mejor trabajar simplemente por favorecer la situación personal de los candidatos a adeptos, que bombardearlos con doctrinas, y no digamos con amenazas o cualquier otra violencia. Lamento estar diciendo a los seguidores de la ciencia que tienen algo que aprender de los seguidores de la religión, pero es así.

En cuanto a lo segundo, urge mejorar la imagen global de la ciencia en los aspectos que hemos descrito. Para ello, deberíamos dejar suponerle atributos de saber absoluto con implicaciones en la moral o la política, dejar de imponerla como la doctrina del sistema establecido, dar a conocer sin miedo sus defectos, sus contradicciones, y encontrar una forma más amable de interaccionar con todo tipo de personas.

Yo no tengo ideas revolucionarias sobre cómo podemos reorientar los mensajes para convencer a más personas de que las pseudociencias no son la opción correcta. Pero sí me atrevo a recomendar algunos que deberían ser enfatizados.

La ciencia no es el pensamiento hegemónico de nuestra sociedad, es solo una forma humildísima de saber que algunas personas de talento han ido depurando con el mero objetivo de guisar mejor unas lentejas, construir casas más firmes y habitables, o ayudar a las personas a curar algunas enfermedades que puedan tener cura.

Sus métodos no son infalibles, están también sujetos a error, porque pueden no funcionar en casos concretos o porque pueden ser usados de manera equivocada. Pero son a menudo certeros, no es descabellado confiar en ellos.

Los científicos no son unos seres superdotados seleccionados para mantener el poder basado en la ciencia, son solo los profesionales que, por gusto o por trayectoria, se dedican a hacer la ciencia. Nuestra sociedad les encarga ese trabajo, porque es un trabajo técnico, como encarga el montaje y la supervisión de las conducciones de agua a los fontaneros.

Más allá de su desempeño profesional, los científicos son gente diversa, no son robots con una conciencia global, y no están involucrados en una gran conspiración en connivencia con las grandes industrias y entidades secretas, lo mismo que no existe una gran conspiración de los fontaneros.

Los procedimientos para verificar modelos científicos o soluciones terapéuticas no están concebidos para favorecer sistemáticamente a los productos de la ciencia y la medicina oficiales. De hecho, la ciencia y la medicina oficiales no poseen ningún rasgo común, salvo el hecho de que han cumplido con esos métodos de contraste, que son neutros. Tráigase un nuevo modelo científico o un medicamento, por muy extraños e inesperados que parezcan, y si cumplen con ellos, serán incorporados a la ciencia oficial. Si les pedimos que cumplan con ellos, es porque han demostrado ser buenos para nuestra razón y para nuestra seguridad.

Pueden producirse errores, pero nadie pretende hacer daño a los niños a través de las vacunas, ni perjudicar la curación de enfermedades no posibilitando los mejores cuidados. Los demás usuarios no lo consentiríamos, y aunque no sea imposible, una conspiración que lo intentara sería muy improbable, porque el mundo de la ciencia es abierto, no cerrado: no todas las personas involucradas están aliadas, ni es sencillo plantearse que puedan ser, todas ellas, cómplices en una gran mentira. Muchos tienen hijos a los que aman, y familiares que sufren enfermedades, y ellos no lo consentirían.

Las personas tienen el derecho a desconfiar de la ciencia, pero podemos animarlas a darle una oportunidad. Es razonable, funciona frecuentemente, ofrece una solución tan buena, humanamente, como es posible. Las personas tienen derecho a creer que existen conspiraciones, incluso dentro de la ciencia, pero no es descabellado pensar que tal vez no sean tan grandes, ni tan pertinaces.

No sé si todos estos mensajes ayudarán a disminuir el número de seguidores de las pseudociencias. Creo, al menos, que no les ofenderemos con ellos, y creo, y eso es importante, que esencialmente son verdad. Más que ciertas soflamas triunfalistas sobre el valor y el poder de la ciencia, que no ayudan ni a disminuir la influencia de las pseudociencias, ni a la propia ciencia.

La batalla sigue siendo muy complicada, pero debemos al menos acudir a ella con las armas adecuadas.

Superstición

Una estructura general de las supersticiones

Llamamos *superstición* a una creencia por la que determinados hechos materiales, concretos y medibles, pueden ser predichos o inducidos a través de ritos o acciones, voluntarios o no, mediante una conexión lógica indemostrable o irracional. Estas acciones pueden ser realizadas por seres corrientes o por entidades ilusorias. La supuesta influencia sobre eventos tangibles la ubica de lleno en el terreno de la ciencia.

Muchos califican como supersticiosa cualquier creencia religiosa o espiritual, e incluso muchas visiones metafísicas, pues todas ellas establecen conexiones, que no pueden probarse mediante herramientas científicas, con la realidad material. Para nosotros no será así, en función de la propia estructura de definiciones y relaciones que venimos utilizando. El elemento clave será que un vínculo general o abstracto no será considerado supersticioso, sino solo aquel que se centre en lo concreto. Las creencias en los dioses griegos, globalmente, no lo serían, pero sí las mancias practicadas por sus augures o los mitos sobre la intervención de Apolo y Atenea en la lucha singular de Aquiles y Héctor.

La relación entre las supersticiones y la ciencia es antigua, y la identificamos con el devenir de dos viejos duelistas, siempre combatiéndose (la segunda, convencida de eliminar a la primera; esta, prevaleciendo y desarrollándose a pesar de aquella), siempre en pie, después de todo, hasta la siguiente contienda; quién sabe si, después de tanto tiempo de odio mutuo, habiendo desarrollado una relación más estrecha de lo que ellos mismos confesarían. Plutarco recoge la anécdota del sabio materialista Anaxágoras:[14] presenciando una farsa adivinatoria por parte de los sacer-

---

14   Utilizo el adjetivo, evidentemente anacrónico, con toda la intención. Él fue uno de los primeros en creer en la preeminencia del conocimiento protocientífico frente a los demás, aplicándolo a cualquier aspecto de la vida. Claro que entonces esta era una postura contracorriente, que le causó no pocos problemas entre sus conciudadanos. Solo la protección de su discípulo Pericles evitó que acabase ejecutado por impío, la condena típica, en aquellos tiempos, contra los que propugnaban ideas que se consideraban peligrosas. Tanto se parecía a los modernos cientifistas que también creía en civilizaciones extraterrestres.

dotes atenienses, que aportaban como prueba de sus profecías un carnero deforme, con un solo cuerno en la frente, quiso denunciarlos ante el pueblo practicando una necropsia del animal ante ellos, enseñándoles que todo se debía a una deformidad anatómica del animal. Lo llamativo es la reacción de la gente (y del propio historiador, visto su comentario aprobatorio), que valoraron la iniciativa de Anaxágoras, y a la vez mantuvieron su respeto por los adivinos pues, al fin y al cabo, sus predicciones se habían cumplido. Y así viene ocurriendo desde entonces hasta hoy.

Podemos distinguir bien entre pseudociencias y supersticiones. Pese a que en algunos casos se mezclan y hasta confunden, pese a que no pocas supersticiones se revisten con justificaciones de base pseudocientífica, existe una diferencia fundamental entre ambos sistemas de creencias, una diferencia íntima que permite separarlas, dentro de lo que se pueden diseccionar los pensamientos humanos, que suelen aparecer en una bola enmarañada de conceptos, interpretaciones, prejuicios, evidencias y fantasías. Si pudiéramos aislar una, digamos, superstición pura, para separarla de una creencia pseudocientífica pura, bastaría con cuestionarla y esperar la reacción: en la pseudociencia, su practicante nos hablará (si está dispuesto a hablarnos honestamente) de una conspiración mundial que oculta la verdad, de evidencias obtenidas por unos pocos valientes a los que se ningunea o directamente se elimina, ese tipo de cosas. En cambio, el supersticioso se encogerá de hombros, y responderá: «todo lo que quieras, tú tendrás muchas explicaciones, pero esas cosas ocurren…». El fundamento de la pseudociencia, ya lo indicamos, es en esencia racionalista, mientras que la superstición es ante todo irracional.

Podrá sorprender, por ello, la permanencia y vigencia de las supersticiones a lo largo de los tiempos, cuando toda civilización es un proyecto para imponer la organización sobre el caos. En su delicioso libro clásico, Marvin Harris[15] desveló muchas de las claves antropológicas de las creencias supersticiosas, desde las más tradicionales y arraigadas, a las más modernas (o, más en concreto, posmodernas), desde Europa al Medio Oriente, a Oceanía y a los Estados Unidos. Su lectura pone de manifiesto la perpetua

---

15 *Vacas, cerdos, guerras y brujas.* A quien aún no lo haya leído, le recomiendo hacerlo cuanto antes, hasta si ello supone dejar este en suspenso.

presencia entre nosotros. Hay, sobre este asunto, una metáfora científica muy sugerente: los cristales son estructuras materiales en las cuales existe un motivo (un conjunto de átomos o moléculas) formando una red que se repite de manera ordenada en el espacio. Ocurre que pueden aparecer defectos, esto es, posiciones del cristal en las que la reproducibilidad no se verifica: el lugar que debería estar ocupado por un átomo no lo está, o lo está por otro distinto, o un átomo ocupa un lugar donde no debería haber nada. El defecto es desorden dentro del orden. Evidentemente, los defectos deben ser minoritarios en un cristal: si el desorden es demasiado grande, en la mayoría de los casos el cristal se desintegra. Podría parecer que la situación ideal es aquella con un orden perfecto, sin defectos, pero la termodinámica demuestra que esto solo puede darse a temperatura cero (un valor imposible):[16] los cristales reales a temperaturas reales obligatoriamente deben incluir defectos. Así, me parece a mí que las sociedades son experimentos de orden que deben convivir con un cierto desorden: no demasiado como para que todo se venga abajo, pero el suficiente para que la sociedad sea real. Las ansias por lograr un orden sin defectos son ilusorias, y acaban conduciendo a utopías que solo pueden imponerse mediante el totalitarismo. Claro, el arte de saber cuánto desorden es aceptable, y hasta necesario, para un sistema es lo complicado, porque evidentemente, en principio siempre es apropiado denunciar los defectos y aplicarse en erradicarlos. Para lo que nos ocupa, diré que seguramente no es posible concebir una sociedad en la que un tanto de superstición, de irracionalismo, no esté presente. Sin duda debemos combatirlo donde lo encontremos, pero también comprender que, si una superstición es vencida, probablemente será sustituida por otra, más acorde con los tiempos y las mentalidades imperantes. Me atrevo a llevar la analogía aún más allá: creo que nuestra mente, que ansía el orden, reclama también una cuota de irracionalidad. Y que lo hace para evitar el riesgo de que el orden perfecto la enloquezca, como la enloquecería su completa ausencia. Cultivar un sano equilibrio entre la razón y su defecto, domesticarlos ambos para que nos ayuden a

---

16   La «temperatura cero» a la que aludo no es el cero de la escala Celsius ni el de la escala Fahrenheit, ambos perfectamente accesibles. Me refiero al cero absoluto (que corresponde aproximadamente a los doscientos setenta y tres grados centígrados bajo cero). La ciencia nos dice que esta temperatura no solo es la más baja posible, sino que ni siquiera puede ser alcanzada.

estar y crecer en este mundo tan extraño y tan hermoso, de forma que se alimenten mutuamente sin causar confusión en los papeles que deben jugar, sería un sinónimo de cordura. Un objetivo, como todos los que merecen la pena, digno de ser buscado y que seguramente nunca se puede alcanzar del todo.

En este contexto se puede entender otro elemento distintivo respecto a las creencias pseudocientíficas: mientras estas son frutos específicos de una época, las supersticiones están asimiladas en las sociedades con naturalidad. Eso permite que, por ejemplo, periódicos y revistas serios, de largas tiradas, que recurren con abundancia a las noticias de ciencia y practican en ellas la defensa del cientifismo, no renuncien a seguir publicando en otras páginas horóscopos y anuncios clasificados de los más descarados videntes y astrólogos. Todo ello, sin escándalo de sus lectores, anunciantes o propietarios. Mientras las pseudociencias deben realizar un trabajo activo de captación y convicción de nuevos seguidores, el impulso supersticioso funciona sin mayores alharacas, y de una forma particularmente homogénea. Por eso voy a atreverme a ofrecer una estructura general de las supersticiones, que nos ayude a comprenderlas mejor como fenómeno social, cuando me pareció imposible plantearme algo semejante en el apartado anterior.

Para una misma creencia, se desarrolla una diversidad de tipos humanos.[17] Se estructuran según un concepto actualmente en boga, el de *ecosistema,* pues ocupan espacios de opinión diferentes, unos alimentan (intelectualmente) a otros, y todos son necesarios para su funcionamiento.

En primer lugar (comenzando por los, en apariencia, menos dominados por la superstición) se sitúan los de estatus sociocultural más elevado, que usualmente no incurren en afirmaciones supersticiosas literales, pero les muestran cierta consideración, de manera que se produce algo de justificación implícita. Son autores de libros o discursos en los que, sobre una estructura general lógica, se filtra la posibilidad de que la superstición pueda cumplirse (restringiéndola, por ejemplo, a determinadas situaciones

---

17   Esta forma de presentar la realidad social es un tanto decimonónica, lo sé. Sin embargo, intuyo que será eficaz para este caso, reconociendo que puede adolecer de sus defectos típicos, al dibujar personalidades idealizadas y poco identificables.

extremas o infrecuentes) lo que le confiere respetabilidad. Podríamos calificarlos de garantes honorables de la superstición.

En un estadio intermedio se halla el grupo de personas comunes, el más abundante, donde se dan ciertas diferencias respecto a las creencias supersticiosas: algunas afirman estar influidas por ellas más que otras; incluso cada individuo fluctúa entre la credulidad y la desconfianza, dependiendo de momentos o circunstancias. Un ejemplo sería el de aquellos que no creen mucho en adivinaciones, y llegan a veces a denostarlas y ridiculizarlas en ciertos ambientes; pero recurren a un echador de cartas por influencia de un grupo de amigos, o en un momento de crisis familiar o personal. Para justificarse, afirmarán que, aunque no creen, eso no les hará daño. Esta sería la clase media supersticiosa.

Por último, encontramos a los «profetas iluminados», un grupo restringido que defiende con vehemencia la superstición, la practica abiertamente y a menudo se lucra directamente de ella (el lucro, material o a través del prestigio, está involucrado también en algunos casos de los del primer tipo). Sus afirmaciones y sus modos pueden ser, en parte, criticados por los otros, o generar leves sonrisas en ellos, pero subyace una percepción de respeto general: nadie se aventura a desacreditarlos completamente, porque en el fondo la superstición es socialmente aceptada, y se considera que los iniciados, los radicales, podrían tener cierta razón, pues el «poder oculto» que la sustenta podría estar hablando por su boca. Su discurso no solo es terminante y apodíctico, sino que mezcla las proclamas sobre su creencia con las imprecaciones dirigidas tanto a descreídos como a tibios. Una parte considerable del respeto que despiertan está mezclada con temor.

Esta estructura básica se repite para todas ellas. Además, es característica la competencia entre supersticiones. Como si hubiese un límite en la diversidad de credulidades que una comunidad puede permitirse, en todo entorno, en todo tiempo, se denigran, señalan y persiguen las supersticiones minoritarias y ajenas a la línea principal de la cultura imperante, mientras se permite que germinen las propias.

Nuestros tiempos no constituyen una excepción. Las supersticiones de base religiosa se mantienen bastante extendidas, y las favorece la multiculturalidad, la globalización y el sincretismo, corrientes poderosas todavía en determinados ambientes populares. Sin embargo, como venimos explicando, están en declive, pues la cultura dominante es arreligiosa y cientifista. Así que... Sí, lector, no te asombres, hoy han aflorado no pocas supersticiones de base científica, y son las que poseen mayor dinamismo y desarrollan ecosistemas pujantes. Entre otras cosas, porque casi nadie se atreve a identificarlas como lo que son.

A continuación presentaremos un par de ellas. Es necesario, vistos los objetivos de este libro. Como ya he dicho, al identificarlas también las denunciaré, porque cualquiera me parece digna de ser combatida, sin hacerme grandes ilusiones, dado que son inherentes a nosotros, son el precio de locura que nuestra muy cuerda época debe abonar. Quién sabe si las que vengan a sustituirlas en su momento no acaban por hacérnoslas añorar.

Supersticiones de base científica: el caso de la astrobiología

¿Cómo es posible? ¿Cómo la ciencia, el tradicional azote de las supersticiones, ha podido acabar siendo germen de ellas? Las causas profundas, ya las hemos indagado. En cuanto a los mecanismos, son por lógica extracientíficos, y tienen que ver, no con el conocimiento, sino con las personas. Un caso de relevancia y que nos ayudará a comprenderlo es el de la astrobiología, por lo que lo revisaremos con algún detalle.

Debemos volver a los tiempos dorados de la NASA, al final del proyecto *Apollo*. Tras dos décadas en las que, gracias a la situación geopolítica global (y a sus propios éxitos), la agencia se había convertido en la institución científico-tecnológica más prestigiosa del mundo, sus responsables se encontraron ante el reto de gestionar el futuro posterior a los alunizajes de naves tripuladas. Ese objetivo había constituido una eficaz vía de captación de fondos, talento y publicidad. Por desgracia, ya no podía exprimirse más, no había una manera sencilla de seguir explotando el atractivo de unos viajes que ya no serían novedosos, y en todo caso resultaban caros y muy peligrosos. Había que dar con nuevas justificaciones para posteriores desarrollos en tecnología aeroespacial. Estos deberían tener una faceta científica, podían tener una dimensión de defensa (que no se publicitaría en exceso), y precisaban también algo que suministrara el impacto sensacional o sentimental, algo que favoreciese una visión positiva y entusiasta de la opinión pública, pues en la competitiva sociedad estadounidense, la agencia identificó con acierto que ese elemento había sido crucial para su expansión en las décadas de los cincuenta, sesenta y setenta del siglo xx: la expectativa de poner la huella de un hombre en un astro fuera de nuestro planeta (y de hacerlo antes que los soviéticos) supuso un importante empujón popular. Es patente que tal objetivo, aunque impulsado por la técnica, no era científico, sino que incidía sobre nuestros sueños, hacia la dimensión delirante de nuestras mentes, que tanto ha ayudado a nuestro progreso en todos sus aspectos.

El proyecto de establecer una base permanente fuera de la Tierra (la estación espacial internacional) no tenía un alcance tan grande (aunque fue un reto tecnológico de primer orden). Tampoco la de poner un ser humano en Marte, que ya no poseía la magia de la novedad. Y eso que las dificultades para ello son tan grandes que llevamos cincuenta años trabajando para resolverlas.

Antes hemos hablado de los intentos de involucrar la eterna inquietud sobre la existencia de otros seres semejantes a nosotros en las estrellas, en los proyectos *Voyager* y *Pioneer*. El trabajo de ilusión lo habían realizado con eficacia y talento tantos autores de ciencia ficción, Ray Bradbury, Isaac Asimov o Arthur Clarke (por no remontarnos a egregios antecedentes como Luciano de Samósata o Cyrano de Bergerac), tantas películas con sus impactantes efectos especiales. Había un problema en esos mensajes, ya que, al dirigirse a la posibilidad nada menos que de contactar con civilizaciones inteligentes, la carga de fantasía era excesiva, y corría el riesgo de limitar su impacto a una minoría de creyentes. La agencia siguió trabajando en la reelaboración de su discurso. Para finales de la década de los noventa había dado con ello, y fundó su Instituto de Astrobiología. El éxito fue casi inmediato. Desde entonces, se han fundado otros muchos por todo el mundo, y afirmar que se practica la astrobiología por parte de astrónomos, astrofísicos, geólogos o químicos es motivo de no disimulado orgullo.

Hasta donde sé, por primera vez se nominaba una disciplina científica de forma que el afán publicitario desplazaba al descriptivo.[18] El nombre

---

18   Recuerdo que, en las instrucciones para los autores de una revista científica, los editores, hartos de la petulancia de los investigadores que enviaban sus manuscritos, prohibían de manera explícita la inclusión de afirmaciones sobre la primacía de un resultado experimental, proclamación que tenía más que ver con la ignorancia que con la genialidad. Podrá estar ocurriéndome lo mismo aquí, si bien esto no alterará el contenido.

no lo habían concebido ellos, pero lo reacuñaron con intención inequívoca. Lo cierto es que, como veremos a continuación, su significado dista no poco de lo que parece intuirse por una interpretación etimológica directa. Según la asociación de academias nacionales estadounidenses,

la astrobiología es el estudio del origen, evolución, distribución y futuro de la vida en el universo.

Analicemos un poco la definición. ¿La vida *en el universo*? Este es el típico sintagma de apariencia inocente que conlleva una enorme carga de voluntarismo. No existe tal cosa. Podemos hacer, y hacemos, ciencias de la vida en la Tierra, pero el concepto *vida* carece de la dimensión que se le está atribuyendo. Solo conocemos un ejemplo y es imposible generalizarlo. Se habla de formas de vida, de cómo debería ser la vida extraterrestre, y se plantean muchas teorías, cuyo barniz lógico se cae a la menor exposición al calor de la reflexión neutral. Lo que sabemos con certeza es que la vida se ha desarrollado una vez, y ha ocurrido en el planeta Tierra. Con un solo evento detectado, es imposible realizar ningún tipo de evaluación basada en una síntesis o en una estadística. Es aún más grave, no podemos extender el concepto *vida,* que ha sido creado por nuestra mente para dar cuenta de ese fenómeno particular, con la pretensión de dar cabida a otras cosas. ¿A cuáles, si no hay nada parecido? Los argumentos termodinámicos, pensar en sistemas que controlan su aumento de entropía aprovechándose del entorno, carecen de utilidad, debido a que son excesivamente generales, pero además no hay evidencia de que ese deba ser un rasgo común a otras formas de vida. A lo mejor estas se podrían concebir como un sistema termodinámicamente abierto en el que el control de la entropía no sea relevante. Lo mismo se puede decir del argumento de la *autopoiesis* (se definiría la vida como la capacidad de un sistema para mantenerse a sí mismo y reproducirse), que sería una ampliación, o aplicación, del anterior. ¿Por qué no un sistema de vida no *autopoiético*? Se puede responder: pero es que, entonces, no sabemos cuál es nuestro objetivo… Efectivamente, ese es el problema: que andamos persiguiendo la concreción de un concepto creado por nuestra mente, para comprender un fenómeno aislado, al que se presupone generalidad sin mayores evidencias. A mí me parece que esto tiene bastante que ver con el irracionalismo.

En todo caso, podemos restringir nuestra búsqueda a cosas que se parezcan más a la vida que conocemos. Así, los hay que hablan de «vida basada en el carbono». De nuevo aquí hay una petición de principio falsa: la única vida que conocemos no está basada en el carbono: está basada en dos familias muy restringidas de polímeros orgánicos (proteínas y ácidos nucleicos), cuyo maravilloso baile de codificación y reproducción está en el origen de toda la vida del planeta, desde las bacterias más simples a los más enormes y sofisticados mamíferos. Y en la estructura de la célula, un contenedor acuoso aislado por una membrana constituida por unos lípidos determinados. Hasta tal punto es un fenómeno específico, que todas las proteínas de los sistemas vivos están construidas con veinte aminoácidos, pese a que pueden concebirse y existir muchísimos más. Además, son levoaminoácidos. Esto significa que, de las dos posibles formas en que los átomos pueden organizarse para formar esos monómeros, dextro y levo (la una sería la imagen en el espejo de la otra), solo una de ellas, la segunda, integra las proteínas presentes en los seres vivos. Y, sin embargo, los dextroaminoácidos se pueden sintetizar, pueden formar polímeros (en todo similares a las proteínas), no parece que haya nada que se oponga a que pudiesen ser la base de una vida, que sería muy muy parecida a la que conocemos. ¿Por qué no existe la dextro-vida, por qué solo se ha desarrollado la levovida? No tenemos ni idea. Si alguien descubriera un organismo vivo constituido por proteínas cuyos ladrillos fueran dextro-aminoácidos, eso sería una auténtica revolución científica: por primera vez habríamos encontrado algo para lo que la denominación «otra forma de vida» tendría algún sentido. Podríamos hacer estadística con dos cosas, en lugar de con una sola. Y eso que esa forma de vida seguiría siendo el conocido juego entre aminoácidos y proteínas, seguiría siendo identificable como tal, no tendríamos los problemas conceptuales que hemos planteado antes.

Y no queda nada más, no podemos ni siquiera concebir cómo podría desarrollarse la vida usando otras moléculas orgánicas.

De repente, y siguiendo la definición anterior, la astrobiología ha desaparecido. No se dedica a nada, pues la investigación sobre el origen de la vida ya existía, y todo el resto, en relación con *el universo,* adolece de sentido.

En realidad, la astrobiología sí existe, y es de hecho una disciplina pujante, salvo que la definición es incorrecta (y sus defensores lo saben). Lo que se llama astrobiología es astrofísica planetaria, es el estudio de astros no estelares, en particular planetas y satélites, propios o ajenos al sistema solar, incluyendo la comprensión e investigación de su composición, atmósfera y geología. Un tema transversal, complejo e interesantísimo, con un nombre muy mal puesto. La referencia a la vida solo persigue mantener expectativas muy poco realistas. Los centros de astrobiología acostumbran a incluir, sin demasiada relación con lo anterior, departamentos de biología teórica, evolucionismo o investigación en extremófilos (seres que viven en condiciones de temperatura, sequedad o entorno químico muy diferentes a las convencionales). Pese a los augurios de espectaculares convergencias en un futuro, la conexión científica con la parte astrofísica es discutible.

La astrobiología marcó un hito científico con la detección de exoplanetas (planetas externos a nuestro sistema solar). Era un logro suficientemente relevante sin necesidad de que las noticias insistieran en referencias a «gemelos de la Tierra» y planetas en la «zona habitable» de la correspondiente estrella. De nuevo, este último, un nombre poco afortunado. Se llama así a la zona en la que un planeta puede mantener agua líquida en su superficie. La cuestión es que ello depende fuertemente de la existencia de atmósfera en ese planeta, y de su composición. Además, la presencia de agua líquida no es el único factor que se requeriría para que vida similar a la terrestre sobreviviera. Por ejemplo, la mayoría de los planetas que se han descubierto hasta ahora orbitan enanas rojas. Son estrellas más pequeñas y frías que el Sol, y tienen la ventaja de que, con los métodos de detección de planetas usados hasta ahora, es más fácil encontrarlos en las «zonas habitables», pues se hallan relativamente cercanas a la estrella. Ahora bien, sabemos que normalmente las enanas rojas son muy inestables, y lanzan con frecuencia enormes llamaradas de partículas que barrerían, cada poco tiempo, toda forma de vida similar a la terrestre en sus «zonas habitables». Aunque es algo que no se difunde en las noticias, por lo que se refiere a la posible habitabilidad, los planetas de enanas rojas son pésimos candidatos, incluso si poseen atmósferas y agua líquida. Si de lo que se tratara fuera de encontrar planetas habitables, lo hecho hasta ahora sería el equivalente científico al viejo chiste: Un hombre fija la vista en el suelo, por la noche, debajo de una farola: «¿Qué hace?», le pregunta otro, «Busco algo valioso que he perdido»; «Pero ¿lo perdió aquí?», «No, fue cien metros más abajo, en el fondo de ese callejón oscuro», «¿Y por qué no lo busca allí?»,

«Porque aquí hay más luz». La referencia a la habitabilidad es confusa y ajena al auténtico logro científico.

Lo expuesto hasta aquí solo prueba que se están utilizando un puñado de nombres equívocos en la divulgación de algunos logros científicos, no que se promocione una superstición. Lo que ocurre es que hay más. Leo en un periódico la entrevista a un autocalificado astrobiólogo (parece que, por formación, es un astrofísico): no diré su nombre, porque todas ellas poseen rasgos similares, y son estos los que me importan. En sus respuestas no hay afirmaciones que podamos directamente calificar como supersticiosas, pero en ellas flota un ambiente inequívoco. Afirma que el descubrimiento de un «gemelo de la Tierra» es inminente. No es explícito al asegurar que esa gemelitud conlleve la presencia de vida, aunque desde luego lo da a entender, pues la siguiente pregunta le solicita su opinión sobre cómo deberemos actuar en relación con un astro que la contenga, sobre lo que el entrevistado se muestra categórico: no podemos arrogarnos el derecho de colonizarlo. Desde luego, si encaramos el problema de nuestro compromiso moral ante una situación, estamos dando por sentado que esta posibilidad es razonable. El optimismo al respecto es palpable, y está envuelto en las consabidas consignas de atacar el «antropocentrismo de Protágoras» (¿?), que al parecer secundan quienes piensen que la predicción de semejante hallazgo resulta, por lo menos, problemática; y de invocar al ecologismo transterrenal, pidiendo que no se abuse de los recursos que estarán disponibles para esas otras formas de vida. Es muy eficaz, en este sentido, la forma en que se suceden las preguntas por parte del entrevistador, que se coloca en una posición tan favorable como el propio entrevistado y ayuda a esa conexión tácita por la que el lector, a poco que esté ilusionado por ello, llegará a la conclusión de que las pruebas que tienen los expertos son abrumadoras (incluso que hay algunas que, por su evidente confidencialidad, no son explicitadas en una entrevista en los medios) y que pronto podremos acariciar bichos semejantes a los que aparecen en las tabernas de *Star Wars* y lograr comunicarnos con ellos, aunque sean «formas de vida simples». La responsabilidad del periodista, que debería plantear preguntas incisivas, del tipo «dado que no conocemos más que un ejemplo de vida, ¿cómo podemos concebir seriamente los supuestos esfuerzos por definirla de manera más general, que usted despacha con un par de lugares comunes que no aceptarían un mínimo contraste racional?», o «¿Son conscientes ustedes de que los esfuerzos económicos que se están encomendando específicamente a la búsqueda de vida extraterrestre no persiguen un objetivo práctico real ni han podido demostrar que se estén dirigiendo a una posibilidad medianamente realista?». Bueno, no sé, algo parecido a poner en algún compromiso al entrevistado, y permitir al lector obtener una visión crítica sobre sus planteamientos. Honestamente afirmo que es probable que el astrofísico en cuestión disponga de respuestas inteligentes a este tipo de preguntas, y que me encantaría poder conocerlas, pero es una oportunidad que se nos niega por sistema.

Puedo entender que alguien suscriba la convicción de que existe vida en otros lugares más allá de la Tierra, y que esta es tan frecuente que estamos próximos a poder detectarla y estudiarla, pese a la precariedad de nuestros medios actuales. Es una idea atractiva, sin duda. Lo inconcebible es que esa misma persona denuncie a los seguidores de las demás creencias, tachándolos de irracionales y locos, cuando no de embaucadores. Porque aquella es uno de los ejercicios más genuinos de fe voluntarista que podemos encontrarnos. Literalmente no hay ni una sola razón o evidencia científica que le dé amparo. Ellos suelen repetir un argumento que ya se ha hecho famoso: «El universo contiene miles de millones de galaxias, y en cada una hay cientos de miles de millones de estrellas, muchas de ellas con planetas orbitando a su alrededor. Las estrellas similares al Sol, los planetas similares a la Tierra, se deben de presentar en una enorme abundancia, por no hablar de otros distintos, en los que la vida podría igualmente encontrar su sitio. Sería un acto de vanidad desmesurada suponer que la vida no se ha desarrollado en ningún otro lugar, y que nosotros somos tan especiales». El argumento parece sólido, pero es similar al de la persona convencida de que le tocará la lotería por el hecho de que, en lugar de jugar una sola apuesta, se ha gastado una pequeña fortuna en jugar, digamos, diez mil: «tiene que tocarme, seguro». Es probable si el juego de azar tiene veinte mil combinaciones, pero no tanto, si las disponibles son veinte mil millones. Si estamos apostando a un juego desconociendo el número total de posibilidades, cualquier afirmación al respecto es vana. Además, el enunciado anterior destila fideísmo de la peor especie por todos sus flancos. Para empezar, achaca el error a los que no creen que la vida está en otros lugares, sin haber sido detectada. Esta manera de razonar es profundamente anticientífica, pues la carga de la prueba debe recaer, lógicamente, en quien cree que un fenómeno (la vida fuera de nuestro planeta) ocurre, no sobre el escéptico que no se pronuncia hasta que tal fenómeno sea detectado y demostrado. Su valor dialéctico es el mismo que tendría la siguiente afirmación, por parte de un seguidor de la homeopatía: «hay cientos de miles de pastillas en el universo: sería un acto de vanidad desmesurada afirmar que ninguna de las homeopáticas es efectiva». También resulta sintomático que la acusación recurrente contra quienes no aceptan la panespermia, las teorías de las múltiples civilizaciones, o la afirmación de que la ecuación de Drake tiene necesariamente que producir un resultado significativo distinto de cero, o sea, los no convencidos, es la de estar cegados por el orgullo, la misma que utilizan los profetas de muchos sistemas religiosos contra los no creyentes, a los que acusan de soberbia intelectual. Podemos identificar otros rasgos característicos en esta creencia: no ofrece un sistema global del mundo, lo que lo aleja de las religiones estructuradas; marca el advenimiento de un hecho disruptivo (la detección de vida en otros lugares, la detección de señales emitidas por otras civilizaciones ajenas a nuestro planeta) y le supone, sin ninguna prueba, un plazo inminente; confiere a ese hecho la capacidad de cambiar cualitativamente nuestra sociedad y nuestro pensamiento; anima a los legos a participar activamente para favorecer su llegada (en este caso, aumentando la financiación de los proyectos de exploración de cuerpos del sistema solar y exoplanetas)… Por si fuera poco, un porcentaje muy alto de las personas a las que se encomiendan los estudios para la búsqueda de vida extraterrestre afirman sin pudor que les gustaría encontrarla y se declaran creyentes fervorosos. De hecho, el supuesto argumento, que estamos discutiendo, se oye corrientemente de su boca. Eso equivale a poner al mando de la investigación sobre la veracidad de un milagro a un fraile crédulo, o la de fenómenos paranormales a alguien que afirma haber conversado habitualmente con espectros.

Esto permite identificar todos los rasgos de una superstición de corte profético-catastrofista. Quiero además incidir en que la detección de vida no terrestre en las próximas décadas (suponiendo que sea posible el hallazgo de una prueba inequívoca, algo desde luego dudoso) no estaría en absoluto acreditando esta creencia, lo mismo que el hecho de que llueva después de una rogativa contra la sequía no prueba que esta haya tenido efecto, pese a que deje muy satisfechos a quienes la realizaron. Son los rasgos eminentemente irracionalistas de esa estructura de pensamiento lo que permite identificarla como supersticiosa, y no una posible verificación de sus predicciones, que como ya se indicó en otros capítulos, no tienen valor estadístico que apoye ningún modelo de partida. En ella, encontramos abundantes científicos actuando como el primer tipo de individuos en los que se organizan las supersticiones (cuando no en el tercero), a través de afirmaciones no profesionales, no científicas, sino creenciales, y son ya mayoría las personas corrientes que aceptan el discurso, ubicados entre un leve escepticismo no enunciado (por respeto a la sabiduría de quienes lo proclaman) y la ferviente credulidad. La huida hacia adelante de una agencia gubernamental estadounidense para conseguir apoyo popular a sus programas tecnológicos ha dado estos frutos.

Sin sarcasmo, lo más parecido que tenemos en la historia de la ciencia a la indagación sobre formas de vida distintas a la que conocemos sería la búsqueda de fantasmas, ectoplasmas y otros seres no corpóreos. De hecho, coinciden bien con el objeto que plantea la astrobiología: deberíamos ampliar nuestro concepto de vida y hallar evidencias medibles de ellos: su verificación, desde luego, requeriría pruebas extraordinarias. Durante una época, en la segunda mitad del siglo XIX y la primera del XX, los montajes para la detección de presencias no corpóreas utilizando instrumental y método científicos fueron relativamente populares, y dieron lugar a un rico anecdotario al que hoy no se ofrece demasiada difusión, con cierta vergüenza. Su nulo éxito, el hecho de que muchos bulos engañaran a los estudiosos, que inevitablemente quedaban contaminados de credulidad al ponerse en contacto con esos ambientes, han acabado por desprestigiar esas líneas de investigación. Pienso también que a ello han contribuido las modas, pues parece que las creencias supersticiosas en fantasmas ya no son tan del gusto de ciertas capas de la sociedad. Ahora priman otras.

En un reciente artículo en *Nature,* un grupo de científicos plantean la necesidad de un debate para obtener una especie de protocolo de evidencias (o certidumbres) que permitan avanzar en la materialización de dicho descubrimiento. Para no dar ningún lugar a la duda, la frase que encabeza el resumen inicial del artículo es la siguiente: «Nuestra generación podría ser, de manera realista, la que descubra evidencia de vida más allá de la Tierra». Cualquiera que se decida a continuar su lectura, ya sabe lo que debe esperar, es un texto para convencidos. Solo que aparece en una revista científica, y no una más, sino una de las más importantes y de mayor impacto en toda la comunidad. *Nature* no se dignaría a publicar un artículo en el que se planteara la posibilidad de establecer un protocolo para avanzar en la materialización del descubrimiento de evidencias sobre la existencia de fantasmas, y que se encabezara diciendo que nuestra tecnología actual es la apropiada para, de manera realista, considerar que el descubrimiento está en ciernes. Las bases científicas para ambos planteamientos son igual de pobres. Por otra parte, tanto la búsqueda de seres más allá de la Tierra como la de entidades fantasmales son preguntas científicamente lícitas, pues hablamos de fenómenos de la naturaleza, medibles y cuantificables. Lo que hace que uno tenga cabida en las revistas científicas, y el otro parezca que solo es útil como ejercicio de ironía en estas páginas, es que ambas supersticiones pertenecen a épocas diferentes, y mientras la segunda tuvo su momento, y ya pasó, la primera se encuentra en pleno auge.

Debo, además, enfriar un poco el entusiasmo reinante, contemplando la situación con cierta objetividad. Podemos repetir la frase sobre los miles de millones de galaxias y los cientos de miles de millones de estrellas, pero cuando se trata, no de excitar la imaginación, sino de detectar vida, hay una sencilla ley de decaimiento con la distancia que debe aplicarse. Cuanto más lejano es un objeto astronómico, menos detallada es la información astrofísica que obtenemos de él. Las estrellas más próximas al Sol se encuentran a distancias entre unos pocos y unas decenas o centenares de años-luz. Para ellas, solo en planetas especialmente apropiados para la observación (lo que, como hemos visto, puede no corresponder con los más apropiados para buscar vida), tal vez encontremos formas de analizar la composición de sus atmósferas. Se encontrarán, quizá, marcadores compatibles con la vida, pero difícilmente evidencias indubitables de ella. Incluso una atmósfera tan chocante como la de la Tierra, con su desproporcionado contenido de oxígeno,[19] podría tener explicaciones abióticas para quien la observase a grandes distancias. Para estrellas un poco más lejanas, ni eso tendríamos: los trillones de candidatos de nuestra suposición se han reducido a unos pocos miles, si hablamos de hacer ciencia. Tampoco poseemos tecnología para llevar una misión física a ninguna de ellas que suministre evidencias distintas a las de la observación. Así que la posibilidad de encontrar pruebas científicamente válidas que confirmen la existencia de

---

19 Que, además, no siempre tuvo, pese a que ya albergaba seres vivos.

vida en planetas extrasolares, incluso si en verdad existiera, es despreciable. La única excepción la constituiría la existencia de vida inteligente y tecnológicamente avanzada (una vida, inteligencia y tecnología que deberían ser muy parecidas a las nuestras) capaz de establecer comunicación mediante transmisiones electromagnéticas o algo similar.

Por lo que se refiere a nuestro vecindario, las posibilidades de encontrar vida se limitan al inhóspito Marte, al abrasado y deletéreo Venus, a las frías y violentas lunas de Júpiter y Saturno. Mundos todos ellos apasionantes, cuyo aspecto es más bien poco compatible con la vida que conocemos. La mera suposición de que combinando agua líquida (saturada de sales) y energía durante suficiente tiempo inevitablemente se generará vida no posee base científica, aunque a menudo la oigamos de labios de científicos. Si en realidad hay otra información, oculta a la opinión pública, estaríamos ante una enorme conspiración. Si fuera vida de otro tipo... Tal vez la tendríamos delante, y no la estaríamos viendo.

En todo caso, hay al menos otra razón (que, lo reconozco, tampoco es científica) para dudar: en el planeta en el que sí existe la vida, el nuestro, esta se ha extendido con tal potencia y versatilidad que lo ha conquistado todo. En las más variadas circunstancias, por inapropiadas que parezcan, ella se desarrolla, se aferra, se adapta y abunda. No es que la Tierra sea un planeta en el que se desarrolla la vida, es que es literalmente un planeta vivo. El más rudimentario estudio básico desde el exterior lo certificaría. No parece darse una situación así en otros planetas y satélites de nuestro entorno. Y en cuanto a las civilizaciones tecnológicamente avanzadas, recordaré que, durante más de tres mil millones de años de vida, en nuestro planeta las ha habido en los últimos ochenta o noventa.

Yo me congratulo de los magníficos proyectos futuros de investigación planetaria, de las misiones de estudio de los planetas próximos, de todo el impulso a tecnologías en verdad maravillosas. Por supuesto que no acuso a la astrobiología de fraude, ni de falsa ciencia, ni de mentir en ninguna de las acepciones que puedan aplicarse a ese término. Lo que afirmo es que, en esta disciplina, los mensajes que se envían para su diseminación y conocimiento público contienen no pocos abusos del lenguaje y de la argumentación que, leídos con las debidas cautelas, son aceptables, pero que enviados para consumo de personas no expertas, inflan de manera desproporcionada las expectativas sobre sus resultados, presentes y futuros, y crean visiones poco verosímiles del estado de la cuestión de tales investigaciones, con lo que ofrecen coartadas a posturas fantasiosas o puramente supersticiosas. Es además creíble que, al menos para una mayoría de los profesionales que se dedican a ella, tales usos cuestionables de las técnicas de propaganda son conocidos y aceptados, por las ventajas que todo ello suministra en cuanto a prestigio de marca y mayores posibilidades de obtener relevancia social y medios para desarrollar la investigación. Seguro que habrá astrobiólogos airados por esta declaración, pero quiero dejar claro que no pueden entender lo primero a partir de mi exposición anterior, salvo confusión por los defectos de mi redacción o de su comprensión al leerla. Por supuesto, podrán estar en desacuerdo, y molestos, por lo segundo: tendrán completo derecho, aunque yo humildemente me ratifico en mi opinión.

Alimentando la superstición: un estudio publicado en *Science*

Según se ha comentado, las supersticiones conectan fenómenos tangibles (ritos con eventos a los que se vinculan), por lo que nuestra materialista sociedad no tiene especiales problemas para asimilarlas. Sin embargo, la necesidad que tuvieron otras épocas de implicar elementos invisibles o religiosos, las intercesiones de santos o dioses, hoy no son necesarias, ni aun convenientes, y eso configura las formas de las que hoy son más populares. Esta es la condición de una de las que mejor prensa tiene en la actualidad: el karma. Hablamos de una versión actual, de la que con toda probabilidad los creyentes budistas e hinduistas abominan,[20] y viene a decir que la dimensión moral de nuestros actos tiene un influjo sobre el azar futuro. O sea, que, si hacemos el bien, atraeremos (antes o después) la buena suerte, lo mismo que las malas obras acabarán por atraernos la desgracia. Una especie de certera justicia cósmica, atareada en distribuir premios y castigos.

Muchos usos morales de nuestros tiempos (distintas formas de solidaridad, participación en organizaciones de carácter social…) invocan, de forma más o menos sutil o clara, esta visión kármica, que la gente corriente

---

20   Aunque a menudo se refiere que el origen del karma laico contemporáneo está en el oriente indio, también entre los judíos, cristianos y musulmanes, lo mismo que en los antiguos politeísmos occidentales, creencias similares tenían cabida.

no oculta como sí lo hace, algo avergonzado, el creyente en aspectos más espirituales o religiosos. El karma es considerado una moda positiva. Permite, entre otras ventajas, una práctica limitada, experiencial, de la bondad, pues no es necesario comprometerse con ella a perpetuidad (lo que sí es exigido por la moral basada en convicciones más firmes): una cierta cantidad de bien puede, por decirlo de algún modo, cargar nuestro depósito de karma positivo, hasta que volvamos a sentir la necesidad de ello por alguna crisis individual o para compensar karma negativo que hayamos generado.

Hay varias supersticiones kármicas basadas en la ciencia. Una de ellas consiste en achacar todo desastre natural a una forma de respuesta airada de nuestro planeta por nuestro mal comportamiento ambiental. No solo se produciría una respuesta kármica, sino que correspondería a un mal comportamiento colectivo, invocador de una fuerza ciega causante de una desgracia que se cebaría con algunas personas, grupos o poblaciones, mientras que, para el resto, las detalladas noticias sobre esas tragedias individuales constituirían una llamada de atención para que nos esforcemos en mejorar. Se llega al extremo de incluir en el castigo a nuestra soberbia como especie, no ya los fenómenos atmosféricos (sequías, inundaciones, tormentas, olas de calor, sean globales o locales) sino también terremotos, erupciones volcánicas… La superstición funciona como un eficaz culpabilizador de los individuos, que no aciertan a liberarse de la sensación de estar provocando la justa ira del planeta, herido por nuestro bienestar, lo que puede ser aprovechado como motivación ideológica.

El papel de la ciencia tiene que ver con el debate político en torno al ambientalismo, en el que la actividad científica sobre la predicción de un futuro cambio climático global vinculado con algunas actuaciones de la humanidad ha cobrado un gran protagonismo. Este es un tema de mucha relevancia, al que dedicaré espacio en el capítulo siguiente. De momento, en este epígrafe se verá cómo determinadas formas de divulgación de resultados científicos están contribuyendo al fortalecimiento de una creencia que cuenta con no pocos elementos irracionales.

Los métodos nos son ya conocidos: se realizan afirmaciones correctamente basadas en resultados de una investigación científica para, sin ofrecer una distinción clara, en declaraciones inmediatas, incluir opiniones personales, creenciales, o al menos de fundamentación mucho más discutible. Es frecuente que se achaque, por parte de un meteorólogo, cualquier circunstancia infrecuente (una temperatura inusual en cierta época del año, un fenómeno tormentoso) de manera inequívoca al cambio climático: «Este observatorio no medía una temperatura tan alta desde 1942. Los efectos del cambio climático son cada vez más visibles». Pese a lo familiarizados que estamos a frases como esta, carecen de verdadera base científica. Los efectos de un cambio en el clima solo pueden evaluarse estadísticamente (recordemos, necesitamos grandes números) y es razonable considerar que muchos de esos fenómenos tienen que ver con la variabilidad meteorológica, y no con la variación del clima. Lo resumiríamos diciendo que, si el extremo medido en 1942 no se debía al cambio climático, no se puede asegurar tampoco respecto al de hoy.[21] Una afirmación que oímos a menudo, para defender esta asociación, es: «el cambio climático favorecerá el aumento de fenómenos extremos». Volvemos a encontrarnos un enunciado de apariencia razonable y hasta inocente, que, si se analiza, muestra rasgos típicos de irracionalismo. Un ascenso en la temperatura global de unos pocos grados puede ser germen de grandes problemas medioambientales, pero para el sistema atmosférico supone un cambio muy moderado, y no tiene sentido afirmar que sus dinámicas, todas, en todo lugar, cambiarán de manera cualitativa. Lógicamente, habrá una tendencia al aumento de altas temperaturas mantenidas (olas de calor), y una disminución de las olas de frío. En climas fríos, el tiempo tenderá, en general, a ser más moderado, no más extremo. Se modificarán los movimientos locales de humedad, nubes, corrientes... Plantear que todos los fenómenos extremos, en todas las latitudes y climas, van a aumentar, es incompatible con el sentido común. Los cambios que se produzcan sin duda nos afectarán, a nuestra economía, nuestra agricultura, nuestro bienestar, nuestro entorno, y es probable que lo hagan de una forma negativa y dramática. Aun así, parece que eso no es suficiente, que no se puede menos que profetizar una hecatombe apocalíptica: vientos de fuego, diluvios universales, huracanes que arranquen del suelo ciudades enteras... Lo ilustraremos a través de un nuevo ejemplo de publicación en una revista

---

21   Hay que recordar que, pese a lo sencilla que resulta la confusión, la meteorología y la climatología son disciplinas diferentes, y los expertos en la una normalmente no lo son en la otra.

de prestigio científico que se dedica a actuaciones algo diferentes a las que refleja como misión editorial. En este caso es *Science,* la que disputa a *Nature* la primacía como «mejor revista científica».

La primera referencia que leí no fue el artículo original, sino una noticia patrocinada por una organización social multinacional enfocada a la defensa de los niños. En ella, se aseguraba que la organización había publicado una investigación en *Science,* en relación con los efectos que el cambio climático tendría sobre la infancia en los próximos años. Esto fue lo primero que atrajo mi atención, dado que las organizaciones sociales o políticas no acostumbran a tener una actividad científica relevante como para hacerse hueco en una revista tan selectiva. La conclusión del artículo científico, resaltada en el título de la noticia, era que (debo entrecomillarlo) «los niños de hoy vivirán siete veces más olas de calor que sus abuelos». En el texto se describía cómo sufrirán también el doble de sequías e incendios forestales, y el triple de malas cosechas e inundaciones. El resto de la noticia hacía uso de elementos retóricos convencionales, como la proclamación, por parte de la directora de la organización, de que «debíamos escuchar a los niños y pasar a la acción [política]». En el fondo, lo que se sugiere no es escuchar a los niños, que nada saben del drama que se avecina, sino a la organización que se arroga su portavocía.

Estos detalles daban un poco igual, porque para entonces yo ya estaba aterrado: ¿cómo era posible que el cambio climático fuese a producir catástrofes de semejante magnitud? Necesitaba acceder a la fuente original, así que busqué y leí con detenimiento el artículo. Por esa deformación profesional mía, quería ver las barras de error: tal vez fuese una estimación muy imprecisa. También, las filiaciones de los investigadores implicados. Todo era muy desasosegante, no podía haber truco, ¡estaba publicado en *Science*!...

Lo que describiré a continuación fue deducido tras una lectura minuciosa del texto de ese artículo, cuyo peso técnico es considerable. No voy a hablar de falsedad, sino de trucos propagandísticos, que son abundantes. El primero es que, en realidad, lo publicado no es exactamente una investigación, aunque el formato del artículo y la manera en que se ha divulgado así lo sugiere. *Science* lo publica en su sección de «foro político», que no incluye artículos de investigación al uso, sino que está reservada a la discusión sobre elementos sociales relacionados con la ciencia. Sus autores eran una treintena de científicos relacionados con las predicciones sobre el clima, de algunos de los centros más prestigiosos del mundo en estas cuestiones. En todo caso, la ubicación del artículo es importante, porque al aparecer como un artículo de opinión, sus autores, aunque profesionales de la ciencia, no tienen por qué ceñirse a ella. Por ejemplo, los artículos en esta sección no están obligados a pasar por la revisión por pares, que es el filtro de contenido más importante al que se somete a uno de investigación. Por su parte, la asociación multinacional no contribuía directamente, al parecer había contratado, de alguna forma, la redacción del artículo a sus autores. En mi opinión, hay de partida un cierto abuso de posición en la propia estructura del texto, que copia exactamente la de un artículo científico, plagado de aparentes resultados cuantitativos, lo que no es tan usual, ni lo veo necesario para expresar una mera opinión, aunque sea informada. Como muestra, entre el artículo principal y su material suplementario se incluyen veinte figuras (gráficos en su mayoría): una cantidad razonable para un estudio científico, y francamente desproporcionada para un artículo de opinión en *Science*.[22] En cuanto a las cuestiones relacionadas con conflictos de intereses, son difíciles de establecer: estos son evidentes cuando hay un beneficio económico de por medio, y no tanto cuando el beneficio es de prestigio para la entidad que respalda la publicación.[23] Dado que, para este tipo de asociaciones, el prestigio inmaterial es la vía de mejorar su posición institucional, algo se podría plantear al respecto. En todo caso, reconozco que no es fácil obtener conclusiones sobre eso.

Lo importante, de nuevo, es el contenido. El titular de la noticia (que expresa en forma llana lo mismo que el título del artículo) induce a pensar que se está haciendo una construcción alegórica, incluyendo abuelos y nietos, simplemente para afirmar la atroz forma en que los desastres naturales se van a multiplicar en los próximos años. Y aquí el pase de prestidigitador

---

22   En una indagación informal, revisando veinte artículos de la sección de *foro político* de *Science,* dieciocho de ellos tenían una o ninguna figura, y el que más, incluía cuatro. La diferencia con el que nos interesa es apabullante.

23   Aunque debo decir que no he sido capaz de encontrar la conexión entre la citada asociación multinacional y los autores; tal vez esté relacionada con su afiliación personal; los agradecimientos se dirigen a las entidades que financian las investigaciones convencionales de los firmantes, lo que de nuevo es algo confuso, pues lo que se publica no es más que un compendio de opiniones personales.

es sorprendente, porque el artículo no evalúa nuevos datos ni realiza nuevas simulaciones, sino que hace lo que el título dice, de forma literal: toma una «persona promedio» nacida en 1960, y compara los eventos extremos que vivirá en su vida, con los que vivirá una «persona promedio» nacida en 2020, según las predicciones ya conocidas. ¿Qué es una persona promedio? Se calcula sumando todas las desgracias relacionadas con el clima que vivirá cada individuo del grupo, y dividiendo por el número de individuos. Como primera impresión, parece un procedimiento inocente. Ahora, veamos sus detalles. Una persona que habita, digamos, el África subsahariana vivirá muchas más olas de calor que una que vive en el norte de Europa.[24] La cantidad de personas nacidas en 1960 está dominada por habitantes de países en zonas templadas. Sin embargo, la enorme diferencia de las tasas de natalidad entre países durante esos sesenta años (la mayoría de los nacimientos se han producido en las zonas tropicales y cálidas de África, Asia y América) cambió sustancialmente la distribución de población, aumentando el porcentaje de personas que viven en países cálidos, que lógicamente están más expuestos al tipo específico de desastres que se han elegido. Muchos son, además, países en desarrollo en los que las posibilidades de atenuación de algunos de ellos, como las malas cosechas o los incendios forestales, son menores.

Explicado en otras palabras: si los desastres naturales se mantuvieran exactamente igual para ambos grupos de población (nacidos en 1960 y nacidos en 2020), incluso si disminuyeran un poco con el tiempo, ¡se predice un aumento de las vivencias de desastres entre generaciones, pues hay más gente en zonas expuestas a ellos en el segundo grupo![25] También influye el aumento en la esperanza de vida (si se viven más años, se pasa por más eventos desgraciados), aunque los propios autores indican que la influencia de este elemento sobre el resultado global es pequeña. El artículo incluye después desgloses por macrorregiones y por países. Aquí me cuesta más entender la metodología, aunque debo indicar que resultados como

---

24 El primero, lógicamente, vivirá muchas más olas de frío que el segundo.
25 Además, hay una cierta falsedad en el título de la noticia: los nietos no multiplicarán el número de eventos respecto a sus abuelos, según se dice ahí. Lo que ocurre es que los abuelos de Europa, Norteamérica, China o Australia tienen menos nietos que los del África tropical, India o Brasil.

el de que, en algunas de ellas, las olas de calor se multiplicarán por un factor cincuenta y cuatro, honestamente no soy capaz de entender lo que significan, si significan algo. En resumen, la metodología tiende a obtener elevados factores de aumento, y la retórica utilizada para mostrarlos favorece la confusión para que tales factores sean entendidos como el mero crecimiento de los desastres naturales en el futuro, que con toda probabilidad aumentarán en una cantidad muy inferior, según las predicciones científicas actuales.

El artículo desliza opiniones, aquí y allá, lo que es lógico, que se podrán o no compartir, y en eso no hay ningún problema. La dificultad está en que se hallan enterradas entre tecnicismos que simulan un resultado científico (y por ello, irrebatible, o como algunos gustan calificar, «objetivo»). Tampoco sus métodos están ocultos, yo he podido leerlos y transcribirlos aquí. Salvo que solo están disponibles pasando por el procedimiento, exigente tanto en tiempo como en conocimiento previo, que yo he llevado a cabo. En ciencia, eso siempre es así; en un artículo de opinión, por mucho que esté fundado sobre resultados de investigaciones, no debería serlo. Aún más si hay indicios de que el auténtico objetivo de la publicación en *Science* no es otro que la posterior publicación de una noticia que se dirige a divulgar en forma distorsionada unos datos de apariencia neutra manejados con intencionalidad, según todo lo comentado hasta aquí. Temo que una parte considerable de las verdades científicas en este ámbito están dando respaldo a la superstición. Su papel es el consabido de ofrecer cobertura respetable a la común estructura de imposiciones rituales, inducción a la culpabilidad e influencia creencial.

¿Qué está haciendo la ciencia en todos estos relevantes debates sociales y políticos? O, mejor dicho, ¿cómo están utilizando los científicos, y quienes los financian, su monopolio en el control de conocimiento científico en ellas? Es hora de analizar el papel que la ciencia está jugando en nuestra sociedad, y no solo en los aspectos que le son propios de manera indudable. Cuestión compleja a la que dedicaremos el próximo capítulo.

5.
CIENCIA Y SOCIEDAD

Cómo se hace la ciencia

Ciencia pasada y ciencia de ahora

La manera fundamental por la que la ciencia se hace patente en la sociedad es creando ciencia. Esto podría parecer una obviedad, y puede que lo sea, aunque posee un par de elementos que me ayudarán a tomar el hilo que quiero seguir. Hay una ciencia existente, que se realizó en el pasado y que pervive mediante estudio, revisión o aplicación. Todos los conocimientos tienen vocación universalista, y la ciencia no es una excepción: con el tiempo, la autoría se desdibuja y se torna más importante el contenido, el logro, la adquisición. Podríamos decir que el asentamiento de cada contribución supone el paso de un saber de cultos, donde el individuo creador y su circunstancia prima, a un saber cultural, que filtra los elementos prescindibles, reserva lo sustancial (o lo que el grupo considera que lo es), y nos pertenece a todos.

Y luego hay una ciencia actual, que se está generando ahora mismo. Si bien ambas tienen importancia social, es la segunda la de mayor peso sociológico, al ser las propias estructuras y miembros de esa sociedad sus impulsores. Así que nos será de gran ayuda introducir, y en la medida de lo posible entender, la forma de la producción científica.

Podemos detectar un buen montón de diferencias entre la ciencia de hace unos siglos, hasta la de hace unas décadas, y la de ahora, en cuanto a su manera de realizarse, lo que por lógica conlleva cambios en el papel de los propios científicos. Creo que una presentación comparativa entre ambas puede ilustrar bien la situación. Soy consciente de que este tipo de ejercicios favorece las visiones melancólicas, llenas de *ubi sunt* idealizados sobre las románticas virtudes de los viejos tiempos, contrapuestas a nuestros feos defectos. Prometo al lector que no caeré en este tipo de trampas, o al menos no demasiado, pues en líneas generales creo que hoy se hace una ciencia mejor, y en muchos aspectos muchísimo mejor, que antes. Lo que no impide que la ciencia actual tenga cosas a mejorar, y dificultades de carácter estructural que deberían ser apropiadamente detectadas y para las que se podrían plantear soluciones. En todo caso, me he propuesto no hacer aquí una crítica general al sistema de producción científica, por más que seguramente sea un ejercicio de lo más pertinente. Precisamente por ello, porque requeriría un enfoque propio y nos distraería de los objetivos marcados, debemos olvidarlo, y nos limitaremos a indicar las peculiaridades que nos parezcan más relevantes para comprender cómo la ciencia avanza e influye en su propia definición y en su papel en el mundo.

Nos pondremos a la tarea. Los cambios más evidentes que se han venido produciendo respecto al pasado (el aumento en la cantidad de ciencia producida, la progresiva profesionalización del oficio de investigador) no requieren mayores comentarios. La ciencia fue una actividad casi exótica, propia de aficionados adinerados o de intrépidos profesionales liberales que ocupaban su tiempo libre, a menudo con no poco sacrificio personal, en su pasión, que era el estudio sistemático de los fenómenos naturales. Las universidades eran pocas, y su dedicación a la producción de ciencia, como hoy la entendemos, minoritaria. La expansión de las sociedades o instituciones científicas, y la progresiva aparición del investigador que era remunerado y podía dedicarse a tiempo completo a esas tareas, vino al principio gracias a la protección de los poderosos o de los reyes, y en los Estados modernos permaneció sobre todo como una tarea pública ligada a academias o entidades cuyo carácter se ubicaba entre lo benéfico y lo prestigioso.[1] Relacionado con los dos rasgos anteriores (el aumento de cantidad de ciencia generada y la aparición de algo semejante a un gremio de productores), los métodos de comunicación de los resultados de la ciencia también siguieron una importante modificación. Los estudiosos que reflexionaban arduamente sobre distintas cuestiones, diseñaban ingeniosos experimentos, y verificaban comportamientos desconocidos, debían hacer llegar sus averiguaciones a otros sabios y al resto del entorno social, tanto para reclamar su primacía como para contrastarlos frente a quienes podrían estar interesados en fenómenos parecidos. La solución distaba de ser sencilla: podían escribir libros, que eran objetos caros, de confección dificultosa y cuyas tiradas no serían elevadas, por lo que encontrar un impresor dispuesto a correr el riesgo de su publicación resultaba arduo. Todo esto se reservaba para los compendios o las aportaciones muy sustanciales. El tráfico de información entre científicos solo era posible mediante comunicaciones personales, por carta… El procedimiento resultaba tan ineficaz, que contribuciones hubo que se realizaron varias veces, sin noticia las unas de las otras, incluso bastante separadas en el tiempo e incluso bastante próximas en el espacio. Lo que ha dado lugar a episodios poco edificantes, cuando no chuscos, de atribuciones, debates sobre posibles plagios o penosos ejercicios de nacionalismo científico: se atribuye a cierto autor, en disputa con otros según los historiadores y la evidencia documental disponible, una ley o modelo, asignándole su nombre en libros de texto, sin más razón que la de ser compatriota y con la evidente (y espuria) intención de sobrepujar a los países del entorno bajo la suposición de que lo que hiciera una persona ya desaparecida, que a lo mejor no hubiese sido de nuestro agrado en vida, o nosotros del suyo, nos hace mejores, solo porque nació en el que consideramos nuestro. Otra forma de irracionalismo de uso común.

---

1 Conscientemente estoy mezclando la actividad de los inventores, lo que hoy llamaríamos *tecnólogos,* y de los científicos en aquellas épocas en las que las diferencias no eran nítidas. Además, doy al adjetivo *público* un sentido amplio, que incluiría, no solo las iniciativas vinculadas con la administración de los Estados incipientes, sino también las privadas dirigidas a las actividades de beneficio social, que en tiempos pasados incluían muy específicamente las culturales y educativas.

Volviendo a las comunicaciones de las que hablábamos, ocurrió que las nacientes sociedades científicas ofrecían un interesante marco de discusión, comentario o información sobre las actividades de sus miembros. A alguien se le ocurrió que las actas o los informes podían ponerse por escrito y ser de utilidad tanto a los que las presenciaron, de manera que no precisaran realizar ejercicios de memoria, como a los que no, y podrían consultarlas para conocer el estado de conocimiento. Y así se concibieron las primeras revistas científicas, que hoy son un medio especializado y funcional de contacto para saber la ciencia que se hace, de forma que prácticamente han desplazado, o reducido en importancia, a todas las demás.

Estos cambios y evoluciones tenían un profundo calado. Sin embargo, resultaron poco significativas en comparación con uno que tuvo lugar en apenas unos decenios, después de la última gran guerra mundial. Considero que, por chocante que parezca, hay más relación entre la manera de producir ciencia por un investigador de la primera mitad del siglo xx y la de un «filósofo natural» dieciochesco, que entre el primero y un científico, no ya actual, sino de las últimas décadas del pasado siglo.

¿Cuál fue esta transformación tan radical? Pese a que el nombre sin duda puede sugerir connotaciones negativas, que no están en mi intención primaria, el más descriptivo que se me ocurre es el de la burocratización de la ciencia, que condujo a los potentes sistemas de ciencia nacionales y supranacionales vigentes en la actualidad. No conozco los detalles sobre cómo se produjo este proceso, así que ofreceré al lector una especie de fabulación que, si no es fidedigna en ellos, sí permitirá comprender el ambiente científico general en la actualidad.

Hasta la instauración del nuevo modelo, el científico era una especie de «notable intelectual» de su comunidad (aunque podía dar lugar a contribuciones que la trascendieran), un sabio cuya actividad permanecía en un ámbito puramente cultural, y por lo tanto anecdótico. La gestión pública de su profesión no se planteaba mayor objetivo que facilitar sus trabajos, para los que la única aplicación directa se centraba, quizá, en la educación superior, a la que el acceso por otra parte era minoritario. En los países más desarrollados, estas estructuras básicas aumentaron y se enriquecieron, de forma que su gestión, y no solo su realización, iba siendo más profesional.

De repente, la idea surgió. Puede que la sugiriera la guerra, en la que, por primera vez en la historia, los científicos, y no solo los ingenieros militares o los inventores, resultaron útiles de forma visible, neta. Puede que el afán de la economía por controlarlo todo. El caso es que alguien, en algún oscuro despacho de algún ministerio, debió de pensar: «Tenemos en plantilla un montón de individuos inteligentes dedicados por propio gusto a tareas más bien abstrusas. Podemos seguir pensando en ellos como un gasto, como el dispendio que anotamos cada año en el erario para decorar con flores los jardines en primavera, que apenas cumplen la difusa misión de transmitir algo de alegría a los viandantes matinales. Pero ¿y si los considerásemos como entidades productivas? ¿Y si la ciencia que fabrican tiene un valor, como lo tienen los tractores o las casas?».

Así descrito, puede resultar extravagante o trivial, según se quiera. Sin embargo, una vez establecida la premisa, su desarrollo lógico dio lugar a una revolución conceptual de la que no se oye hablar con frecuencia, y que ha cambiado por completo, no solo la ciencia, sino todas las formas de conocimiento que el hombre practica. Llevaré al lector de la mano por las diferentes y razonables consecuencias.

En primer lugar, se precisaba un respaldo racional. Este se estableció en la idea de que había una conexión directa entre la producción de ciencia de un país y su producción de tecnología e innovación (estas sí, indubitablemente conectadas con la riqueza y el bienestar). No la cuestionaré, porque hoy en día está tan asumida por todos (entre los que me incluyo), que hacerlo no me conduciría a ninguna parte. Diré, en todo caso, que la correlación que sin duda existe entre países científicamente fuertes y tecnológicamente fuertes podría ser incidental, al tratarse de economías poderosas que lo estarían haciendo bien en ambos aspectos; y que es llamativo que, si la ciencia, en general, está publicada y es accesible, y si la actividad tecnológica y la científica están bien diferenciadas, en este mundo en el que prima la especialización profesional, en teoría no debería haber problemas para que un país desarrollara riqueza tangible a través de la innovación sin que le importase lo más mínimo producir ciencia: como mucho, debería preocuparse por tener disponibles para sus expertos todas las revistas científicas debidamente actualizadas.

Lo siguiente era definir y caracterizar el producto, la ciencia, con el fin específico de cuantificarlo. Y de cualificarlo. No se planteaba simplemente producir más o menos, sino muy particularmente generar ciencia de calidad. Y esto, ¿en qué sentido? ¿Cómo comparamos unos progresos científicos con otros? La respuesta dista de ser obvia. Relacionarlo con las perspectivas tecnológicas que las contribuciones científicas abrieran no bastaba, pues en esta cuestión sí había acuerdo en que eso reduciría mucho los temas científicos para los que esta forma de análisis tuviera sentido. Saberes sin conexión práctica abundan; tanto o más que los otros. Sin olvidar que los ejemplos de ciencia aparentemente inútil que acaba por fundamentar las más potentes (y lucrativas) tecnologías son multitud. La pregunta correcta era cómo podría medirse la calidad de la ciencia en cuanto a ciencia. Este contraste de calidad era tan necesario para estimar la productividad del sistema de ciencia como para seleccionar al personal que lo integraba, pues el talento necesario para producir ciencia abundante y excelente no es frecuente ni fácil de detectar.

Podría ser más o menos sencillo si se analizaba la ciencia producida unas décadas atrás, y se solicitaba a los estudiosos informes sobre su relevancia e impacto. Por desgracia, eso no servía, había que evaluar la ciencia recién producida, de inmediato. En cuanto a la evaluación de los científicos, lo más próximo que se conocía era la evaluación de los conocimientos adquiridos: un profesor con experiencia podía determinar el nivel de comprensión y profundización de un alumno en un temario concreto, siempre que él mismo lo dominase. Salvo que tampoco se podía contar con expertos ubicados en posición de superioridad sobre una ciencia que aún no existía. La solución podría estar en la evaluación entre iguales, o sea, que expertos acreditados respalden o censuren las contribuciones de sus colegas sobre la base de sus conocimientos y trayectoria. Esta venía aplicándose en el pasado. Los sabios seleccionaban a otros para integrarse en sus academias, o valoraban los informes que se enviaba a ellas. La experiencia mostraba que era posible, salvo que podría no ser suficiente en el nuevo paradigma: esos métodos ponían todo el futuro de los sistemas de ciencia en manos de los científicos (de unos pocos), personas que por muy sabias que fueran, no estaban libres de prejuicios, sesgos y mezquindad. ¿Podía dejarse el devenir de la ciencia nacional al arbitrio de las más bajas pulsiones humanas de un puñado de profesores, de aspecto descuidado y palabrería incomprensible?[2] Además, y esto es importante, no se podía rellenar ningún impreso, ni emitir ningún documento administrativo, para respaldar una evaluación de calidad fundada en: «tal sabio, que es uno de los buenos, lo ha dicho».

¿Qué hacer? Las dificultades para lograr todos estos objetivos habrían parecido desmesuradas. Tal vez el ocurrente político o gestor que había concebido todas estas maquinaciones habría encontrado imposible su realización práctica, las habría acabado por guardar, con melancolía, en el cajón de los proyectos bellos e imposibles, y habría vuelto a reservar, en la columna de los gastos sin retorno, una partida presupuestaria para que los científicos se entretuviesen con sus pasatiempos. En su lugar, evidenciando una perspicacia poco común, pensó: «Necesito ayuda. ¿Qué profesionales son capaces de realizar una formalización de lo tangible mediante cuantificación, de manera que acaban convirtiendo en números las características más elusivas?... ¡Claro, los científicos!». Y con gran acierto los involucró en su revolución.

Originalidad, relevancia, reputación, eran cualidades que se consideraban usualmente en la ciencia producida y en sus productores.[3] Ninguna parece sencilla de cuantificar, y además poseen detalles muy sensibles desde el punto de vista de la percepción individual. ¿Cómo aceptaría un científico ser evaluado de manera que el procedimiento acabase afirmando que era un 10 % más original que su vecino de despacho en el departamento, pero un 15 % inferior en reputación científica? Ante esta situación, podría

---

2 Las biografías de científicos famosos exhiben abundantes episodios en los que un académico ya asentado conoce al joven protagonista e, impresionado por sus ideas, lo recomienda o le ayuda a promocionar en su carrera. Esto da al relato una vivaz dimensión humana, pero puede ser interpretado de una forma menos amable, pues pone en evidencia las relaciones, basadas en personalismos y hasta en estructuras clientelares, que imperaban en esos tiempos. En seguida puede considerarse que no siempre fueron utilizadas para tan justo fin... Creo que hoy en día pueden producirse situaciones análogas, aunque imagino que las futuras biografías de los científicos señeros lo soslayarán, enfatizando que su ascenso profesional se produjo mediante concurrencias públicas y de exquisita transparencia.

3 Por lógica, la originalidad está sometida a los criterios convencionales que caracterizan la ciencia. Es muy original afirmar que los elefantes pueden volar, pero tal afirmación no tendría valor científico al no poder someterse al método y a la confirmación experimental. Por otro lado, modificaciones del propio método, o formas de contraste novedosas de modelos sí podrían incluirse como contribuciones originales.

haber ocurrido una especie de plante corporativo, los científicos podrían haberse negado, en bloque, a que sus auras de valor intelectual fueran reducidas a cifras en una hoja de cálculo. Sin embargo, como ya se vio en otros capítulos, los científicos son gente diversa, y no hubo una negativa total. Algunos veían en el propio planteamiento abstracto del problema un reto profesional interesante. Los más jóvenes, que todavía no habían accedido a puestos de responsabilidad, recordaban, todos ellos sin excepción, agravios del pasado, decisiones injustas que los habían postergado tras individuos menos capaces a los que ayudaron influencias o parentesco, y veían con buenos ojos la implantación de mecanismos que los protegieran de la arbitrariedad de los viejos profesores consagrados, a los que miraban con una mezcla de desconfianza y menosprecio. Todos, antes o después, más o menos convencidos, acabaron aceptando las nuevas normas.

El procedimiento resultó ser muy ingenioso. Comenzó especificando que la producción científica se podía cuantificar mediante las publicaciones. Solo la ciencia publicada sería ciencia reconocida. Resultaba muy coherente, aunque conciliaba mal con algunos ejemplos ilustres (Darwin, Newton) que mantuvieron muchos de sus descubrimientos y aportaciones sin publicar durante décadas. Bueno, los tiempos estaban cambiando. Las publicaciones se podían cuantificar fácilmente. Para el problema de la calidad, se siguieron dos astutas estrategias. Primero, se aprovechó un imperativo ético en el que todos los implicados estarían de acuerdo: siempre que una publicación científica se basara en resultados previos, se debería hacer referencia explícita a la publicación en la que esos resultados se encontraban. No hacerlo suponía incurrir en la inaceptable conducta del plagio, y los iguales, que serían conocedores del estado de la disciplina concreta, podrían detectarla y denunciarla. La segunda fue que, en lugar de buscar directamente indicadores de calidad de cada científico, se intentó resolver primero los de las revistas que publicaban sus resultados. La mejor no sería la de más tirada, o la que publicara más artículos, sino la más influyente. Y esto se determinaría contando el número de veces que los artículos publicados en ellas aparecían después en las referencias de otros artículos, o sea, la cantidad de ciencia publicada en ellas que luego era importante para desarrollar nueva ciencia. La tarea podría resultar ardua (contar con infinita paciencia las citas que cada artículo realizaba de los publicados anteriormente), si bien no parecía imposible. La aparición de los ordenadores la facilitó muchísimo.

Establecida la calidad de las revistas, la de los científicos usaba las mismas herramientas: el individuo debería luchar por lograr publicar tanta ciencia como le fuera posible, hacerlo en las revistas más influyentes, y que sus resultados fuesen a su vez influyentes, o sea, fueran utilizados, y por lo tanto referidos, por otros científicos en sus publicaciones futuras. Todo podía ser contabilizado, y marcaba además una línea de actuación práctica homogénea para todos los científicos, si querían puntuar lo más alto posible en cualquier evaluación.

La revisión entre iguales, donde los científicos deberían utilizar percepciones subjetivas, basadas en sus conocimientos y estatus, quedaba restringida a la evaluación de los manuscritos que se enviaban a las revistas, pues ellas solicitarían la ayuda de otros científicos para determinar si un manuscrito merecía, o no, ser publicado.[4] Ya se ha comentado alguna anécdota al respecto en capítulos anteriores. Las revistas recurren a ellos como recensores o editores, y aquí ya no es necesario establecer protocolos estrictos, porque serán las publicaciones quienes deberán diseñar soluciones para lograr mantener su influencia medible, el elemento clave para preservar su prestigio. Ya hemos hablado varias veces de *Science* y *Nature,* los dos casos de mayor éxito en este terreno. Reconozco que en varias ocasiones me he referido a ellas en anécdotas negativas, lo que puede tomarse como prueba de su buen hacer, habida cuenta de lo extraordinarios que resultan los casos en los que no andan tan acertadas. Para el grueso de la comunidad científica representan una referencia de calidad (y es un objetivo llegar a publicar en ellas), como también para mí.

Los iguales participan en otras muchas evaluaciones, integran comisiones y tribunales que deciden si se financia una investigación o si se contrata o promociona a un científico. Salvo que, en esos casos, su juicio ya debería basarse en los elementos cuantificadores establecidos, por lo que está acotado en sus valores numéricos por criterios compartidos, y en consecuencia se rebaja el riesgo de arbitrariedad.

4　Siguiendo esta filosofía, los evaluadores de un manuscrito se centran más en la originalidad percibida que en la calidad en sí, que se establecerá en un futuro más o menos inmediato a través de su influencia.

La determinación de la calidad de las revistas permite una evaluación inmediata de la ciencia producida. Los autores ansían publicar sus artículos en las revistas mejor reputadas, que por una sencilla ley de oferta y de demanda pasarán a ser las más restrictivas.

Restaba determinar, sobre esta estructura, cómo cuantificar los méritos de los propios científicos. Es evidente que la influencia de las revistas se basa en la de los artículos que publica en promedio. Las mejores revistas no están exentas de incluir artículos que resultarán, al cabo de los años, irrelevantes, y las mediocres incluirán algunos excelentes. Para evitar que un investigador se cuele entre las rendijas de esta realidad, logrando colocar, de la manera que sea, una producción de baja calidad en buenas revistas, cada artículo recibe una calificación provisional vinculada con el medio en el que se publica, y con el tiempo esta se corrige al alta o a la baja en función de sus propios méritos, esto es, la influencia probada en las del inmediato futuro.

El sistema es admirable, al haber logrado resolver un problema de cuantificación ciertamente complicado. Lo que no significa, claro, que sea infalible, ni aun óptimo. Con todo, tuvo unos efectos rápidos y espectaculares. La cantidad de ciencia generada se multiplicó, y bajo los parámetros diseñados, la calidad percibida aumentó. Los sistemas de ciencia, y la ciencia como producto, se convirtieron en poco tiempo, de un proyecto difuso, en una firme realidad.

Pero antes de entretenernos un poco en determinar sus abundantes virtudes y sus no pequeños defectos, dedicaremos un epígrafe a una cualidad llamativa del conocimiento científico, que no ha sido cuantificada mediante sagaces métodos, lo que seguramente ha contribuido a que no se le dé mucha importancia, y que lo caracteriza, en mi modesta opinión, como uno de sus elementos más genuinos e identificables.

Me refiero a la existencia de locos.

El papel de los locos

Cada cierto tiempo, algo así como media docena de veces al año, recibo en mi correo electrónico un mensaje cuyo remitente tiene un nombre de resonancias húngaras. No es alguien a quien conozca, y sin duda ha tenido acceso a mi dirección a través del incivil tráfico de ellas que se produce continuamente, a partir de alguna lista de distribución que se generaría en algún congreso o algún proyecto. El contenido de los sucesivos mensajes tiene una línea común: con tono más bien irritado, que no excluye el insulto dirigido a sus pobres receptores, este individuo mantiene que toda la física moderna, incluyendo la mecánica cuántica, las relatividades einstenianas, el modelo estándar o la cosmología del Big Bang, son solo filfas, engaños mal formulados y peor contrastados que los profesores venimos inculcando a nuestros alumnos de manera que se perpetúan durante generaciones. En cada entrega, incluye abundantes teorías, gráficas y animaciones (que no me he molestado nunca, lo confieso, en leer con detenimiento), destinadas a demostrar sus aseveraciones. Nos las envía para conminarnos a que abandonemos nuestras prácticas inaceptables, por el medio, no de convencernos, sino de transmitirnos su absoluto desprecio. Últimamente, la ha tomado con los modelos del clima, a los que, no sé muy bien cómo, pone en relación con todo lo anterior. Ignoro si mi agresivo remitente es real, o si todo consiste en uno de tantos engaños del mundo tecnológico, urdido con quién sabe qué objetivos fraudulentos. Cumple, en todo caso, el perfil de un loco científico.[5]

Conservo un recuerdo muy vívido del primero al que conocí en persona. Yo era estudiante de los últimos cursos de la licenciatura, y alguien del Departamento de Física Teórica invitó a un profesor de Oxford (creo que era Oxford) a impartir una charla: un hombre entrado en años, flaco y de blanca melena desordenada, la viva estampa del científico de ficción. Su cara irradiaba una alegría agradable, contagiosa. Hablaba un español muy fluido, con un atroz acento británico. Durante los cuarenta y cinco minutos que duró su disertación, insistió en explicarnos, y procurar demostrarnos, que Einstein había sido sagaz descubriendo la relatividad, y después lo había estropeado todo abriendo el camino para la mecánica cuántica, que junto a sus secuaces había desarrollado pese a que podía probarse su completa falsedad. Aún me lo represento defendiendo que el átomo de Rutherford, ese modelito de electrones con forma de bolitas dando vueltas, como si fueran planetas, alrededor de un núcleo-Sol, esa idea *naïve* que inmediatamente viene a nuestra cabeza al oír la palabra

---

5 Como después se verá, uso el término sin connotaciones médicas ni ofensivas.

átomo, era perfectamente funcional, usando la física clásica, sin necesidad de herejías cuantificadoras.

Los alumnos no sabíamos muy bien qué pensar, divididos entre el respeto que nos inspiraban las acreditaciones académicas del conferenciante y la desconfianza hacia su relato diametralmente opuesto a lo que veníamos estudiando en nuestras asignaturas. Nos limitábamos a mantener una sonrisa desconcertada. En cuanto a los profesores del departamento, su estado era más bien de incomodidad, hasta de enfado. En el turno de preguntas, formularon algunas incisivas, en tono más bien desabrido, a las que el hombre respondía con detalle y mucha cordialidad. Ya no recuerdo los argumentos de unos y otros. Solo un momento, en el que, tras una tanda de repreguntas y réplicas, el conferenciante abrió mucho su sonrisa, sin amilanarse por el tono adusto de sus interlocutores, y afirmó:

—¡Pero es que yo no creo en fotones![6]

Si a mis profesores les disgustaban tanto las ideas de su invitado, ¿por qué lo habían traído y le ofrecían un estrado para exponerlas? En realidad, los locos científicos están ahí desde que la ciencia existe, y hasta entre quienes los denostan y ridiculizan, concitan un cierto respeto. Son cuadradores de círculos, diseñadores de máquinas de movimiento perpetuo, descubridores irredentos de la fusión fría o de la memoria estructural del agua líquida… No hablamos de truhanes practicantes de las pseudociencias ni de los incautos a los que engatusan. A ellos ya les hemos dedicado suficiente espacio en este libro. Tampoco de personas que han perdido el juicio. A menudo son profesores expertos en su área, tanto por conocimiento como por años de práctica ortodoxa, que en algún momento se convencen de que alguna teoría o modelo, aceptado por la mayoría de sus colegas, es erróneo, y dedican sus empeños, desde ese momento, a desenmascararlos y a demostrar ante todo el mundo cuál es la descripción correcta.

Los impulsan, desde luego, el afán de realizar un descubrimiento relevante que les otorgue notoriedad entre los suyos, y también la búsqueda de la verdad de la ciencia. Nada diferente de lo que mueve a los demás

---

6   Pronúnciese con un cerrado acento de las Islas, algo así como «¡perou es que iou nou crueou en foutounes!», para hacerse una idea aproximada del episodio.

científicos. ¿Y en qué se basan? Podría parecernos que los hechos no les ofrecen el más mínimo respaldo, pero lo que ocurre es que, dentro de toda la evidencia disponible, nunca faltan resultados que admitirían interpretaciones alternativas, datos que parecen discrepar de los modelos asentados (los que justifican la manida frase de las noticias científicas «es necesaria más investigación sobre este asunto»), experimentos sorprendentes, discusiones sobre los propios fundamentos... Ya hemos repetido que la ciencia es muy compleja. Es innegable, los revolucionarios que cambiaron los caminos del conocimiento, los que realizaron contribuciones rupturistas, también plantearon las cosas de manera distinta a como se venía haciendo. Hoy la historia ya no los llama locos, algo que tal vez sí hicieron sus coetáneos, sino visionarios. Así que un loco siempre está al borde de transformarse en un genio... solo que rara vez ocurre, su destino más certero es el de pulular por los arrabales de la ciencia, despertando algo de curiosidad, y mucho de incomprensión y burla. Lo que no impide que el resto, los científicos cuerdos, guarden en el fondo de su mente una última reserva, «¿y si, después de todo, este insensato acabara teniendo razón?», y los acepten a su alrededor como una inconveniencia soportable. En ocasiones se hacen un hueco en los medios, en los que leemos, por ejemplo, que un prestigioso científico afirma, contra sus colegas, que una roca espacial de apariencia anodina es en realidad el vestigio de una nave extraterrestre, o que una especie del género *Homo,* pariente próxima de la nuestra, extinta hace milenios, podría todavía sobrevivir en una cerrada selva tropical aislada.

Al comparar genios con locos, el lector podrá pensar que se trata de un recurso literario del que se ha abusado con profusión. Y que, en una visión más práctica, de la parte de todo científico señero en la historia (un Newton, un Einstein, un Maxwell) encontraremos elementos que lo diferenciarán con claridad de mi simpático profesor oxoniense. Sería tranquilizador. Si la hay, esa diferencia no estaría en la convicción: la creencia de estar en lo cierto es la misma para ambos. No, en el juicio de sus contemporáneos, que por lo general no supieron apreciar su valor. Es como si no existiera. Lo que puede resultar desasosegante.

Creo que la manera más sensata de verificarlo sería estudiando el caso de alguien que haya sido genio y loco a lo largo de su trayectoria. Y por fortuna tenemos un caso notable. Su nombre es Albert Einstein.

En una época, la primera mitad del siglo xx, en la que se produjo una inusual emergencia de mentes brillantes en la física, llama la atención el enorme prestigio, por encima del resto, que mantuvo Einstein entre sus compañeros de profesión. Se debió a que era un pensador singular: sus contribuciones tenían origen en una manera completamente diferente de razonar, mucho más que en nuevas evidencias, profundidad de análisis o destreza matemática, que son herramientas más convencionales, por decirlo de algún modo, entre grandes científicos.

Todos los resultados que publicó el famoso *annus mirabilis* de 1905 respondían a esta forma de hacer las cosas. Einstein se enfrentó a las inconsistencias de la relatividad de Galileo en relación con las ecuaciones del electromagnetismo. Muchos las habían visto, solo que nadie se atrevió a extraer sus conclusiones radicales, que condujeron a la relatividad especial. Después de que el debate entre la naturaleza corpuscular y ondulatoria de la luz parecía claramente resuelto en favor de esta segunda, Einstein recuperó las partículas de luz, los fotones, para interpretar el efecto fotoeléctrico. En cuanto a la solución al problema de la equivalencia entre la masa inerte y la gravitatoria, que venía durando siglos y al que nadie había encontrado, no ya solución, sino sentido, Einstein lo despachó con la relatividad general, nada menos. Es sugerente que Einstein, tras concebirla, tuvo muchos problemas para desarrollarla matemáticamente, pues no era un campo en el que destacara particularmente. Todo nacía, más que de nuevas ideas, de nuevas maneras de tener ideas.[7]

Einstein triunfó en todos estos desafíos, y se hizo un nombre entre los más grandes pensadores de todos los tiempos. Después, cuando la mecánica cuántica avanzaba, creyó oportuno reflexionar sobre ella utilizando un punto de vista original. Como siempre había hecho. El carácter no local de esa teoría (del que hablamos en el capítulo sobre verdad) le pareció

---

7   La prevalencia de los métodos de pensamiento frente a los meros resultados experimentales, tan importante en las revoluciones cuántica y relativista, puede que estén detrás de los excesos de Thomas Kuhn cuando postuló el carácter secundario de la experiencia en el establecimiento de los que él llama «paradigmas científicos». Ya hemos comentado que esto le llevó no solo a despeñarse por el camino del relativismo, sino a tratar toda la ciencia desde un planteamiento excesivamente reduccionista. Un caso, aunque resulte sugerente, no tiene por qué hacer categoría.

inaceptable, no solo por su incompatibilidad con la relatividad, sino para su «sentido común físico», que tan bien le había funcionado hasta entonces. Así que se separó de ella, afirmando que, en el mejor de los casos, era un modelo incompleto y poco coherente, y propugnó el desarrollo de una teoría de lo microscópico que preservase la localidad y el determinismo. Y de repente, se convirtió en un loco, porque esta vez no tenía razón. Pese al respeto que concitaba entre sus colegas, su insistencia cada vez resultaba más incómoda. Por su parte, cuanto más se atacaban sus ideas, diferentes a las del resto, más se ratificaba él. Como había hecho en su juventud. Esperaba sin duda dar con un planteamiento que demostrara su acierto y el error del resto. Y creyó haberlo encontrado en uno de sus queridos «experimentos mentales», con los que había asombrado a todos cuatro décadas antes. Junto a Podolsky y Rosen planteó un montaje que, en su opinión, suministraría unos resultados que desmontarían por fin los elementos inaceptables de la formulación cuántica. El experimento, una presentación sencilla de lo que hoy se conoce como *entrelazamiento cuántico,* no pudo materializarse hasta muchos años después del fallecimiento de Einstein. Y en lugar de producir los razonables resultados que él esperaba, dio los inexplicables resultados que predecía el modelo cuántico ortodoxo.

Con los mismos rasgos de su mente, su misma personalidad, originalidad y esfuerzo, Einstein primero aportó contribuciones maravillosas, y luego descarriló hacia la cuneta de los locos.

A mí todo esto me induce una melancólica reflexión. En esta época de «casos de éxito» y «buenas prácticas», damos continuamente por sentado que los triunfadores están tocados por un talento superior, que todo lo deben a que son más listos, más rápidos, más resueltos y hábiles que quienes no lo consiguieron. Que su triunfo era inevitable, y, por lo tanto, previsible. ¿Y si eso no fuera verdad, o al menos no fuera toda la verdad? A veces, los buenos conciben ideas que simplemente no logran fraguar; a veces, la capacidad de los mediocres alcanza fortuna.

Supervivencia

Si a un escolástico medieval, a un enciclopedista francés o a un polemista decimonónico les hubieran dicho que su actividad se evaluaría en términos de productividad de conocimiento y parámetros cuantitativos que determinaran su calidad, se habrían quedado perplejos. Creo que les causaría menos problema entender la existencia de pájaros huecos de metal, o de imágenes ilusorias en movimiento. Como hoy nos hemos acostumbrado, no solo nos parece apropiado para la ciencia, sino que el resto de ramas de conocimiento buscan métodos similares de ordenamiento, y hasta las actividades culturales más vinculadas con la creatividad o el arte tienden a elaborar currículos analíticos.

Como indicamos antes, el efecto más evidente de esta burocratización de la ciencia fue no solo una producción mayor, sino también más ordenada. Los grandes sistemas de ciencia nacionales cuidan de ofrecer un mapa de investigaciones que cubra todos los ámbitos, mientras que los sistemas más modestos o de países pequeños se debaten entre favorecer una extensión similar, lo que disminuye la profundidad del alcance, y posiblemente la calidad media, o centrarse en unas pocas especialidades, en las que perseguir la excelencia, lo que conduce de igual forma a una cobertura global de las temáticas. Lo que antes se dejaba a la curiosidad o manía de los individuos, ahora es una estrategia definida. La explosión cuantitativa ha tenido efecto también sobre los recursos humanos disponibles, al pasar la ciencia, de capricho más o menos anecdótico de las sociedades, a tejido productivo de conocimiento. La afirmación convencional de que, debido a la expansión demográfica y a la mejora de la esperanza de vida, la mayoría de las personas que han existido están vivas en este momento, puede aplicarse de forma aún más extrema a la ciencia: la inmensa mayoría de los científicos que han existido están ahora mismo en activo. Ello sugiere que por cada Newton o Linneo que haya dado la historia, ahora deberíamos encontrar una veintena de mentes con similares capacidades prodigiosas.

He descrito esta situación de alta población de individuos, con todos los nichos de desarrollo ocupados, porque me permite introducir un último ingrediente de la producción contemporánea de ciencia: la competencia. Los recursos que permiten desarrollar una carrera investigadora son limitados, no alcanzan a que todos los implicados cumplan con sus objetivos y sus necesidades. Esto incluye el propio acceso a los distintos escalones del particular *cursum honorum* del profesional de la ciencia, con su progresivo incremento en estabilidad y responsabilidad. Y también los medios materiales, económicos y humanos para realizar el propio trabajo. El ejercicio de las labores de investigador conlleva, en cierta medida, que el propio trabajador busque sus medios para realizarlo, concurriendo a convocatorias, públicas o privadas, para la financiación de proyectos, becas con las que sufragar el gasto en sueldos y medios de sus estudiantes... Recurriendo a un ejemplo algo chusco, pues no se me ocultan las diferencias, es como si una institución recabara los servicios de un bombero e inmediatamente le dijera: «eso sí, deberá ser usted quien se preocupe por procurarse mangueras y trajes ignífugos». En sistemas poco flexibles como el español, con abundante plantilla permanente en su sistema de ciencia, los casos de personal que no accede a los recursos apropiados que le permitirían desarrollar el trabajo para el que se les contrató de manera indefinida (en lenguaje llano, científicos a sueldo que no pueden hacer ciencia) no son raros, y sin entrar en cantidades porcentuales, el mero hecho de que algo así sea posible resulta, por no calificarlo de manera más tajante, peculiar. Además, aunque existen áreas donde la tarea es más individual, la unidad básica de actividad investigadora es el grupo, que integra una cantidad variable de profesionales de distintas edades y en diferentes situaciones contractuales, organizadas en una estructura piramidal, con un investigador principal en su vértice. Todos, individuos y grupos, deben luchar por hacerse con los medios disponibles.

La competencia parece prefigurar una influencia de las teorías del mercado, lo que haría sospechar que esta organización de las cosas fue concebida desde planteamientos ideológicos determinados. Al indagar entre los sistemas de ciencia de países con distintas formas políticas, esa idea se disipa, pues en todos se hace uso de la competencia. La impresión es más bien que se ha desarrollado un método típicamente darwinista de supervivencia del más apto, por el que las estructuras de poder pueden dirigir a voluntad sus sistemas de ciencia sin más que decidir dónde ubicar los incentivos (temáticas, aplicabilidad...) por los que combatirán los científicos. En uno de sus escritos, nuestro Ramón y Cajal reflexionaba sobre la capacidad que tenía la sociedad para estimular a sus científicos aprovechándose de sus hipertrofiados egos, a base de ofrecerles premios, condecoraciones y homenajes. Es un análisis de la época previa a la burocratización, y hoy, dentro de que las herramientas de control del personal siguen siendo las convencionales de palo y zanahoria, parece que se han reforzado particularmente las primeras. El joven investigador pelea por su supervivencia para lograr un puesto provisional, aumentar su relevancia, ubicarse dentro de un buen grupo; el de mediana edad, por lograr una posición más estable y disponer de un incipiente conjunto de estudiantes de posgrado a su alrededor, y una financiación básica, que le permita independizarse en un grupo propio; el maduro, por hacer crecer la capacidad y la influencia del suyo (eso que a veces se denomina *liderazgo,* con una cierta confusión de conceptos). Dado que el principal elemento de captación de nuevas posiciones y más medios es el propio currículum, la premisa general es «el ganador se lo lleva todo», pues cada victoria sobre los competidores conlleva una mejora que permite afrontar con más garantías el siguiente enfrentamiento; y de igual manera, tropezar en cualquiera de los escalones supone un enorme riesgo de fracaso global, pues recuperar el camino perdido resulta muy dificultoso.

Debo decir que, en mi experiencia, los científicos hablamos poco sobre este estado de cosas. Se comentan las situaciones individuales, las exitosas y las desgraciadas, sin plantear normalmente ningún análisis (ya sea crítico, ya, vindicativo) de la coyuntura general en la que esas ocurren. La premisa más corriente consiste en aceptar que el sistema es duro, pero debe serlo para maximizar la calidad. Y eso sí puede identificarse como un argumento falaz, o al menos cuestionable. Si pensamos en otros sistemas públicos profesionales (se me ocurren la sanidad, la milicia, la educación), encontramos, sin duda, competición entre los individuos, pero en una medida muy inferior. Es mucho más frecuente que, como medio de evitar el sobrecrecimiento (o sea, para mantener las plantillas de militares, médicos o profesores que el país necesite), se practique un control riguroso de acceso al principio de la carrera (limitando el número de plazas en los estudios universitarios o en el primer acceso a la profesión), y que las selecciones posteriores se vinculen mucho más a un reconocimiento de méritos que a una lucha sin cuartel por preservar la propia subsistencia, a costa, inevitablemente, de la de nuestro competidor. No creo posible probar que, en esos otros sistemas, la calidad se resienta por utilizar métodos diferentes.

No es objeto de este libro discutir la idoneidad de estos procedimientos, sino analizar que la ciencia realizada en ese contexto tendrá rasgos que serán consecuencia de él. Para los grupos de investigación (supraorganismo, como se ha dicho, de gran importancia en este ecosistema competitivo) son tres los recursos a captar: personal (la terminología actual prefiere decir «talento»), equipamiento y medios materiales, y medios económicos.

Lógicamente, los dos primeros dependen del tercero, si bien el sistema burocrático a menudo no permite gastar el dinero del que dispone un grupo con total libertad, y se deben conseguir las partidas específicas para su adquisición. Pese a lo que pueda pensar alguien externo, el recurso más valioso es el primero. Las campañas para atraer alumnos brillantes suelen ser agresivas. El éxito en esta tarea es el cimiento para lograr ventaja en todas las demás, pues los grupos, centrados en la productividad, aplican métodos de taylorismo en los que unos estudiantes de doctorado eficientes y trabajadores marcan diferencias positivas para todo el conjunto.

En los primeros tiempos de la burocratización, los objetivos se habían establecido con nitidez, debía lograrse una producción científica (artículos) abundante y de calidad, en el convencimiento de que ese era el camino para el éxito. Una consecuencia del ambiente de competencia fue que se establecieron luchas inesperadas, que no quedaban completamente resueltas con los métodos de cuantificación previstos. Estos eran muy útiles para evaluar a grupos o individuos trabajando en áreas iguales, incluso afines. Luego ocurría que se daban competencias entre dispares. Si existía un presupuesto limitado para financiar institutos de investigación, competirían, digamos, el centro para el desarrollo de la química teórica con el instituto de biología evolutiva. Ambos dispondrían de sus currículos e informes debidamente cuantificados, pero ¿serían comparables al dedicarse a disciplinas tan diferentes? Como consecuencia, aparecían elementos subjetivos, que ya no radicaban en la decisión de expertos evaluando en el ámbito de su especialidad (las sospechas de arbitrariedad de estos, recordemos, eran el germen de todo el sistema de cuantificación), sino en elecciones que recaían sobre gestores, que podríamos llamar políticas. A la lucha entre individuos y entre grupos, se añadía la pugna entre las distintas especialidades de una ciencia; las de las distintas ciencias, entre ellas; y por último, la de la propia ciencia, como actividad social, para obtener mayores recursos globales, en los presupuestos de los Estados o en las cantidades de vocaciones científicas entre alumnos preuniversitarios. Porque, en un mundo de recursos limitados, si, por ejemplo, el arte logra mejorar su situación, inevitablemente debe hacerlo detrayendo medios a otras manifestaciones culturales (o de otro tipo), incluyendo la ciencia. Si la bioquímica se hace socialmente más atractiva, la cantidad de alumnos que la eligen para sus estudios debe proceder de la bolsa común, reduciendo por tanto los que se inclinen por la química o las matemáticas. Si un grupo investigador en astrofísica mejora sus aportes económicos del ministerio correspondiente, otro dedicado a la geodinámica externa podrá añorar que esos fondos ya no le llegarán a él.

Los intentos de minorar la influencia de las visiones subjetivas de los profesionales habían conducido al aumento de la relevancia de las visiones subjetivas ajenas a ellos. El diseño de darwinismo controlado se había convertido en darwinismo salvaje. Y lo que antes parecían meras pinceladas inspiradas en el liberalismo económico, había terminado por configurar un verdadero mercado. Y a consecuencia de ello, como habría sido previsible, sus actores en lucha por la supervivencia comenzaron a aplicar herramientas de mercadotecnia. Como resultado de todo esto, la ciencia en las últimas décadas se ha llenado de eslóganes, de titulares impactantes y de relatos dirigidos a la convicción de las masas. Se apela a la utilidad, se apela a la belleza o a la excitación de anhelos y sentimientos de las personas corrientes, formas de establecer un prestigio previo que ayude a tener una posición favorable ante las decisiones políticas. En el capítulo anterior ya hemos visto algunos ejemplos de las consecuencias que pueden tener estas estrategias. Cuando no se puede recurrir a nada mejor, los argumentos se pueden retorcer hasta el mismo límite de lo aceptable. Lo ilustraré con un caso. La física de partículas es una disciplina muy bella, aunque por desgracia es poco probable que en el futuro depare avances con capacidad tecnológica. En esto se encuentra en posición desfavorable frente a la óptica o la ciencia de materiales. Además, precisa de enormes presupuestos supranacionales para construir sus sofisticados aceleradores de partículas. A falta de nada mejor, los científicos que trabajan en estas instituciones repiten una afirmación que es convencional entre ellos, y es que, al ser una ciencia tan sofisticada, requiere la tecnología más puntera para desarrollarla, por lo que a su alrededor se producen avances que redundan en beneficio de la sociedad. Y después se refieren a las comunicaciones de datos y a Internet, cuyos orígenes, efectivamente, se pueden indagar en las necesidades de su especialidad hace cincuenta o sesenta años. Bueno, pese a la eficaz presentación del discurso, es sencillo desmontarlo. Cualquier ciencia sofisticada precisará tecnología puntera, ¿por qué, de todas las posibilidades, debemos inclinarnos por gastar miles de millones de euros específicamente en aceleradores? Sobre todo, si el dinero que va allí no podrá dirigirse a otra ciencia. Por otra parte, se podría considerar más eficiente invertir directamente en el desarrollo de esas nuevas tecnologías, sin necesidad de, por el camino, comprar complejos juguetes para la distracción de unos pocos. Sería como si un vecino animase a los del resto del edificio a pagarle la implantación de una fábrica en la tercera planta, diciéndoles que el calorcillo que saldrá de las máquinas, trabajando veinticuatro horas al día, ayudará a que se reduzca la factura de calefacción de todos ellos.[8]

Un efecto visible de la aplicación de los nuevos métodos está en la evolución de la difusión de los resultados por parte de los grupos de investigación. Hace ya unos años que se empezó a implantar la costumbre de disponer de una página web para esos menesteres. Al principio, sus contenidos eran sobre todo utilitarios: datos sobre productividad, publicaciones, direcciones de contacto... El propio nombre del grupo transmitía el mensaje sobre su actividad: «grupo de investigación en mejora genética de gramíneas». Las portadas empezaron a hacer concesiones a los mensajes de mayor impacto y a un diseño más atrayente. Aparecían listados de publicaciones y algunas imágenes extraídas de los artículos. Solía existir una sección «miembros» en la que se incluía una foto de todos juntos, tomada en los jardines de la propia universidad o en un lugar pintoresco al que habían acudido con motivo de algún congreso. Con el tiempo, las personas, y sobre todo el líder del grupo, han adquirido más protagonismo. La web ha pasado a llamarse «www.grupodelprofesorwu.com», ubicando al investigador principal, y no a la descripción de las actividades, en el centro del mensaje, y su imagen sonriente ilustra la portada.

Y luego hay otros efectos menos visibles y confesables: mecanismos para lograr influencia en algunos procesos de decisión, alianzas más o menos implícitas para desbancar a adversarios, mientras llega el momento de que quienes se asociaron para ello deban convertirse en rivales... Nada mejor ni peor de lo que encontramos en otros entornos en que se compite. Debemos resaltar que no se produce un control de la ciencia por parte de los políticos, pues una parte importante de los gestores de la ciencia son en realidad reclutados entre los propios científicos, que ocupan sin duda

---

8 Por tercera o cuarta vez en lo que va de libro dirijo mis disculpas a los físicos de partículas. Su ejemplo, el uso de herramientas publicitarias para perpetuar sus actividades, no es único, todos los científicos estamos implicados en similares manejos.

los cargos de responsabilidad en los estamentos gestores más próximos al nivel técnico, y una buena parte de los superiores, al punto de que es muy frecuente encontrar en el escalón más alto, como ministro o secretario, a un investigador de renombre. Es simplemente un proceso de burocratización, como lo hemos denominado desde el principio, practicado por gestores (a menudo procedentes de la carrera investigadora) sobre la ciencia y los científicos.

Quiero volver a mi objetivo inicial: ¿qué tipo de ciencia se ve favorecida por esta forma de actuación, y cuál, perjudicada? Lo más evidente es que el relato puede adquirir excesivo protagonismo frente al objetivo puramente científico, de manera que se favorece la vigencia de investigaciones cuya intención es perpetuar el discurso mucho más que lograr los bellos triunfos que prometen. Una ciencia espectacular en sus profecías e inane en sus verdaderos logros se abre camino. Desde luego, es comprensible que el investigador entrevea logros impactantes para sus trabajos, pero si una lectura ingenua de los proyectos recibidos en el ministerio prefigura un mundo poco menos que idílico, en el que se afirman avances rotundos en todas las áreas, y diez años después, casi ninguno de estos avances se ha verificado, y lo que es peor, los proyectos siguen realizando promesas similares, cuando no exactamente las mismas, puede haber motivo para la preocupación. Los científicos leen las pretensiones de los demás con evidente escepticismo, que no manifiestan porque necesitan que los demás hagan lo propio con las suyas. Las convocatorias para la financiación de nuevos proyectos presionan para que se establezca el impacto de los resultados a unos pocos años vista, sin tomar en consideración que una investigación cuyos resultados y relevancia son previsibles y cuantificables no parece demasiado original… Después, como es lógico, nadie pide cuentas al investigador por las promesas que contenía su solicitud, y que previsiblemente no pudo materializar.

El riesgo y la indagación pura se ven perjudicados. Al menos, quien los aborde debe redactarlos de manera que las incertidumbres, lo desconocido, queden recubiertos de una retórica de seguridad y confianza. Por momentos, da la impresión de que todos los implicados son conscientes de la forzada situación, que en apariencia facilita la manera en la que los evaluadores justifican sus decisiones al precio de incentivar una cierta manera, no tan honesta, no tan real, de relatar la ciencia. Y nadie se decide a corregir algo que, en el fondo, parecen trucos que todos conocen y a nadie deberían engañar.

La aparición de temas de moda, y de otros que dejan de estarlo, afecta a la ciencia, y las razones de estas tendencias son, de manera corriente, extracientíficas. La obsesión por ubicarse dentro de lo que se lleva en ciencia, en cada momento (y que está justificada por el afán de supervivencia) puede no ser la postura más idónea para practicar una ciencia sosegada, que busque la mejora del conocimiento como tal. Como resulta evidente, este defecto se relaciona y realimenta con el anterior. Las modas en ocasiones están marcadas por las expectativas de aplicación tecnológica (que no siempre se verifican en el inmediato futuro). En mi juventud, se produjo una explosión, dentro de la ciencia de materiales, por el estudio de los superconductores de alta temperatura, que habían sido descubiertos un lustro antes. Multitud de grupos derivaron (al menos, en apariencia) sus intereses hacia ellos, las revistas más importantes los consideraban con preferencia, y llegó un momento en que cerca de la mitad de las publicaciones de la especialidad se dedicaban a esos nuevos y prometedores materiales. Tras seis u ocho años de efervescencia, la fiebre pasó, sin que verdaderamente se realizaran las contribuciones prometedoras que todos incluían en las introducciones de sus manuscritos y de sus solicitudes de financiación: ni llegó a comprenderse su fundamento, ni se desarrollaron materiales con propiedades mucho mejores que los de los primeros descubrimientos. Nadie pidió cuentas sobre aquellas profecías no cumplidas, y los grupos implicados se limitaron a moverse hacia donde soplaban los nuevos vientos. Toda aquella producción, que bajo los criterios de la burocratización había pasado los controles de calidad, en poco o nada ha impactado en la ciencia posterior.

Las modas científicas no excluyen motivos sociales, o incluso estéticos, como la preferencia, entre los zoólogos, del estudio de ciertas especies (cetáceos o primates, por ejemplo) frente a otras, como anfibios o nematodos. Leo en un artículo que el poco atractivo de los estudios sobre reptiles está dificultando las tareas de conservación. En otro, que hay abundante información sobre cómo las carreteras afectan negativamente a la supervivencia de grandes animales, normalmente mamíferos, sin que se sepa demasiado respecto a otros animales igualmente importantes, aunque menos atractivos, lo que dificulta la implementación de soluciones mejores.

Todo esto son efectos visibles de la burocratización. Para el más importante (desde luego, el más evidente) reservaremos un epígrafe específico.

Inflación de publicaciones, deflación de ideas

Como en otros temas relacionados con la economía o la tecnología, la productividad de la ciencia, evaluada mediante el parámetro universal de las publicaciones científicas, sigue una progresión geométrica. Es innegable que los sistemas de ciencia de los países se ven sucesivamente reforzados, y que cada vez son más los que se incorporan a esta actividad, estableciendo plantillas de personal investigador y dotándolas para que realicen el trabajo encomendado; también, que la digitalización del mundo ha impactado en la producción científica, favoreciendo el intercambio rápido de ideas, abriendo campos para la obtención y el procesado de los datos en un experimento que antes eran impensables o demandaban grandes esfuerzos de trabajo manual, reduciendo los tiempos necesarios para pasar un hallazgo de la mesa de un laboratorio a los contenidos de una revista. Siendo todo esto así, no basta para explicar la expansión del número de publicaciones. En las pocas décadas que llevo dedicándome a la ciencia, el currículo medio de un investigador joven habrá duplicado el número de publicaciones. Cuando yo lo era, los mayores percibían algo similar. O mucho me equivoco, o en una veintena de años volverá a producirse una expansión semejante.

No importa demasiado el tiempo de duplicación, sino que la progresión existe. No dudo de que habrá estudios detallados al respecto. No me he dedicado a buscarlos, porque tampoco los necesitamos, aunque no deja de ser llamativo que, de existir, no se divulgan en exceso ni son muy populares. Lo que sí aparece a menudo en el debate público es la vertiente del problema que tiene que ver con la abundancia de revistas científicas, la forma en que se han disparado sus beneficios, y la formación, en este contexto, de auténticos oligopolios (o carteles, como a veces se les llama de manera poco bienintencionada), un puñado de editoriales que controlan toda la economía de la producción científica. Es muy frecuente encontrar foros de científicos y gestores de la producción científica en la que se critica la voracidad (el término es convencional) de las revistas científicas. Sencillas gráficas históricas muestran cómo el número de revistas, el número de artículos publicados, los volúmenes económicos que suponen, y por lo tanto los beneficios, se disparan. Lo que ofrece una perspectiva indirecta del progreso[9] de la productividad individual que antes hemos descrito.

Para quien lo desconozca, diré que la publicación científica sufre una grave anomalía en relación con el papel de las editoriales y el libre mercado. En el resto de ámbitos en los que las editoriales cumplen una función, esta sería la de intermediario cultural: recogen, seleccionan y comercializan un producto, generado por los autores, de forma que llegue a sus usuarios finales. Estos lo adquieren en forma de libros, revistas y otros formatos, por los que pagan un precio. El resultado económico se distribuirá, entonces, entre el productor y el intermediario, en proporciones y formatos que no conozco ni juzgaré. Bueno, en ciencia las cosas no son así. Para empezar, el autor no solo no se beneficia de su producción, sino que está obligado a renunciar a la mayor parte de sus derechos como autor; desde luego y muy particularmente, a ninguna expectativa de retribución vinculada con los beneficios que la venta de las revistas, cuyo contenido son sus artículos, generen. No contenta con esto, una cantidad importante de ellas cobra a los autores, por conceptos que van desde los propios gastos de producción editorial, de la confección o impresión de las figuras y los gráficos, a una cantidad directamente justificada como el derecho a ser publicado. Se insiste en mantener desvinculado el proceso de pago con el de selección de los manuscritos, que en principio se ciñe a criterios de calidad científica, si bien la necesidad del pago está presente en el proceso.[10]

Antes de que el lector piense que los científicos estamos definitivamente locos, y que pagamos por publicar nuestro trabajo, le contaré que el dinero no sale de nuestros bolsillos, sino del presupuesto de la institución (generalmente, pública) para la que trabajamos. Así las cosas, a los institutos, academias y universidades producir su ciencia les cuesta dinero, en forma de sueldos y medios, y publicarla, también. Recordemos que, de no hacerlo, no se produce ciencia, según los procedimientos vigentes.

---

9 Entiéndase el sustantivo sin connotaciones positivas inmediatas.
10 Rizando el rizo, los mismos científicos son reclamados por las revistas para realizar la actividad de revisión de los manuscritos que les son presentados (¿lo adivina el lector?) sin percibir remuneración alguna, y no pocas veces siendo sometidos a presión para cumplir plazos y formas, bajo la velada amenaza de que no hacerlo supondría la quiebra del sistema de publicación científica.

Pasemos ahora a los usuarios y lectores. Pese a las entusiastas declaraciones de que la ciencia es un producto social, accesible a todo el mundo, ya se comentó que, en la práctica, los artículos científicos apenas son consumidos más que por los profesionales, que harán uso de las publicaciones con objetivos docentes e investigadores. Se necesita conocer la ciencia para hacer nueva ciencia. Así pues, ¿quién paga las suscripciones a las revistas? ¡De nuevo, las instituciones científicas! El negocio es pingüe. El papel de las editoriales, más bien sospechoso.

Es fácil cargar las tintas sobre esos comportamientos de control capitalista y de ética cuestionable. Las entidades gubernamentales llevan un tiempo luchando por forzar a los editores para modificar la situación: se hace énfasis en promocionar el acceso abierto, de manera que la población tenga disponible el conocimiento, aunque en el fondo solo se pretende no pagar dos veces por lo mismo. Las editoriales, por su parte, invocan el mantenimiento del *statu quo* para acudir con más fuerza a la negociación, que consiste en abrir el acceso a las publicaciones, a cambio de aumentar los cargos por publicar. Poco a poco se va avanzando en este objetivo.

Es sintomático que la solución a la que se tiende sea la inversa a lo que parecería natural: quien desea publicar, paga, quien accede al conocimiento, no. Lógicamente, el problema está en los incentivos, muy elevados para los que pugnan por ver su trabajo difundido, ínfimos, indirectos o inexistentes para quienes desean leerlo. La burocratización convirtió la publicación en un ingrediente fundamental, sin prever que eso impondría un actor profesional e independiente (lo que apuntaba a su carácter privado), el editor, en una posición particularmente privilegiada. Accedía a un mercado en el que la demanda, utilizando terminología económica, no solo era rígida, sino que tendía a crecer por razones independientes de la oferta. Ello le invitó a una reflexión de lo más simple: si publicar una revista produce beneficios, publicar más revistas producirá mayores beneficios. Mientras, los sistemas públicos están cautivos en su propia trampa, pues sus investigadores se ven empujados a seguir publicando si quieren que su productividad sea considerada, y los presupuestos de ciencia, a seguir pagando la factura correspondiente, todo por causa de la burocratización.

Como indicábamos, gestores y científicos denuncian los comportamientos de las revistas, aunque es evidente que los tres son responsables de la situación; y los tres por razones algo inconfesables: los primeros, porque les resulta más sencillo seguir aumentando las partidas, siempre modestas, dedicadas a la publicación y camufladas como inversión en ciencia, lo que podría cuestionarse con facilidad; y los segundos, por dejarse arrastrar por la vorágine de publicación («publica o muere», es un aforismo utilizado con frecuencia en el entorno profesional de la ciencia) de manera poco crítica, y sin consideración por lo que significa en costes y perversión del propio sistema.

De nuevo estamos en peligro de abandonar nuestros objetivos descriptivos para centrarnos en los considerativos. Y tal cosa no ocurrirá, si soy capaz de evitarla. Solo nos interesa, de todo lo anterior, cómo influye en la ciencia que se realiza.

La consecuencia más evidente es una disminución de la calidad media de las publicaciones. Por más que la producción científica se vea favorecida por la modernización de los procedimientos, no hay manera de que eso por sí solo justifique la proliferación del número de publicaciones de cada individuo. Mostraré un par de ejemplos, que me han llegado en las últimas semanas. Un artículo en *Science* entrevistaba a algunos científicos «superproductores», capaces de mantener ritmos de más de setenta publicaciones al año. Sí, el lector ha entendido bien, publicación y media por semana, sin descontar vacaciones, en promedio. Más que el hecho de su existencia, llama la atención que el artículo en absoluto parte de un planteamiento de denuncia o crítica negativa hacia ellos. Muestra y de algún modo justifica esta actividad. No hay que olvidar que organizar los resultados, redactar y gestionar el envío del manuscrito es de por sí un trabajo que consume tiempo. Es lógico pensar que estos superproductores dirigen grandes y eficientes grupos de investigación, aunque dudar que puedan realizar aportaciones en todos esos artículos no es descabellado. Incluso veo poco defendible que un grupo, por bien organizado que esté, pueda tener una idea, original y valiosa, cada cinco días… Hace unos días recibí publicidad de una empresa que se dedica a dar soporte a los investigadores para la publicación, sobre todo asesorándolos en estilo en idioma inglés (que es muy mayoritario entre las revistas científicas). Su titular era inequívoco: «Cómo publicar cincuenta artículos al año». Me llama la atención la franqueza del título: no pierden el tiempo en endulzarlo, refiriéndose a cómo incrementar la capacidad de generar nuevas ideas, o de optimizar su conversión en verdadera ciencia. Todos sabemos de qué se habla, así que mejor no andar con eufemismos. Tampoco hacen particular distinción entre temáticas o disciplinas, por más que no todas deberían ser apropiadas para lograrlo.

Estos volúmenes de producción no son situaciones demasiado excepcionales, y científicos que generan por media en torno a los veinte artículos anuales son corrientes. Y yo sigo sin ver claro que un grupo sea capaz de generar, cada mes, dos ideas nuevas y buenas, en el sentido de que puedan desarrollarse y alcanzar resultados dignos de publicación (¿qué porcentaje de todas las concebidas lo cumplirán?). No descarto que esta opinión se deba a mis propias limitaciones...

Pese a las dudas sobre la conducta de los científicos que se puedan suscitar, y a la manera en que se enturbia el propio sistema de evaluación mediante artículos por esta superabundancia, debo decir que, para lo que nos interesa, el estado de la propia ciencia, estas cuestiones no son tan relevantes como podría pensarse. Los científicos, en general, publicarán sus grandes ideas, las que verdaderamente suponen contribuciones significativas a la ciencia, en todo caso. Además, hay una parte adicional de su producción más cuestionable o de menos importancia; su aportación no trascenderá, y no habrá más.

Pienso que esta tendencia al aumento de las publicaciones puede no ser completamente perversa: se tiende a diseñar el empaquetamiento de los hallazgos en mínimos cuantos de contenidos, que den lugar, cada uno, a un artículo. Esto mejora la eficacia de la difusión, dado que no se espera a que la contribución sea completa, y favorece el trabajo en paralelo de los distintos grupos que persiguen objetivos comunes o complementarios. Otra cosa es si las propias ideas se ven condicionadas por la necesidad de maximizar el número de publicaciones. La cuestión, de resolución difícil, es si existen temas o indagaciones científicas que por su propia condición faciliten las posibilidades de publicar más, y que por tanto se verán favorecidas en la elección frente a otras. O sea, si estamos dejando de hacer ciencia valiosa por no ajustarse, o hacerlo menos apropiadamente, a la imposición de generar más artículos. Como mínimo, podemos sospechar que ocurrirá en cierta medida.

La situación extrema sería la de un conjunto de publicaciones, incluso capaces de generar impacto, y que sin embargo carezcan de ninguna verdadera idea científica detrás. La virtud (y por consiguiente también el problema) de los sistemas de control analítico es que son capaces de generar una estructura basada, y justificada, en ellos mismos, sin que la causa que los originó deba respaldarlos. La presión por publicar, la presión por generar influencia en el entorno profesional, se plasma en la búsqueda de aumento de los valores de cuantificación en las escalas establecidas, que son conocidas por todos. Los habrá que consideren que hacer la mejor ciencia es la forma óptima de conseguirlo. Por desgracia, eso será solo una posible postura ante el problema. Se puede, sin duda, conseguir algo que no sea ciencia nueva y que puntúe bien en los distintos apartados a considerar. De hecho, si se enfoca el trabajo de esta manera, se parte con una cierta ventaja, porque los que se imponen a sí mismos la creación científica real para conseguirlo se verán supeditados por algo que, en realidad, no puntúa en ninguna casilla del baremo.

Tal cosa ocurre continuamente, en una proporción que no me atreveré a valorar. Ni siquiera es seguro que podamos identificar estas conductas como corruptas, pues no incumplen las normas de actuación, y los juicios de valor sobre las ideas científicas, como sobre cualesquier otras, siempre pueden ser cuestionados y refutados. Si el sistema está creando una tendencia incontrolable a la inflación de publicaciones y a la deflación de ideas; si ello, en un plazo medio, acaba siendo un problema importante; si tenemos la capacidad, en los huecos que nos dejan los problemas que deben resolverse hoy mismo o mañana a primera hora, de corregir algunos comportamientos para que no ocurra; todo eso es algo sobre lo que la comunidad científica debería reflexionar.

Usos políticos de la ciencia

Las consecuencias previstas de la burocratización se dirigían al aprovechamiento de la ciencia con fines no sé si llamarlos gubernamentales o sencillamente políticos.[11] Donde se ha producido de manera más evidente

---

11 Recuerdo haber leído un libro de Rousseau en el que el traductor explicaba cómo el autor había puesto un gran empeño, durante la preparación de su primera edición, para que el descuidado impresor no cometiera el error de plasmar «política» en los lugares en los que el filósofo ginebrino había escrito «policía», en el sentido clásico de buen gobierno. Hoy el segundo término, con ese significado, ha caído en un elocuente desuso. Temo que ya no creemos que la auténtica policía pueda ser practicada, y aceptamos que haya sido sustituida por la política.

es en las cuestiones de sanidad e higiene. Los conocimientos adquiridos son la guía para organizar y presupuestar todas las actividades que conducen al cuidado público de estos importantísimos aspectos, desde la salubridad de los vertidos urbanos hasta la lucha comunitaria contra la enfermedad. Otros muchos aspectos científicos y tecnológicos influyen en las decisiones políticas, y en líneas generales han sido muchos los beneficios que todos obtenemos de ello. Como ya indiqué anteriormente, con todos sus defectos, el proceso de burocratización de la ciencia trajo muchas ventajas, desde la propia producción sistemática de ciencia, a la consideración de su utilidad en cuantos aspectos pudiesen resultar convenientes.

A pesar de su expansión y especialización de los últimos tiempos, esta manera de utilizar el conocimiento no era nueva. Desde los tiempos remotos en que el tallado de la piedra, las tecnologías de domesticación de especies animales o vegetales, o la metalurgia, modificaron por completo las relaciones entre los individuos y las distintas estructuras sociales, la política es deudora del conocimiento material. También en aspectos de cariz no tan evidentemente positivo, como los sistemas de agresión y defensa o los de control de los individuos. Ya hemos comentado en otras partes del libro cómo el proceso de romanización, en la Antigüedad, estuvo basado de manera muy importante en tecnologías del bienestar, a través de las comunicaciones y el urbanismo. Todo esto son relaciones convencionales entre política y ciencia, y no nos extenderemos más en ellas.

Algo cambió (o, mejor dicho, se agregó), cuando el cientifismo y la irrupción de los movimientos de suplantación filosófica y ética ganaron relevancia social. Nada más natural para los cientifistas convencidos que intentar una suplantación ideológica, y establecer un enfoque cientifista a las relaciones políticas, una especie de «partido de la ciencia», que al hacerse con el poder pudiese extender su benéfico influjo sobre todo el orden social, al modo en que Platón propugnaba la «república de los filósofos».[12] Resulta revelador que tal cosa nunca se ha podido llevar a efecto. Las declaraciones, durante el siglo XIX, del comunismo, el socialismo o el anarquismo como doctrinas científicas nunca alcanzaron una aceptación global

---

12   O parecía hacerlo en su famoso diálogo. Siempre he tenido la impresión de que ese texto tiene una lectura alternativa, de significado muy distinto.

ni estable en el tiempo, aunque sí cierta vigencia en determinados momentos y lugares. El cientifismo, cuando entra en los detalles sobre la justificación y el ejercicio del poder (pues esto es el conocimiento político), no parece capaz de establecer un pensamiento suficientemente homogéneo. Es probable que ello se deba a que las auténticas corrientes ideológicas, que, a diferencia de las filosóficas, no sufren ninguna decadencia, sino más bien por el contrario poseen una gran vitalidad, no están dispuestas a permitir suplantaciones, ni a hacer al cientifismo un hueco entre ellas. Al fin y al cabo, la ciencia no fue concebida para tales menesteres.

Lo que sí viene ocurriendo es que esas fuerzas ideológicas ven en la ciencia una interesante herramienta de captación. Durante siglos, han usado la religión, la filosofía o la ética con los mismos fines, así que la preponderancia del pensamiento cientifista, confundido y revuelto con la propia ciencia, lo hace particularmente atractivo para ello. Este es el proceso, el manejo y hasta la manipulación de la ciencia con fines ideológicos, que describiré a continuación. Y, no voy a esconderme, a denunciar. Se produce en distintos ámbitos sociales y con diversas peculiaridades, pero dado que hoy en día ha adquirido especial protagonismo el caso del cambio climático, me centraré en él.

Creo estar viendo a no pocos lectores: «bueno, después de todo este montón de páginas, al fin se descubre el pastel: tanta retórica para acabar topando con otro negacionista de la crisis climática». Solo puedo rogarles que me ofrezcan un poco de cancha para explicarme. Si han llegado hasta aquí, un puñado de páginas más no les harán mucho daño; si, tras ellas, se ven ratificados en esta impresión, no tendré nada que decir.

Para empezar, hablaré sobre la ciencia que se hace en relación con la prevista modificación del clima en un futuro próximo, sus causas, procesos de influencia y cuantificación de esta, y sobre las posibles herramientas que permitan paliarla. Como no soy experto en ninguno de estos campos, solo puedo ofrecer impresiones sobre aspectos generales de todo ello, vinculados con mi trayectoria profesional y la información de que dispongo. Sin pretender colocarme, mediante esta declaración, en ninguna posición especial, sí diré que con ella he dicho más que muchos de mis colegas que continuamente peroran y pontifican sobre el tema, dando la impresión de ser entendidos, cuando no les amparan ejecutorias mayores o distintas a las mías. Y la primera de esas impresiones es que se está haciendo muy buena ciencia, la mejor posible, en todos esos aspectos. Los modelos de predicción y simulación son francamente complejos, con dependencias multivariable cuya influencia mutua es difícil de prever. Los riesgos de que la sensibilidad por las condiciones iniciales (ya hablamos de este fenómeno en capítulos anteriores) o la no integrabilidad (la imposibilidad de obtener un resultado realista, un problema que sufren muchos sistemas complicados de ecuaciones) son grandes, pero sin duda se está aplicando una gran cantidad de ingenio y creatividad para superarlos. Dicho esto, la capacidad predictiva tiene, como siempre en ciencia, sus limitaciones. Los efectos generales de los incrementos de gases de efecto invernadero sobre el clima parecen, al menos a un nivel semicuantitativo y global, bien establecidos; los efectos locales, o las causas de agravamiento o mitigación vinculados con otros elementos, son algo más difíciles de determinar; los mecanismos de acción para modificar las tendencias están sujetos a controversia. Y la verificación de las predicciones, en un sistema con el desorden temporal y la variabilidad espacial como es el clima de la Tierra, apenas resulta viable. En cuanto a la manera en que tales datos son hechos públicos, puede achacarse a los estudios una cierta tendencia a subestimar las imprecisiones inherentes a los modelos (o a ocultarlas), y a mezclar las conclusiones puramente técnicas con comentarios que son meras opiniones o conclusiones de los autores no directamente respaldadas por los resultados. Nada grave, ni preocupante, ni muy diferente a lo que ocurre entre paleontólogos, astrónomos o físicos aplicados, por poner solo tres ejemplos.

Esto es, según mi visión, lo que vienen haciendo la ciencia y los científicos en el ejercicio de su profesión. Ahora entraré en lo que están haciendo los científicos el resto de su tiempo. Como, pese a lo que ellos creen, su papel en todo esto es secundario, me parece más útil describir en primer lugar el de uno de los que sí considero actor principal. Me refiero a la Organización de las Naciones Unidas, a la que en adelante identificaré por sus siglas, ONU.

Para quien no la conozca, esta institución fue creada tras la Segunda Guerra Mundial, con el propósito de ser un foro en el que los países entre los que se producían conflictos pudiesen dialogar en pie de igualdad y encontrar soluciones, bajo la tutela de todos los demás, y de esa manera, se terminara de una vez por todas con las guerras. Para ello, se creó una estructura en la que cuatro naciones (posteriormente se amplió a una más, en función de su capacidad para amenazar al resto) contaban con enormes prebendas, y en particular la de cortar cualquier negociación o diálogo por la vía del veto. Como cimientos de un proyecto de la envergadura declarada, no está mal. Las inevitables consecuencias son que, en el seno de la ONU, no estaría bien visto plantearse un conflicto bélico, salvo que se fuese uno de los cinco privilegiados, o se tuviese una especial relación de amistad o intereses mutuos con alguno de ellos. Esto es, la perpetuación de una hegemonía obtenida a través de la coerción militar y económica, que en absoluto excluye el uso de la fuerza bélica, como demuestra un mínimo repaso superficial por su breve y convulsa historia.

Ignoro si alguien creyó, alguna vez, honestamente, que tal ente podría ni aun aproximarse a tener éxito, aunque fuera parcial, en sus objetivos declarados. Lo que parece evidente es que, para finales de la década de los sesenta del pasado siglo, su fracaso era manifiesto. Ahora bien, hay un fenómeno pintoresco que se reproduce con gran frecuencia entre los políticos de toda facción o nacionalidad. Cuando su carrera decae, cuando pierden relevancia en su actividad principal, tienen una acusada tendencia a invocar su condición de líderes morales. El candidato que fracasa en una elección decisiva, de manera que es postergado entre los suyos; el líder depuesto por una maniobra de los adversarios, o de sus partidarios, o porque simplemente su estrella declina entre los votantes o las estructuras de poder que lo sostenían (es muy infrecuente que un político se retire si no es por alguna de estas causas); tras pasar por estas situaciones, se sentirá investido del carisma preciso para decir a los demás lo que está bien y está mal, cuáles son los gestos que identifican a cada individuo, y en particular a un gestor, como honesto, y hacia dónde deben encaminarse las actuaciones que solo busquen el bienestar de nuestros semejantes. Esto, sin temer que aquellos que lo escuchen y posean la memoria, o el tiempo para consultar hemerotecas, suficientes, puedan añorar que tan benéficas ideas no le inspiraran más a menudo durante su etapa en activo. Este comportamiento parece propio no solo de los individuos, sino también de las organizaciones, porque en la época a la que me refiero, el empeño de la ONU por instaurar una autoridad moral en el mundo se hizo notable. No parecía que tales pretensiones estuvieran amparadas por sus resultados en la que debería haber sido su tarea principal, pues las guerras y su horror seguían sucediéndose por todos los rincones del planeta, pero por la razón que sea, nadie se preocupó lo suficiente por evidenciar la incoherencia de tales manejos. Además, debido a causas que tampoco entiendo, la ONU quiso apoyarse para ello, muy particularmente, en el cientifismo.

La cuestión del cambio climático no fue la primera en la que se implicó. Yo aún puedo recordar los tiempos en que distintos expertos, tanto en medios como en conferencias y charlas, mostraban las gráficas que probaban, de manera indudable, que las reservas mundiales de petróleo se habrían agotado para 2020. Esto ocurría en la década de los ochenta del siglo xx. Más adelante, la alerta se centró en el agujero en la capa de ozono. En su época más intensa, las noticias sobre la posibilidad de que el agujero se extendiese y causase una epidemia de cánceres de piel que nos diezmaría como especie eran diarias. Aquello pasó, el agujero sigue ahí, sin que sepamos muy bien por qué, y si bien la precaución sobre su evolución se mantiene, parece que la destrucción inminente de la humanidad que podría causar no merece los abundantes titulares que en otro tiempo se le dedicaron.

La ONU ha ejercido en todos los casos una primacía respaldada por un buen puñado de entidades, desde plurinacionales a locales, que la siguen, repiten sus consignas y las aplican sobre el terreno.[13] Desde luego, las agendas políticas respaldadas por estas organizaciones son del todo respetables. Lo es un poco menos su esfuerzo por mezclar el debate ideológico con las consignas morales, de manera que el bien se ubica en los seguidores de sus propuestas, y el mal, en aquellos que las cuestionan o rebaten. Aunque como esta es una estrategia propagandística tan usual en tantos ámbitos ideológicos o creenciales, tampoco hay por qué escandalizarse en exceso. Como ya sabe el lector, lo que aquí nos interesa es cómo están utilizando a la ciencia, y cuáles son los efectos sobre ella.

Para la ONU, los movimientos relacionados con el agotamiento de las reservas de petróleo y el riesgo vinculado al agujero en la capa de ozono parecían ser ensayos generales en el uso de la ciencia para sus objetivos. Ya hemos visto, en esas dos pinceladas, hasta qué punto el respeto por la

---

13   Es curioso que muchos de estos grupos seguidores se declaran enemigos del orden hegemónico mundial que inspiró la propia creación y estructura de la ONU, y que todavía se mantiene. Por desgracia, no podemos entretenernos en todas las incoherencias que vamos encontrando por el camino.

verdad científica y su honesta difusión le inspiraba. Cuando decidió involucrarse en las cuestiones del cambio climático (que son en realidad evoluciones o reinvenciones de las anteriores), se sintió con la suficiente fuerza para jugar una baza más agresiva, y creó un auténtico Ministerio de la Verdad Científica sobre el tema, al que denominó Panel Intergubernamental del Cambio Climático (IPCC según sus siglas en inglés).

No conozco ejemplos anteriores de una estructura que se declara científica y que establece *a priori* las conclusiones a las que llegará. Su mera existencia supone una serie de peligros para *lo que la ciencia es,* sobre sus fundamentos y ejercicio sano, que enumeraré a continuación.

En principio, el IPCC se dedicó a establecer lo que se llamó el *consenso científico* sobre el tema. Hubo quienes se levantaron para afirmar entonces que esa intención era de por sí perversa, porque el consenso científico no existe. Yo no soy de esa opinión, creo que sí existe, salvo que, debido a las inevitables limitaciones del idioma, su significado es bien diferente al que pueda tener el consenso que se logra en cuestiones de acción práctica. Era la confusión entre ambos lo que podía resultar dañino. El consenso científico es lo que por lo general piensa la mayoría de los científicos sobre un tema del que son conocedores. Cuando se consensúa en el ámbito de un Gobierno, o de un grupo empresarial, o de una comunidad de vecinos, eso da por concluido el debate, y se unen fuerzas para llevar a cabo lo decidido. En ciencia no es así, el consenso siempre es sentido como provisional; las distintas opiniones no coinciden del todo, sino que giran alrededor de la principal, y en sus órbitas más externas pululan locos que la cuestionan. Hay debates menores sobre los detalles que aún no se consideran suficientemente explicados, o sobre los que se pueden plantear lícitas dudas en cuanto a la exactitud o precisión de los resultados que lo respaldan, y hasta sus acérrimos defensores suelen soñar con encontrar evidencias de que el consenso estaba equivocado, y hacerse famosos al derribarlo y sustituirlo por uno nuevo. No dudo de que una entidad política como el IPCC necesita consensos para diseñar sus líneas de actuación. Lo que pasa es que ese consenso no es científico, es un consenso de los otros, y se tergiversa cuando se hace pasar al uno por el otro. Aún más, cuando se sugiere que el uno implica el otro, o que son el mismo y no hay diferencias. Es obvio que la integración de los trabajos científicos dentro de un organismo netamente político solo puede buscar la confusión entre los elementos técnicos y los ideológicos, de manera que quien disienta de los segundos pueda ser señalado por cuestionar los primeros. Esta es un arma formidable en el ambiente cientifista que impera, pues al disidente político le cae encima todo el peso de las suplantaciones filosóficas, creenciales y morales que hemos revisado en los capítulos anteriores. Resulta particularmente claro respecto a las maniobras de culpabilización, individual y colectiva, que impulsan las dinámicas de la autodenominada acción contra el cambio climático: el discurso general pone la responsabilidad dolosa en la civilización y el desarrollo, en general y en sus distintos aspectos, en los países y empresas que parecen impulsarlos, y va bajando hasta acusar a los ciudadanos, afeándoles su búsqueda de bienestar o mejora vital, e imponiéndoles actos de redención (relacionados con sus hábitos, su manera de vestirse o alimentarse) en gran medida rituales, para compensar todo el mal que están causando. Es una reelaboración del concepto de *pecado,* que tan útil resultó para las religiones socialmente implantadas. Aquí, los elementos trascendentes son sustituidos por un leve sabor kármico, al que ya nos referimos, y la afirmación «eres culpable, la ciencia lo dice». Cuanto más se confunde ciencia con cientifismo, más se debilita el conocimiento.

A esto también ha contribuido la actitud de la mayoría de los científicos ante estos acontecimientos. Entusiasmados por la relevancia social de la que se les dotaba, se lanzaron en tromba a secundar el movimiento. Como los climatólogos o los investigadores en cuestiones directamente relacionadas no son tan abundantes, fueron multitud los biólogos, geólogos, químicos y físicos (muchos, muchos físicos) que desempolvaron su título para presentarse (aun a sabiendas de que en poco o nada les dotaba de un conocimiento o enfoque mejores sobre el tema en cuestión), y se lanzaron a opinar. Sin olvidar a los divulgadores, con formaciones y experiencias profesionales todavía más diversas. Al fin y al cabo, todos eran cientifistas, así que no les parecía que los excesos merecieran reproche. Además, la mayoría se sentía cómoda también en el ambiente ideológico que se estaba defendiendo. Animados los unos por los otros, se ilusionaban pensando que, esta vez sí; que esta sería la puerta por la que los científicos, los muy inteligentes, accederían a tomar el control para traer a la gente el paraíso social de la ciencia, libre de los males materiales, y libre también de los males creenciales, ilusorios, que habían impedido el auténtico progreso durante siglos. Si la gente era tan obtusa como para no entenderlo, se le impondría, por su bien. Es cierto que los artífices políticos del movimiento habían puesto un precio para que este programa se llevara a cabo. La ciencia ya no podría avanzar de la forma dubitativa y siempre cuestionable en que lo hacía, sino que debería aportar verdades irrebatibles. Por lo tanto, toda esa panoplia de dudas, cuestionamientos, imprecisiones y revisiones sobre lo ya establecido deberían, al menos, esconderse a la opinión pública bajo la alfombra. Los locos dejarían de ser una entidad extraña pero enriquecedora de la ciencia, dado que podrían ofrecer coartada, aunque fuera involuntaria, a los opositores políticos, por lo que tendrían que ser ubicados en el mismo cajón que aquellos (recordemos, el cajón del mal). Las predicciones irían un poco por delante de las investigaciones, que sistemáticamente las ratificarían. Muchos pensaron, piensan, que se trata de una renuncia menor, asumible.

Además, se cuenta con el poderoso sistema de evaluación de la ciencia. En el momento en que el grupo de iguales, las instituciones gestoras y el sistema de editoriales defiendan mayoritariamente una visión nueva (no diré desviada) de lo que se considerará la buena ciencia, en muy poco tiempo esta se impondrá también por la vía de la cuantificación de los currículos y, por lo tanto, de los hechos. Relataré, a este respecto, una anécdota que viví, en la época en la que privaba la preocupación por el agujero de la capa de ozono. Asistí a la conferencia de un investigador que había desarrollado unos sencillos y baratos detectores de radiación ultravioleta. Pertrechado con ellos, marchó al Cono Sur de América con el objeto de comprobar que serían útiles para verificar el desastre al que la humanidad se vería abocada. Él así lo creía, y mientras relataba sus andanzas por Argentina y Chile, se hacía evidente que aquello le había procurado un prestigio entre los estudiosos del tema, y que publicaba con facilidad y en revistas de calidad sus resultados. En una digresión durante su discurso, relató que, cuando se produjo una alarma porque, en varios rebaños que pastaban por la desierta pampa, las ovejas se habían quedado ciegas, acudió rápidamente a realizar mediciones. Yo recordaba que el episodio había sido publicado en muchos periódicos. Lo que ya no apareció en la prensa, y aquel investigador nos contó, es que sus medidas no ofrecieron valores de índice ultravioleta especialmente elevados, pero que, charlando con los pastores, le habían contado que no se podía descartar que los animales hubiesen comido alguna hierba tóxica, que se criaba en la zona y que anteriormente ya había dado lugar a situaciones semejantes. Él preparó un manuscrito con todo esto, sus resultados y la información adicional, y lo envió a las pertinentes revistas científicas, «y ninguna quiso publicarlo». Aquello me impactó lo suficiente como para retenerlo aún en la memoria, décadas después. Aquello, y el hecho de que ni el científico que nos lo contó ni el resto de los que lo oyeron parecieron darle más valor que el de un comentario jocoso para descargar la mente a mitad de su disertación, que era bastante técnica.

Las cosas serán como sean, pero yo tengo algunas advertencias que realizar. La primera es que me parece casi enternecedora la ingenuidad de algunos científicos pensando que los políticos están dispuestos a ponerse en sus manos, o cederles el protagonismo de su acción. Los políticos, de uno y otro signo, como practicantes del ejercicio de la adquisición y el mantenimiento del poder, vienen dando ejemplo a lo largo de la historia de que se aprovechan de todo lo humano, ya sean creencias, conocimientos, sentimientos o instintos, para lograr sus fines. Los políticos no aman, de repente, la ciencia, como no amaban la religión, la filosofía o la moral cuando las utilizaron. Los iluminados, eruditos o moralistas que, en su día, creyeron que la política confiaba en ellos, se vieron sin excepción defraudados, porque solo fueron herramientas para que las ideologías jugaran sus partidas. Son los políticos los que se están aprovechando de los científicos, y no a la inversa. Estos deberían tener por seguro que, si en un momento su programa les aconseja dejar a la ciencia de lado, y hasta desprestigiarla como ahora la prestigian, lo harán sin vacilación. Es algo que ya ha ocurrido en otras ocasiones y no hay razón para suponer que ahora será diferente. El poder, entre tanto, sigue en manos de los profesionales de su ejercicio, y no van a cederlo sin más a unos aficionados bienintencionados y algo pedantes.

Mientras esto ocurre, la ciencia se está viendo dañada, y eso sí debería preocuparnos a los científicos. Aunque sea el de los míos, si un partido deteriora la ciencia, la estruja hasta deformarla y dejarla sin valor, ¿qué nos quedará? Algunos pensarán que tal vez podamos permitirnos una ciencia algo peor, en las cuestiones que tienen que ver con el cambio climático, si ello permite lograr impulso hacia unas sociedades mejores. El resto de la ciencia quedará preservado, la pérdida será controlada. El viejo debate sobre si el fin justifica cualquier medio. Mi pregunta sería: si para la política ha funcionado con la ciencia del clima, ¿qué impedirá que mañana utilicen otra, la que menos preveamos, con iguales objetivos?

Por último, quiero resaltar que todos estos manejos son innecesarios. Aceptemos, aunque yo tengo profundas dudas, que lo que está en juego en relación con el cambio climático no es una cuestión ideológica, sino ética. Puedo explicitarla: vivimos en un mundo frágil y de recursos limitados, que nunca hasta ahora se había enfrentado a una especie que exige tanto, tanto en cantidad como en calidad, de ellos. Su consumo debe regirse por un compromiso de responsabilidad y de frugalidad, que favorezca la permanencia de tales recursos, la convivencia entre nosotros y también con el resto de la vida del planeta, y dé tiempo a que las soluciones que la propia ciencia genere para mitigar nuestro impacto puedan implementarse. Este debería ser un compromiso moral razonable y, por cierto, no tan moderno, pues ha valido en todas las épocas y circunstancias. Si nuestra sociedad y sus gentes son incapaces de actuar conforme a él, es que vivimos en una importante crisis moral, de la que deberíamos indagar las causas y para la que deberíamos ser capaces de encontrar remedios. Que lo único que se nos ocurra sea decirle a todos, a través de una sofisticada campaña publicitaria: «La ciencia es la Verdad, y la ciencia dice cómo debes comportarte», no resuelve el problema de fondo, y genera uno nuevo, como lo es ubicar a la ciencia en un lugar que no le corresponde y para el que no está preparada a dar respuestas. La ciencia no nos puede hacer mejores ni peores, no puede ser invocada como una nueva zarza ardiente, ni traernos las nuevas tablas de la ley: nos ayuda en aquello que sabe hacer razonablemente bien, y para el resto, más nos vale que nuestras sociedades busquen soluciones a los problemas de relación entre los individuos y su entorno que continuamente nos retan. Pretender lo contrario se mueve entre lo ilusorio y lo perverso, por más que pueda resultar más fácil a nuestras mentes, y pueda parecer que nos facilitará el sueño por las noches. Yo me pregunto: si los cálculos y las predicciones realizados hasta ahora resultaran equivocados, y pudiéramos probar que el cambio climático no está ocurriendo, o no será tan relevante, o podrá ser mitigado con alguna tecnología milagrosa, ¿dejaría de existir el compromiso ético que deberíamos mantener entre nosotros y nuestro entorno para consumir de una forma responsable y respetuosa? ¿Qué pasaría con todos los posicionamientos que estamos obligando a la gente a contraer, no por el camino de la convicción, sino del miedo? ¿Qué habría entonces que hacer con esa ciencia que ha sido utilizada con fines que no le eran propios? Sé que nunca ha sido fácil propagar ideas virtuosas entre la gente, y que el miedo al castigo (ya sea divino, humano o natural, ya sea en esta vida o en otra futura) ha sido una herramienta de control de las costumbres en todas las épocas; digo que no deberíamos encomendar a la ciencia esa misión, ni cargarla con el peso de la responsabilidad si las cosas no van como esperábamos.

En resumen, la ciencia puede ayudarnos a plantear y resolver los conflictos que, como sociedad, afrontamos, incluyendo la forma en que encaramos el futuro de las relaciones entre nosotros, y las relaciones tanto de cada individuo como de su conjunto con el medio y la naturaleza. Para ello, existen unas premisas que debemos cumplir, lo mismo que, para sacar utilidad de un medicamento o de un instrumento, es necesario leer atentamente, y seguir, las instrucciones de uso.

En primer lugar, será pertinente reservar a la ciencia el lugar que debe ocupar: ella no nos dirá todo ni nos resolverá todo, y si el problema no queda resuelto gracias a su ayuda, deberemos tener la valentía de comprenderlo y seguir el trayecto utilizando otras herramientas intelectuales, que tal vez tengan incómodos defectos, y de las que deberemos aprovechar las virtudes.

Si todos estamos de acuerdo en seguir el debate desde el lugar en el que nos dejó la ciencia, y de recurrir a ella solo en los momentos en que vuelva a ser de utilidad, el avance habrá sido relevante. En esas circunstancias, sí podremos denunciar vicios argumentales de quienes obvien o tergiversen lo que la ciencia nos ayudó a conocer.

Y para que eso pueda hacerse, es necesaria la segunda condición: los rasgos que caracterizan a la ciencia, cuando sea utilizada para estos fines, tienen que ser preservados por todos. Y destacaré uno: la ciencia necesita de su libertad. Esta se manifiesta en dos aspectos claros. La ciencia necesita de sus visiones alternativas, de sus interpretaciones diferentes, de sus controversias constructivas que le permiten avanzar al ritmo que la propia ciencia es capaz de soportar. La ciencia, también, necesita que se eliminen presiones vinculadas con las supuestas necesidades de que sea más rápida, más precisa, más homogénea, o más implicada en los aspectos no científicos del problema que encara.

En esta sociedad que parece determinada a usar y consumir al máximo no solo cada cosa, sino también cada idea, con el solo objeto de gastarla, desecharla y pasar a por la siguiente, cada vez más rápido, parece que algunos han decidido hacer lo mismo con la ciencia. Si posee el prestigio de ofrecer certidumbres, aprovechémoslo para imponer nuestras ideas en los distintos debates. Como para eso resulta incómoda su lentitud e imprecisión y su independencia, eliminémoslas. Después de sacar la última gota de jugo a ese simulacro, porque ya no será auténtica ciencia, después de agotar su prestigio y sustituirlo por otro menos global, más asociado a sesgos ideológicos, económicos o de otro tipo, quedará inservible. Solo que no habrá algo similar sobre lo que lanzar nuestras garras: es poco probable que podamos concebir una nueva manera de comprender y relacionarnos con la realidad material que supere la que ya tenemos. Y no sé hasta qué punto se es consciente de lo necesario que ha sido contar con la ciencia (la verdadera, la incómoda, la que nos ha dicho que las cosas no eran como suponíamos, en el momento en que menos nos convenía, y nos ha obligado a hacerlas de otra forma) para alcanzar el grado de desarrollo que se viene produciendo en los últimos tres siglos. Podríamos haberlo hecho mejor, desde luego, pero sin ciencia seguro que habría resultado peor, mucho peor. Los que ansían aprovechar la ciencia para sus intereses (entre los que, tristemente, hay muchos que afirman amarla) deberían ser conscientes de las consecuencias que eso acarreará.

La ciencia y la gente: divulgación

Las divulgaciones: herramientas y sesgos

Dos condiciones hemos asignado a la ciencia en lo que llevamos describiéndola: es una disciplina que, pese a contar con unos antecedentes que se sumergen muchos siglos atrás, alcanzó su madurez en tiempos más bien recientes; y tiene una condición técnica, en cuanto a su ejercicio, muy específica, que la separa con claridad de lo que denominaríamos *conocimiento intuitivo* o *natural*. Estas dos condiciones de modernidad y artificio son compartidas por uno de los aspectos que se ha convertido en más relevante de un tiempo hacia aquí. Me refiero a la divulgación, comunicación, difusión o vulgarización de la ciencia.

A poco que lo consideremos, se verá que la divulgación, hasta hace relativamente poco, no existía, no se concebía. Además, es una actividad muy específica, que no se aplica al resto de formas de conocimiento, o solo ha empezado a hacerlo a raíz del éxito o de la abundancia de divulgación en ciencia. Yo diría que la idea se desgajó de la convencional educación, y en un momento determinado, y por razones misteriosas, cobró vida propia y se diferenció con claridad.

Es un lugar común ligar su aparición a una sociedad británica que nació de la preocupación por la formación de los jóvenes, la Royal Institution, y a un científico, Michael Faraday, en los inicios del siglo xix. Padre del electromagnetismo y de la electroquímica, investigador autodidacta y figura insigne, encontró el tiempo para organizar las muy famosas *lecciones de Navidad,* que vienen desarrollándose casi sin interrupción desde hace doscientos años. Él mismo había carecido de una educación convencional, y se diría que diseñó las lecciones como la actividad que habría querido disfrutar en su juventud, unas charlas dirigidas a excitar la imaginación, a despertar una pasión que el oyente después debería complementar con su estudio personal. Se aderezaban con experimentos visuales, atractivos por sí mismos o por el discurso que se genera a su alrededor. El paradigma de esta idea lo encontramos en las charlas sobre la vela, que el propio Faraday impartió, en las que sacaba el máximo partido científico a la imagen de un humilde cirio de cera ardiendo.

Ignoro si alguien ha encarado la elaboración de una especie de historia general de la divulgación científica; si es así, que lo será, sin duda habrá encontrado que este objetivo, y los métodos de Faraday que resultan sorprendentemente modernos, siguen vigentes en muchas actividades a las que se suele identificar como educación no formal. Parece que se adelantó a la propia existencia de la educación formal, que entonces no pasaba de ser la manera, ni sencilla ni barata, por la que algunos inquietos trataban de progresar en el orden social, o colmar su mera ambición por saber. Con el tiempo, las sociedades y los países han ido comprendiendo su absoluta necesidad, y la han convertido en un derecho fundamental de cualquier ser humano (o al menos, como tal se declara). Lo que, por su parte, ha acabado por modificar también el propio objeto de la divulgación de Faraday, que ahora, más que inducir el amor al estudio, debe ser utilizado no pocas veces para romper su monotonía y la desmotivación, pues si se debe enseñar a todos, no todos lo recibirán de buen grado.

Sirva lo dicho para entrar a justificar el título de este epígrafe, y en particular el uso del plural para «las divulgaciones». Casi nadie lo usa, aunque es sencillo comprender que estas tareas no son algo demasiado homogéneo. A mí me gusta clasificarlas por los objetivos primarios que se persiguen, y que, no solo son diversos, sino que no pocas veces resultan poco coincidentes, incluso contrapuestos. Hemos ido mencionando algunos: el interés (o necesidad) de grupos y centros de investigación por publicitar sus logros y ganar relevancia social; su uso por parte de los medios de comunicación para dotarse de contenidos; la inclusión más o menos interesada de elementos de divulgación en debates ideológicos o prácticos... Así que, si alguien afirma hacer divulgación de la ciencia, o ser experto en ella, no está diciéndonos gran cosa, y la primera, pertinente pregunta que debería responder es «¿qué divulgación?»; o aún mejor, «¿para qué?».

Ante lo que, después de superar el asombro inicial por tan desconsiderada curiosidad, el inquirido se tomará unos instantes para encontrarlo en su mente, y sin excepción recurrirá al mantra que viene siendo utilizado desde que yo empecé a interesarme por ello (seguramente desde antes, no conozco su origen concreto): «la divulgación es una necesidad social, ciudadana, porque, en un entorno en el que la ciencia y la tecnología tienen cada vez más influencia en las decisiones políticas, la culturización básica en temas de ciencia y un correcto conocimiento de los avances actuales son necesarios para que las opiniones estén mejor fundadas; la vulgarización de la ciencia es, por lo tanto, una cuestión vinculada con la mejora de nuestros sistemas democráticos».

Discutiremos en el siguiente epígrafe el significado que esta afirmación encierra. De momento, me limitaré a indicar que sus buenas intenciones son patentes, aunque por desgracia no es difícil indagar sobre la influencia de intereses más concretos y mundanos que estos. En el contexto del proceso de burocratización que hemos descrito, la divulgación de las cuestiones científicas relacionadas con la promoción de instituciones o grupos, como un elemento más de sus estrategias en la competencia por los recursos, estará teniendo en cuenta las necesidades de cultura científica de la sociedad, claro, sin por ello dejar de realizar una acción muy similar a la comunicación corporativa que desarrollan, por ejemplo, las empresas para difundir sus virtudes y mejorar su buena imagen pública.

A este respecto se ha producido un fenómeno en los últimos tiempos que aún ha reforzado más estos objetivos. En la confección de los currículos del investigador tipo, se comenzó a pensar que una cierta diversificación resultaría interesante. Así, la valoración de la experiencia profesional y los hitos alcanzados se comenzó a dividir en apartados, que añadían, a la mera productividad de ciencia de calidad (o sea, artículos), las tareas de formación de nuevos científicos, las de gestión, la generación de conocimiento aplicable (por ejemplo, patentes), y poco a poco, también la producción y ejecución de divulgación.

Los argumentos que respaldan esta evolución para mí son enigmáticos. Mientras todo parece dirigirse a la especialización profesional, los científicos son empujados hacia una nueva versión del hombre renacentista. Corresponda o no a sus inquietudes, posibilidades o destrezas, deben cubrir los distintos aspectos, bajo el riesgo de verse sobrepujados por rivales a los que tal vez se habrían impuesto en las habituales evaluaciones de la investigación, y que aportan muchos elementos decorativos en las otras actividades, de manera que van sumando puntos en las temibles tablas cuantitativas que servirán para decidir el vencedor. El científico puro debe esforzarse también en patentar; el huraño, en formar nuevos doctores; el colectivista, en impulsar empresas de base tecnológica; el descuidado, en gestionar su departamento o facultad; y todos, todos ellos, en hacer difusión.

Para muchos de esos aspectos, y muy particularmente para las tareas de divulgación, la cuestión es particularmente preocupante, porque su inclusión en las tablas y los baremos no fue precedida por una reflexión sobre los parámetros de calidad a aplicar. De esta manera, en el mejor de los casos, se consideran por cantidad, y cuando se comparan acciones muy diferentes, la arbitrariedad es la tónica. Por increíble que pueda parecer, no existe un trabajo serio centrado en la calidad de las actividades divulgativas. Y si existe, nadie parece interesado en su aplicación. Con todas las dificultades que, en apariencia, conlleve la elaboración de unos criterios cuantificables sobre ello, no me parece que sean mayores que las que la propia producción científica planteaba, y se salió adelante con ello, según contamos en el apartado anterior. Lo que se encuentra en los textos de fundaciones y entidades que deberían ocuparse de ello, y que de hecho parecen hacerlo con sus libros blancos y manuales de buenas prácticas, es una actitud huidiza, evasivas en las que se pasa de puntillas entre ingenuas suposiciones de que todo el que tiene voluntad para divulgar, lo hará bien (en especial si lo realiza desde la iniciativa pública y se paga a partir de los impuestos) y referencias difusas a los volúmenes de participación del público, y a su satisfacción.

Estos dos últimos elementos son relevantes, sin duda. Lo que pasa es que, si se elevan a única condición evaluable, encontraremos situaciones indeseadas: supongamos que los contenidos y enfoques de una actividad de divulgación fueran erróneos; en tal caso, su éxito de público e impacto no serían una bondad, sino que constituirían un problema en sí mismos. En la educación formal, resulta evidente que la mera satisfacción personal del usuario (en ese caso, el alumno), no puede convertirse en el único criterio de contraste para la labor educativa de una escuela o un profesor, y solo sistemas corrompidos se fían de semejantes métodos. A falta de una verdadera voluntad, o de la capacidad necesaria, para encontrar una forma de valorar los objetivos concretos de la divulgación, y sobre todo los verdaderos resultados una vez realizada, abunda una defensa entusiasta de los métodos y de las herramientas innovadores. No es infrecuente encontrar a personas que divulgan contenidos con formatos remozados, exóticos e inesperados, por los que otros profesionales o aficionados del oficio se ven sorprendidos, entusiasmados, y se dan unos a otros los consiguientes parabienes. Las tecnologías de presentación ofrecen, para ello, un campo casi ilimitado. Y en tales espectáculos lo que falta es el público, al que la actividad debería por lógica ir dirigida; y la preocupación por si, después de todo, tan hermosos y llamativos envoltorios están sirviendo correctamente a los objetivos manifestados.

Todo esto ha conducido a una situación peculiar: existe una especie de bolsa de contenidos convencionales en divulgación, ideas especialmente apropiadas para su exposición por su atractivo o determinadas virtudes formales, o experimentos típicos por sus cualidades sorprendentes. Son abundantes, pero limitados, y son muy pequeñas las adiciones que se van produciendo.[14] Sobre ellos, los distintos divulgadores trabajan en elementos escénicos, de guion, presentación o soporte. Sin olvidar que la irrupción de Internet y las redes sociales ha cambiado completamente el ambiente de la divulgación. Resulta sintomático, pues en esos soportes es convencional que el éxito se mida en seguidores y críticas positivas de los usuarios. Nada demasiado diferente de otros productores de formatos (a ellos les gusta

---

14 Estas limitaciones no son tan relevantes para la divulgación corporativa de los centros de investigación, o para las noticias periodísticas, que mezclan elementos de propaganda con otros informativos, que en principio pueden ser generados continuamente.

llamarse creadores de contenido, sin que en verdad se encuentre con demasiada frecuencia originalidad en ese aspecto concreto), ya sea en actividades tan propias de estos nuevos medios como el comentario sobre un nuevo producto al desenvolverlo de su paquete, o de las vicisitudes de un campeonato de videojuegos. No hay, al final del día, nadie que se atreva a juzgar si aquellos objetivos legendarios que debería perseguir la divulgación se han verificado. Desde luego, lo que sí es seguro es que aquellos a los que llegó el mensaje fueron, en su mayoría, gente convencida que buscó activamente esos contenidos, con lo que el alcance social, la posibilidad de involucrar personas ajenas, poco entusiastas o escépticas, es limitado o irrelevante.

Quiero relatar una experiencia personal sobre este tipo de cuestiones. Hace unos cuantos años, participé en un equipo internacional que desarrollaba un proyecto dirigido al estudio de estrategias de educación no formal, dirigidas a aumentar las vocaciones científicas (o sea, la cantidad de alumnos que optan por estudios universitarios en ciencias) entre los alumnos de Educación Secundaria y Bachillerato. El plan era sencillo: se realizaba un test sobre preferencias y hábitos relacionados con los estudios de ciencia, a principio de curso; se hacía después participar a los alumnos en actividades típicas de las consideradas apropiadas para estimular las vocaciones (mejor conocimiento de científicos y tareas de investigación, etc.) y se pasaba un nuevo test al final del curso, para verificar la evolución. Se incluía un grupo de control, que no pasaba por las actividades pero respondía a las dos consultas.

Algunos de los resultados obtenidos me sorprendieron. Otros, no tanto. Al final, la visión que tenían los alumnos de las materias de ciencia era bastante positiva. Las vocaciones, limitadas. Y el efecto sobre ellas de las actividades de nuestro proyecto durante el curso, nulas; como se suele decir en el argot, «estadísticamente no significativas». Siempre incomoda presentar unas conclusiones negativas para una investigación, aunque tratamos de extraer las mejores conclusiones sobre ellas. Meses después de enviar nuestros resultados, participé en una mesa redonda con profesores que habían llevado a cabo iniciativas similares, y todos, sin excepción, afirmaban haber obtenido impactos muy relevantes en las vocaciones científicas a través de las actividades desarrolladas en un curso escolar. Más allá del papel algo desairado que me correspondió en aquel debate, ni entonces ni ahora pongo en duda la honestidad de los resultados de esos otros estudios, si bien defiendo la coherencia del nuestro: sería en el fondo sorprendente que los alumnos se viesen tan intensamente influidos por un par de acciones divulgativas, en un mundo donde estas están disponibles con facilidad para quien muestre un mínimo interés. Más cuando (y este resultado sí que me causó una fuerte impresión), al preguntarles cómo solían resolver sus dudas sobre ciencia, los alumnos respondieron, en primer lugar, que recurrían a Internet y a las redes sociales. Sus profesores ocupaban un discreto tercer puesto, por detrás de la misma televisión. Desde entonces vengo cuestionándome el verdadero lugar que la docencia presencial clásica debe jugar en los tiempos que corren. Una inquietud profesional con la que no aburriré al lector.

Al final, en los objetivos declarados de nuestro proyecto se hablaba profusamente de la necesidad que la sociedad iba a tener de personas con una formación superior científica, habida cuenta del incremento de las destrezas matemáticas y tecnológicas que requerirán las profesiones del futuro. Sin embargo, nuestras actividades se centraban en personas que se dedicaban específicamente a la investigación. Se desbancaban los estereotipos clásicos, para acabar imponiendo otros nuevos: gente joven, activa, empleados en trabajos técnicamente exigentes y vocacionales, mayoritariamente mujeres. Dado que menos de un 5 % de los estudiantes de carreras científicas acabarán dedicándose a tareas investigadoras, el mensaje era contraproducente, y no contribuía a los objetivos marcados: se usaba el testimonio de los investigadores porque ellos siempre están disponibles para contar las bondades de su oficio, y los alumnos acababan por concluir que solo si se compartía ese gusto tan especial parecía merecer la pena inclinarse por ese tipo de estudios. Nos atrevimos a sugerirlo en las conclusiones de nuestro estudio (sin tener, es cierto, evidencias cuantificables sobre las que apoyar nuestras opiniones), planteando la necesidad de manejar ejemplos más variados de personas que estudiaron ciencias y acabaron en otras profesiones igualmente atractivas; y ya no sé si las instituciones europeas tomaron todo esto en consideración.

Los problemas para alinear objetivos declarados con resultados obtenidos, para determinar la calidad, deslindar la información de la formación, y ambas de las acciones de imagen corporativa o publicidad, se ven agravados por los distintos niveles de cientifismo que rodean al mensaje. En el menor de los casos, se trasluce una postura triunfalista, de perpetuo éxito de la ciencia. Las pocas veces que oímos hablar de fracasos y problemas, el foco se coloca en los falibles individuos, que no supieron o no quisieron aplicarla correctamente. Es verdad que la ciencia acaba logrando las mejores predicciones. Ahora bien, si le damos suficiente tiempo, lo mismo el resto de conocimientos, y también toda acción humana, alcanzarán una condición benéfica. Por desgracia, los eventos humanos suelen producirse durante la imperfecta transición hacia lo correcto, y ahí es donde ocurren los accidentes y las desgracias. La ciencia mal hecha, la ciencia que aún no se ha perfeccionado, también es ciencia, dada su condición de obra humana. Si queremos admirarnos por la genialidad y virtud de los méritos, deberíamos también aceptar las limitaciones y los defectos.

Y en el peor, los mensajes que divulgan cientifismo en lugar de ciencia campan con absoluta libertad. Ya lo venimos explicando a lo largo del libro, se tiene derecho a defender, divulgar o preconizar las más variadas filosofías o creencias, y el cientifismo no sería una excepción. Lo que no es tan defendible es hacerlo sin declararlo, escondiéndose detrás de la ciencia, y denominar como tal lo que no lo es, y pretender que se sustenta sobre ella lo que solo se apoya en las nubes.

El mito de la divulgación científica

A falta de una adecuada construcción argumental de la divulgación, de sus expectativas y sus búsquedas, lo que se ha desarrollado es, en mi opinión, una elaboración más bien mitológica de todo ello. Esto es, un sistema de afirmaciones armadas sobre buenas intenciones que no son sometidas a evaluación, contraste o crítica, lo que las ha petrificado: son hermosas, y alguna vez aparentaron ser fértiles, y en realidad no están vivas.

La primera es la justificación general de la divulgación, como elemento de mejora de nuestros sistemas de participación ciudadana, que presentamos en el epígrafe anterior. Se trata de un postulado político, así que no puede ser cuestionado de manera objetiva. Sí quiero hacer una reflexión sobre él, que además trasciende el mero contenido científico: considerar que las opiniones formadas e informadas son más razonables (vale decir, más valiosas) parece lógico. A la vez, plantea un dilema muy serio, que pone en cuestión los propios fundamentos de lo que se ha denominado *democracia liberal,* la forma que se ofrece como más defendible. Este sistema proclama el gobierno según la elección, la opinión, de la mayoría. El adagio «un hombre, un voto», implica que no se pueden establecer gradaciones o clases en lo que respecta a las posiciones individuales. Sin embargo, hasta sus más ortodoxos defensores sienten una sensación incómoda cuando ven que un juicio inadecuado, según las evidencias disponibles, se impone simplemente por la acumulación de seguidores. Es frecuente encontrar valientes defensores de la libertad del otro a pensar diferente, incluso cuando la diferencia nos parece atroz. No lo es tanto defender la capacidad de esa diferencia para triunfar por la fuerza de la masa. Si se conseguirán mejores resultados con mejores opiniones, o bien se defiende que existen clases entre estas, y, por lo tanto, la imposición del mejor criterio frente al más abundante, y, por lo tanto, la ruptura con la misma esencia democrática, o bien se establece la formación como un deber cívico; y no una mínima capacitación, sino la que dé respuesta a la creciente influencia de la técnica en las decisiones. La divulgación, el conocimiento en general, habría evolucionado para, empezando por ser una oportunidad para el individuo, convertirse en un derecho, y devenir en una obligación. ¿Qué ocurrirá entonces con los que no acepten este estado de cosas, no muestren la disposición para adquirir más conocimientos, por su gusto o porque sus circunstancias no se lo permiten o aconsejan? ¿Debemos considerarlos ciudadanos de segunda? Y si no, ¿debemos seguir aceptando el gobierno de la opinión deficiente, si es abundante? ¿Y si confundimos la opinión formada, y por ello, más valiosa, con una mera posición ideológica travestida con los ropajes de la sabiduría?

No tengo respuesta para ninguno de estos graves interrogantes. Lo que percibo es que todas las posibles pueden ser defendidas con sólidos argumentos, y que la tensión entre esas visiones irreconciliables de la misma esencia sobre la que se concibe nuestro orden social puede conducir a la desavenencia, tal vez a la ruptura. Y que la batalla se libra en lugares de apariencia anecdótica, como la divulgación y la cultura.

Volviendo al campo de la difusión científica, otra frase que se escucha a menudo es: «utilizando las herramientas adecuadas, se puede hacer comprensible cualquier contenido científico; si es preciso, se puede prescindir de su entramado abstracto y técnico sin que sus elementos relevantes se vean menoscabados». Esta es una afirmación vinculada a una corriente general seguida por no pocos pedagogos y educadores: afirma que la mala prensa de los estudios científicos, y en general de esa rama de la cultura, está relacionada con una forma errónea de planearla, mostrarla y enseñarla. La clave, según ellos, está en el envoltorio, y muy en particular en lo emocional. Si se consigue un vínculo de la persona, a través de elementos sentimentales, y en particular de la diversión y la felicidad, el amor por la ciencia, y de paso las vocaciones entre los adolescentes, se dispararán.

Los hay que de todo esto extraen un corolario algo malévolo, incidiendo en que lo mejor es no dejar la divulgación en las manos torpes de los propios científicos, tan poco conocedores de los recursos pedagógicos como descuidados al aplicarlos. En el ámbito educativo, esta es la causa de que los actuales programas de estudios para maestros y profesores incidan en variopintas disquisiciones teóricas de las más diversas escuelas didácticas, sin prestar luego demasiada atención a la materia a enseñar en sí, en particular a la científica.

Todos estos enunciados se repiten con frecuencia, y son base para los más ambiciosos planes de formación y difusión en nuestras sociedades, sin que nadie se haya tomado el trabajo de verificar su validez. Reconozco que tal cosa nunca es sencilla cuando se habla de pedagogía, pero sería deseable un debate abierto con visiones distintas, o al menos un enfoque algo más crítico de todo esto.

Aunque no cuento con mayores pruebas que las que reclamo a los demás, sí diré que nada de todo lo anterior concilia ni siquiera aproximadamente con lo que yo he encontrado en mi experiencia. Para empezar, los jóvenes son bastante más sensatos y libres que lo que presuponen todas esas teorías. Simplemente, no es cierto que tengan, en general, una mala opinión de las ciencias. Elevar a categoría de axioma los comentarios, entre jocosos y despreocupados, de los alumnos sobre los profesores y las materias que imparten a la salida de una clase no es, tal vez, la mejor manera de establecer los fundamentos de toda una corriente neuroeducativa. Desde luego, los cientos de estudiantes, en una decena de colegios de toda Europa, que contestaron las preguntas en el estudio al que me referí en el epígrafe anterior, ofrecieron un testimonio honesto y equilibrado. Por término medio, con las consiguientes excepciones y casos particulares, tenían en buena consideración los estudios de ciencias; los veían difíciles, pero útiles. Solo una minoría se veían inclinados a seguir carreras científicas, lo que es lógico bajo el estereotipo imperante de que ante todo ofrecen capacitación para dedicarse a la docencia y a la investigación. Nada se veía de ese supuesto rechazo preconcebido o antagonismo por la ciencia y las matemáticas.

Siempre se pueden mejorar los aspectos didácticos y las herramientas para hacer una materia más atractiva, sin duda. Otra cosa es aseverar que la ciencia es divertida. Pues no lo es apenas, solo hay unas pocas presentaciones o experimentos de los que se pueda decir algo así, con la condición inexcusable que las explicaciones profundas, en formato matemático y correctamente argumentadas, o sea, la verdadera ciencia, y no el mero fenómeno, se soslayen o escondan. La ciencia puede resultar apasionante, y también es un reto mental por sus dificultades intrínsecas y su vastedad. No hay enfoques revolucionarios que puedan cambiar esto para la mayoría de ella. Las versiones edulcoradas en ocasiones son meros sucedáneos que no permiten una verdadera comprensión, y en otras llegan a ser puros golpes de efecto, que logran la misma convicción que la de un mago o un mentalista cuando realizan sus trucos ante un ilusionado público. Sus virtudes la harán atractiva para algunos, y muchos no podrán gustar de ellas, o no encontrarán compensación al esfuerzo que requiere. Ni esas personas son necesariamente unos obcecados, ni los que se la enseñaron, unos ineptos.

Para quienes interpreten que con todo esto vengo a sugerir que la divulgación científica es prescindible, un objeto de entretenimiento para consumo casi exclusivo de los convencidos, y sin verdadera utilidad social, debo decir que no es así, en absoluto. Creo en su necesidad, sobre todo por una cuestión que no sé articular de forma apropiada, que dejaré aquí expresada como una inquietud o una sugerencia. La divulgación es necesaria porque la ciencia nos pertenece a todos, y tenemos la obligación de dotarla de las formas apropiadas para que no sea patrimonializada por unos pocos. Creo que, en ese aspecto, nuestras sociedades han sufrido un retroceso, y que en el pasado, pese al extendido analfabetismo, la falta de medios para alcanzar la información, y las carencias de todo tipo, existía una visión más correcta del papel, y de la cualidad, de la cultura como bien común. No hablo de la confusión actual del término, que se utiliza a veces para poco menos que sacralizar un baile regional, una mala costumbre compartida por unos cuantos o algún chascarrillo apenas gracioso, sino de lo que podríamos llamar la *cultura de cultos*. Cuando Heródoto, un inquieto viajero que recogió las experiencias e indagaciones de toda su vida en un extenso libro, quiso ofrecer a los atenienses su obra, ellos la consideraron con cuidado. Aunque él mismo la tenía por una obra de historia, y como tal nos ha sido legada a la posteridad, en realidad consiste en un auténtico catálogo de maravillas, y es la primera muestra acabada de erudición, de lo que una mente privilegiada puede componer mirando y escuchando con atención a su alrededor. Los habitantes de Atenas, que dedicaban sus esfuerzos diarios a la agricultura, el comercio y la navegación, supieron darle una sabia recompensa: le devolvieron exactamente el dinero que había gastado en sus viajes y exploraciones, como si los hubiese realizado, no por su gusto, sino por encomienda de la ciudad. Hoy, que menudean los premios y homenajes culturales, tal vez hemos perdido esa claridad de criterio.

La divulgación debe reforzarse para cumplir esta misión y también las otras que se le suponían, siempre que evitemos los planteamientos ilusorios, míticos, y de verdad la dirijamos a ellas. Es el momento de reconocer que el modelo que se ha venido aplicando está, en gran medida, agotado. Suposiciones sobre su capacidad para hacerlo todo comprensible, para llegar a todos; la pretensión de que no puede ser manipulada o utilizada, porque las motivaciones de los divulgadores serán, en todos los casos, puras; la falta de crítica y discusión sobre lo que se dice y para qué; todo esto ha quedado desfasado. Debemos saber qué queremos hacer con ella, y desde luego evaluar si lo estamos consiguiendo. Si es dificultoso, apliquémonos más para lograrlo, en lugar de descartarlo y disimular. Nadie duda de que la ciencia suministra contenidos atractivos, aptos para el entretenimiento y la diversión, también material informativo que muchos públicos reclaman, y desde luego es lícito que las entidades y hasta los individuos mejoren su marca y su imagen pública difundiendo sus logros científicos. No es cuestión de limitar todo esto de ningún modo, sino de que sea claro qué se está haciendo en cada momento, sin confundir, como oí decir una vez, churras con meninas.[15] Si preferimos no hacerlo, casi nadie lo notará. La divulgación será hermosa, cada vez más, y abundará. Y no servirá para nada, ni podrá, en fin, cambiar nada.

---

15   Y en verdad es reprochable no distinguir entre ovejas y damiselas barrocas.

6.
ALGUNOS FUTUROS POSIBLES

Discronías

Eugenesia

He titulado el apartado siguiente una incierta etimología, que parte del ilustre antecedente de Tomás Moro,[1] quien tituló su famosa obra *Utopía* en referencia a un lugar inexistente, lleno de virtudes y ejemplos a seguir por los verdaderos. Con el tiempo, se han popularizado los términos *distopía*, que sería una utopía donde los defectos y el mal se han implantado, y *ucronía*, en referencia a un tiempo idealizado e inalcanzable. Bueno, lo que sigue es algo así como unos posibles contrarios de esto último, a los que podría encaminarse nuestra sociedad si ciertas conductas, a mi juicio inapropiadas, se exacerbaran o impusieran. Entiéndase, como en otros casos en los que términos parecidos se emplean, que no me anima ningún impulso profético, rasgo (iba a llamarlo virtud) del que carezco en absoluto, sino solo el ejercicio de una sátira amable y encaminada a entretener.

---

1 El sabio Lord Canciller ha sido canonizado tanto por la Iglesia católica como por la anglicana. No solo eso, sino que los primeros lo consideran un campeón contra el protestantismo, y los segundos, un mártir de la Reforma. No sé qué pensaría el interesado si le hubiesen dado a conocer el futuro, algo fuera de lugar, que esperaba a su memoria.

En primer lugar, he elegido la eugenesia por la razón sencilla de que pocas cuestiones encontraremos tan vigentes, desde que se instituyó la tribu hasta hoy, como la selección y el cuidado de sus nuevos miembros. Lo que viene indefectiblemente llevando aparejados argumentos de cariz biológico y utilitario, que a su vez entroncan con las relaciones entre ciencia y sociedad.

Los orígenes prehistóricos de la eugenesia serán difíciles de indagar. El antecedente más famoso del que poseemos constancia es la exposición de los recién nacidos en las culturas agrícolas y militares, representada por las viejas ciudades de Esparta y Roma. Aquellos infanticidios selectivos nos escandalizan, pero formaban parte de un planteamiento práctico del mundo, que en cuanto a sus postulados, ya que no en cuanto a sus métodos, no se aleja tanto de los que se invocan en la actualidad. Para unas sociedades donde la amenazas en forma de malas cosechas, carencia de recursos o guerras suponían riesgos terribles de muertes masivas y desaparición, eliminar a miembros que no podían contribuir al fortalecimiento social, que reclamarían cuidados y medios fundamentales para la supervivencia del resto, hacerlo antes de que se crearan vínculos afectivos que lo dificultaran cada vez más, podía parecer necesario a falta de medios más civilizados para su control. Esta era, al menos, la teoría. Ya desde entonces, el rechazo y sacrificio de los incapaces, enfermos o deformes se vino utilizando con objetivos menos confesables, para librarse de vástagos, propios y ajenos, inconvenientes o no deseados. Las grandilocuentes ideas, proclamas y derechos actúan como coartadas para que algunos individuos resuelvan cuestiones puramente egoístas eliminando a los más débiles. Incluso entre los que creían honradamente en el bien público de tales matanzas de niños, que ya es creer, era evidente que el sistema carecía de eficacia, pues solo permitía descartar los defectos más patentes y groseros. Muchos bebés de apariencia saludable podrían después acabar como adultos débiles y corrompidos; los rasgos no visibles, ingenio, astucia, intuición, no podían ser seleccionados por estos métodos. Las complicaciones para eliminar a los inapropiados en la edad adulta son tantas que la selección rara vez se traslada a ella, con lo que el método apenas logra una mejora sustancial de sus integrantes. Dado que, desde mucho antes del descubrimiento de los genes, se viene conociendo que los hijos tienden a parecerse a sus padres, se consideró que un avance en todos estos manejos podría darse al favorecer solo la procreación de los mejores, o al menos al conferir a esta descendencia privilegios de crianza y expectativas en su posición social (lo que, entre otras cosas, favorecería la supervivencia), ofreciendo respaldo a sagas, dinastías, mayorazgos y demás intentos de preservar fortunas y prebendas a través de la herencia.

Todos estos no pasan de ser procedimientos eugenésicos burdos. La llegada de la ciencia vino a dotar de herramientas técnicas más finas. A nuestra mente vienen de inmediato los proyectos para producir en serie hordas de altos y rubios arios de raza pura por parte del régimen nazi. Sus atrocidades, perfectamente acreditadas y documentadas, y a la vez explotadas hasta la náusea por la cinematografía y los libros, han servido para crear un específico mito del mal, útil para estereotipos y simplificaciones. Así, la eugenesia se reviste de aspectos trágicos, y en todo caso reprobables, lo que nos lleva a olvidar que ha sido defendida por los más variados movimientos, y respaldada por argumentaciones racionalistas que hacían uso de la ciencia. Las teorías políticas diseñadas para hacer desaparecer de una vez desigualdades e injusticias, y los movimientos que usaron las ideas darwinistas para buscar consecuencias sociales, ambos durante el original siglo XIX, impulsaron enfoques nuevos, dirigidos a ofrecer fundamentos científicos, y soluciones acordes con ellos, al problema eugenésico. Teóricos hubo que defendían el racismo a partir de los sucesivos descubrimientos sobre la herencia y la selección artificial en animales y plantas (que, según se describió, tanto influyó en las ideas de Darwin), y no siempre con objetivos de discriminación y abuso, sino bajo la, en principio bienintencionada, suposición de que las razas «puras» humanas tendrían ventajas, de manera que debía tenderse a una segregación igualitaria, y evitar el mestizaje. Otros, al amparo de la concepción del mal como una condición social, que puede corregirse a golpe de organización racional y voluntarismo, propugnaron sistemas de crianza radicalmente homogéneos, de manera que todos los niños vivieran en las mismas condiciones, aprendieran los mismos principios y pensaran lo mismo sobre las mismas cosas. Si, en apariencia, esto se considera una forma suave de eugenesia, no digna de nombre tan atroz, no deberá ignorarse que para tan benéfico objetivo los padres de las criaturas deben ser descartados como elemento con capacidad para tomar decisiones respecto a la educación (por esa perniciosa costumbre de aplicar soluciones propias o distintas para sus hijos), y que los contumaces que no se conformen y evadan la norma, pese a los cuidados esfuerzos gubernamentales para igualar mentes y valores, deberán ser reeducados en su edad adulta, o simplemente extraídos de la sociedad, pues supondrían una amenaza seria para el plan general de mejora moral.

Creemos que todo esto, darwinismo social o conductismo ético estatal, ha sido convenientemente desvirtuado en nuestros días, y ya solo es defendido por fanáticos extremistas. Un impulso opuesto al de segregación racial, que propugna la mezcla étnica como la vía de obtener descendencia mejor, parece moverse de manera inconsciente entre ciertas tendencias ideológicas, sin que, hasta donde yo conozco, haya sido articulado de manera clara; el difícil equilibrio entre la libertad y el control en la educación sigue generando controversias, que conducen a soluciones en algún lugar de la franja intermedia. En todo caso, y sin que seamos demasiado conscientes, las pulsiones eugenésicas siguen siendo consideradas positivas en nuestras sociedades, al menos en dos aspectos: el control de la natalidad y la lucha contra la enfermedad. El primero está fuertemente relacionado, en nuestra imaginación, con el objetivo de aspiración al bienestar, que tanta importancia tiene en las sociedades actuales. Los países económicamente débiles se entregan a disminuir los aumentos de población, y las propias familias, el número de los hijos que criarán, en cuanto son capaces de hacer un análisis medianamente sofisticado de sus objetivos vitales. Y son pocos y desacreditados quienes no defienden estos instrumentos como la manera más acertada de progreso en lo material. A los que opinen que el control de la cantidad de vástagos permitidos no es en realidad una forma de eugenesia, les animo a reflexionar sobre que no se puede actuar sobre la cantidad sin que ello produzca efectos sobre la cualidad, debido a cuestiones culturales o psicológicas de índole diversa, para lo que pueden revisar por sí solos, pues este libro no es el lugar apropiado para orientarles, los efectos selectivos que ha tenido la estricta política de hijo único en China durante los últimos decenios. Ni que decir tiene que las mismas ideas (a menudo, defendidas incluso por los mismos ideólogos) que ampararon la disminución de la descendencia, verifican aterradas el fenómeno de envejecimiento de la población y ahora insisten en convencer a los ciudadanos de que los niños pueden pasar, en unas pocas décadas, de personas pequeñas, sin más, a impedimentos para el desarrollo, primero, y después a un bien comunitario, sin otra necesidad que la de dejarse caer por los vericuetos del pensamiento moderno.

En cuanto a la selección sanitaria, es una antigua ambición de cierta corriente médica, que, en lugar de andar luchando por curar enfermedades, ve más sensato evitar directamente que se produzcan, a poco que se pueda. En su apoyo cuentan con la visión favorable del público, pues en verdad no todas las enfermedades pueden paliarse, y basta con mostrar el caso particular de alguien que sufre por algún terrible síndrome de nacimiento: nadie dejará de respaldar que, para esa persona, lo mejor habría sido no nacer. Incluso están apoyadas por consideraciones económicas, en un mundo de medicina socializada en la que pagar medios y personal es un reto continuo. Además, sus métodos no recurren ya al bárbaro infanticidio. Hoy disponen de herramientas de detección de enfermedades genéticas (y, cada vez más, de información sobre la predisposición a padecer otras). Gracias a otra disciplina médica que se ha desarrollado mediante la adquisición de un prestigio positivo basado en cuestiones sentimentales, la fecundación asistida, resulta cada vez más sencillo realizar una selección de embriones: solo los correctos, desde el punto de vista eugenésico, serán seleccionados para su implantación y posible gestación. Viene ocurriendo ya que se realiza la selección de embriones, no solo en función de la salud y el bienestar del futuro individuo, sino para ayudar a la curación o apoyo médico de otro, generalmente un hermano, con algún problema de salud. Todo esto, con el beneplácito de los futuros padres, que no querrán menos a su nuevo hijo, desde luego, y logran, además, de una tacada aumentar su descendencia y solucionar un problema terrible del hijo preexistente. Es claro que, del no nacido, no se puede recabar la opinión.

No estoy cualificado para analizar todas estas cuestiones desde un punto de vista moral, pero sí me parece que serían susceptibles de un debate serio. Cuando hablo de un debate, no me refiero, claro está, a una conversación amable, de gestos entre conmiserados y compungidos, en la que se barajan algunos aspectos de la cuestión para acabar aprobando sin excepción cada nuevo avance que la tecnología médica contemple posible. Que es lo que se viene produciendo. Pienso simplemente en que, según la tradición y mi experiencia en temas, desde luego, mucho menos graves, los análisis éticos realizados desde esquemas sentimentales, centrados en el caso particular y la excepción, y en los que la palabra principal la tienen los propios implicados afectivamente en el dilema concreto planteado, con frecuencia conducen a soluciones parciales o sesgadas. Me preocupa en particular la transición del individuo, de objeto como saco de genes, solución terapéutica, forma de realización personal, problema para el producto interior bruto o solución a la crisis demográfica, a sujeto que estará condicionado en su existencia, o inexistencia, por esa condición previa; no creo que lo más relevante en esta cuestión sea el momento en el que se produce, por decreto, la drástica transición de lo uno a lo otro. Claro que aquí, en particular sobre la cuestión médica, se evita que el análisis sea ético, porque todo el mundo está de acuerdo en que debe ser un análisis bioético. Del que ya se habló en otro lugar del libro.

Es previsible que este tipo de acciones se vean favorecidas, en un futuro no demasiado lejano, tanto por avances en las tecnologías médicas como por la buena reputación de esta forma de pensar y su apoyo cientifista. De las primeras, destacaremos dos. La investigación para lograr separar la reproducción humana de la gestación materna avanza a buen ritmo, y resulta plausible que los primeros bebés que no solo procederán de una fecundación *in vitro,* sino que se habrán desarrollado por completo en una placenta artificial, llegarán en pocas décadas. Aunque la investigación actual se dirige a la mejora del bienestar, la supervivencia y el pronóstico de los nacimientos prematuros extremos, en cuanto su desarrollo permita aplicarlo a los momentos tempranos de la gestación, no habrá problema en usarlo de esta otra forma. Su impacto social será enorme. La segunda es la edición genética, la posibilidad de modificación activa de la información contenida en los genes de un individuo vivo, en lugar de limitarse a su selección pasiva. Selección y edición conducen esencialmente a los mismos resultados, pero una vez resuelto tecnológicamente, la segunda es incomparablemente más eficiente, por lo que será preferida.

En este entorno, el objetivo manifestado será eliminar la lacra de la enfermedad y el sufrimiento, por descontado. Ahora bien, nadie considerará demasiado desviado favorecer individuos también más vigorosos, inteligentes, altos o bien parecidos. Al fin y al cabo, todos estos rasgos interesan sin duda para una vida mejor. Podemos, por aproximación, ver el proceso racional y bien basado en la ciencia sobre el que ello se desarrollará, porque ya ha ocurrido en nuestros días en otro aspecto médico. Me refiero a la cirugía plástica. Desarrollada en principio como una forma de paliar deformidades patentes producidas por accidentes, enfermedades o trastornos de nacimiento, el repertorio de técnicas disponibles la hizo apta para su uso meramente estético. Las críticas por el empleo de técnicas invasivas, no exentas de peligro, con el mero objeto de modificar la apariencia exterior, se produjeron, haciendo peligrar una importante pulsión social, la de la búsqueda de la belleza física, sobre la que tantas industrias basan sus estrategias de publicidad y promoción, por no hablar del lucrativo negocio clínico. La trampa estaba en una construcción mítica que la profesión médica había urdido para preservar su prestigio frente a las demás: la suposición de que era depositaria de una tradición multisecular de compromiso ético, materializada en el juramento hipocrático. Este, cuando habla de preservar la salud y la dignidad de los pacientes, concilia mal con prácticas como la introducción de cuerpos extraños en el interior de un individuo sano por su deseo obsesivo de parecerse a no sé qué otra persona o cosa. Lo cierto es que la cirugía estética necesitaba profesionales que dispusieran de las capacidades y destrezas de los médicos y estuvieran exentos de cumplir tan rimbombantes declaraciones. Tal vez algo así podría haberse propuesto. Sin embargo, esta solución se desechó y, aplicando una típica de nuestras razonables sociedades, se apostó por ignorar la flagrante incoherencia, y retorcer los argumentos con desparpajo. Fue entonces cuando algunos psicólogos vinieron al rescate, y nos explicaron que la búsqueda de la apariencia física deseada no era un capricho superficial, sino que suponía una base firme sobre la que edificar la autoestima, desde la que, a su vez, desarrollar un yo mentalmente saludable. ¿Y acaso la psicología no es una ciencia? El efecto de esta reacción ha sido fulminante. La cirugía estética pasó de ser una excentricidad de ricos y famosos, y un deseo de las clases medias, todo ello de forma un tanto inconfesable, a una cuestión meramente anecdótica, que se comenta con sencillez, no pocas veces con orgullo, por parte de sus abundantes usuarios, y que se ha democratizado hasta hacerse mayoritaria entre personas de escasos medios económicos, merced al abaratamiento que se ha producido gracias a su expansión.

Niños fabricados en serie, sin participación de madres gestantes, y con rasgos físicos e intelectuales bien definidos. Tales discronías ya han sido concebidas por buen número de filósofos y escritores. La mía introduce solo un rasgo original, y es que preveo que la importancia de los progenitores (ya sean biológicos o asignados por algún tipo de proceso de adopción) será fundamental, y lejos de desaparecer, se verá reforzada. La dimensión estética del asunto es importante: a todos nos puede parecer atroz un estado omnímodo, controlador y opresivo, seleccionando una población uniforme o severamente dividida en castas productivas. Nos hace recordar los excesos soviéticos o fascistas, movemos la cabeza en gesto de aprobación y alabamos al pensador que ha denunciado esas barbaridades futuristas en una voluminosa novela. En cambio, no veremos mayor problema en que la iniciativa de la selección proceda de los padres, por más que condicionará la vida de sus vástagos por métodos semejantes. Eso sí, este procedimiento no generará hordas de hombres y mujeres altos y rubios; cada uno podrá elegir los rasgos que más le gusten para sus hijos, según los cánones de belleza o condición que consideren o les hagan considerar, de manera que se desarrollen, no solo sanos, fuertes, sensibles e inteligentes, sino con una sólida autoestima. Nadie cuestionaría la mejora que todo esto supondrá.

Inteligencia artificial

Grandes datos, aprendizaje profundo, inteligencia artificial… hay que reconocer que la terminología que maneja esta rama de la informática, dirigida a desarrollar sistemas expertos (otro sintagma magnífico), capaces de realizar operaciones no obvias sobre una información de entrada compleja, resulta apabullante. Tanto los que escuchamos desde fuera, absortos, las discusiones de sus especialistas, como estos mismos, que se ven investidos de un respeto solo comparable al de los antiguos oráculos, tenemos claro que, si una ciencia es capaz de hablar de cosas tan grandiosas, es la principal candidata a cambiar para siempre el mundo en que vivimos. No se puede concebir hoy el futurismo realista (rama entre las más activas de la literatura fantástica, cuyo éxito reside precisamente en que se practica menos en la escritura creativa que en la conversación cotidiana) sin hablar del momento en que las máquinas adquirirán conciencia y se harán, si no con el poder material, sí con el control intelectual de la sociedad. Y parece que no va a tardar…

Como en otros lugares del libro (¿en demasiados?) hablaré de cuestiones que apenas conozco,[2] y lo haré sobre todo comentando opiniones de quienes sí están acreditados en ello, disminuyendo así en lo posible mi riesgo de error. En la consabida entrevista periodística, estos grandes conocedores, a los que invariablemente se califica de gurús, son preguntados sobre detalles concretos respecto a lo que sus máquinas maravillosas pueden, y sobre todo podrán, hacer. Y ellos contestan sin vacilar, con mucha seguridad. La pregunta no suele articularse como quien la plantea, como todos nosotros, en realidad, desearíamos: ¿ese trasto es inteligente, como usted o como yo? ¿Cuánto? ¿Cómo lo saben? ¿Por qué no puedo entrevistarlo a él, y debo conformarme con su creador?

Aquí está la clave del asunto: aún no pueden desplazar o suplantar al gurú, aún no se les puede entrevistar. Son muy muy listos, intuimos que más que la mayoría de nosotros, solo en algunas cosas. Así, ganarían al humano más diestro al ajedrez, pero si se les procurara un cuerpo robótico, serían incapaces de atarse los cordones de los zapatos. Su inteligencia no solo es artificial, sobre todo es extraña.

A riesgo de ser tachado de irredento reduccionista, temo que otra vez nos topamos con una dificultad basada en las influencias no controladas que los significados de un término polisémico pueden producir. Que tampoco tendrían mayor importancia, si no hubiese gente aprovechándose de las confusiones y de los medios entendidos. Los expertos blasonan de que

---

2   Sin pretender alterar ni un ápice este juicio, contaré una anécdota sobre mi temprana incursión en el mundo de la inteligencia artificial. En una asignatura de programación durante mi licenciatura, presenté para su calificación un programa capaz de jugar al parchís contra un rival humano o una máquina. Cuando debía decidir sobre qué pieza mover, otorgaba, a cada una, una puntuación basada en los riesgos y las ventajas que el movimiento suponía, y la mejor puntuada era elegida. Ahora bien, las valoraciones asignadas a la expectativa, por ejemplo, de colocarse a distancia de ser comido, o en disposición de comer una ficha rival, se iban modificando en función de las victorias que el sistema conseguía, como una forma rudimentaria de aprendizaje, de manera que se iba comportando de forma más agresiva o más conservadora según los resultados. El profesor que recibió mi trabajo apenas lo puntuó con seis puntos sobre diez, y tengo evidencias que respaldan mi suposición de que ni siquiera lo leyó. No iban entonces mis gustos por esos temas, pero considero que aquella decepcionante experiencia acabó por alejarme de ellos. También reconozco que no se me ocurrió poner a trabajar a mi programa en miles de partidas, para ver si podía convertirse en un campeón del juego.

su trabajo conceptual es interdisciplinar, que se acompañan de neurólogos y psicólogos y filósofos para no dar pasos en falso. Todo esto solo supone una distracción, pues sea cual sea la formación de los estudiosos, el origen de la inteligencia natural y la creada en los ordenadores es dispar, y su concurrencia final, cuestionable. Los ejemplos para ilustrarlo abundan, recurriré a alguno muy simple. Entre los esfuerzos que se despliegan para identificar inteligencias animales, se trabaja por demostrar, en algunos de ellos, una capacidad de abstracción superior. Así, en delfines, primates, ratones, y últimamente también en insectos sociales, se ha identificado la habilidad para realizar operaciones aritméticas sencillas. Abejas capaces de sumar, roedores que diferencian cantidades pares e impares, captan titulares de prensa, y nos hacen reflexionar sobre si las diferencias entre ellos y nosotros en verdad están tan bien definidas. Sin embargo, el más modesto sistema de computación realiza operaciones booleanas[3] sin dificultad. De hecho, es sobre su base sobre la que definimos el propio proceso de computación.

La capacidad de sumar más y mejor es una herramienta para detectar inteligencias naturales, y resulta inútil para las artificiales. Los artefactos informáticos, en cambio, tienen dificultades para identificar patrones, algo que, tal vez, pueden hacer las formas más modestas de vida, incluso mediante sistemas nerviosos muy rudimentarios, o sin ninguno. Por muy seguro que se esté sobre la buena aproximación de las dos acepciones de inteligencias, deberá reconocerse que aquí hay una cuestión que conviene analizar sin apresuramientos. Los estudiosos piensan que lo mejor es obviar esas supuestas diferencias, considerar que, pese a las apariencias, los sistemas pensantes naturales son también máquinas booleanas, y que una humilde estrella de mar no ofrece el resultado inmediatamente cuando se le pregunta «¿cuántas son dos y dos?» porque no ha sido programada apropiadamente para ello. La conclusión es que cualquier tarea que consideremos inteligente puede ser desarrollada en forma de un algoritmo, por lo que, implementándolos todos ellos en una máquina suficientemente grande, tendremos una inteligencia sintética.

---

3   También llamadas *operaciones lógicas*. ¡Lógicas!, el lector recordará nuestras disquisiciones sobre la capacidad de esa herramienta para intentar comprender el mundo.

El lector ya habrá podido ver que en esta argumentación hay una cierta carga de afirmaciones no probadas, y que, por lo tanto, se ubican en el ámbito creencial. La primera, suponer que un sistema nervioso, y no digamos un cerebro, es solo un ordenador grandote. Y no me estoy refiriendo a cuestiones mistéricas ni trascendentes: la propia ciencia es un ejemplo de que, a veces, el todo de un sistema es más que la mera suma de sus partes. Esto es tan frecuente que hasta tiene un nombre técnico: se llama emergencia de la complejidad, aparición de propiedades y fenómenos impredecibles asociados, no a las partes, sino a su unión y la forma en que lo hacen. Si no existiera algo así, la física al completo se podría desarrollar en diez minutos. Claro que tampoco importaría, porque no habría quién la desarrollase, pues uno de los sistemas imposibles de concebir como mero agregado de sus componentes simples es la vida. La emergencia de complejidad es muy sensible a la manera en que se agregan y articulan sus ingredientes. ¿Que los diseñadores de máquinas informáticas se inspiran en lo que sabemos de los cerebros orgánicos? ¿Que ya se estructuran como redes neuronales? ¿Y cómo sabemos que lo que sabemos es lo necesario, o que es suficiente?

La segunda es todavía más severa: la suposición de que, no solo puedo poner en forma de algoritmo cada habilidad que podamos considerar inteligente, sino que puedo conjugar todos esos procesos y que su resultado será seguro la consciencia.

A lo mejor es posible, no discutiré con profesores, investigadores y empresarios que se dedican a ese negocio y lo afirman sin atisbo de duda. Solo me permitiré poner en evidencia algunas de sus dificultades. Empezaré por una que no concierne a su diseño, sino a la condición humana de este, y que ya ha aparecido antes en el libro: me refiero a nuestro empeño innato por la comprensión categorial del mundo. Cada vez que es preguntado sobre ello, uno de estos gurús afirma que tiene un proyecto para implementar en las máquinas el deseo, la imaginación, la ecuanimidad, la creatividad… Todo eso son categorías humanas, la realidad no tiene por qué organizarse sobre ellas, ni siquiera está obligada a usar categorías de ningún tipo. Queremos construir una máquina todopoderosa partiendo de las limitaciones de nuestra forma rudimentaria de entender: mal comienzo. Esas ideas pueden ser muy útiles para nuestra conceptualización, y a la vez ser un desastre como punto de partida para crear pensamiento real. Y pueden conducirnos hacia un destino erróneo, el del pensamiento simulado.

Los ordenadores son muy buenos para simular. En mi trabajo, yo puedo programarlos para que repliquen los resultados de un experimento de laboratorio, y lo obtenido es indistinguible de la realidad. Es una buena herramienta para verificar que mis modelos microscópicos de la materia dan lugar a los valores de mis mediciones, pero es claro que no pueden suplantar a la realidad, pues las condiciones de las soluciones encontradas han sido fijadas en mi programación, y no podré obtener cosas que yo mismo no haya implementado. Resulta sencillo percibir la diferencia entre un experimento real y uno simulado.

Una situación más directa, y no exenta de sutilezas, la encontramos en la representación de una imagen o una fotografía. El paisaje está ahí, la luz se refleja en él y acaba excitando nuestra retina y creando una sensación. Por su parte, una fotografía aprovecha la manera especial en la que nuestro sistema ojo-cerebro procesa la información visual y, mediante píxeles diminutos coloreados o fenómenos fotoquímicos en un papel, ofrece un simulacro a nuestra vista, que lo acepta como sustitutivo del original.[4] Una vez más, la diferencia entre la simulación y la realidad se puede establecer de manera patente. La fotografía, en todo caso, es capaz de excitar recuerdos, sensaciones íntimas o anhelos con igual eficacia que la realidad. Si lográsemos desbaratar los medios para discernir lo real y lo artificial, engañaríamos al individuo, lo que no acreditaría al hábil programador como creador de paisajes o de mundos, más allá de que lo afirmemos como un énfasis retórico, sino más bien como un ilusionista eficaz. La cuestión, en este contexto, es cómo podríamos diferenciar el pensamiento real de una mera imitación conseguida a base de hacer muchas sumas realizadas con gran rapidez.

Y es que, a pesar de toda la sofisticación (y también de todos los titulares impactantes) la inteligencia artificial avanza, hasta ahora, mediante la implementación de algoritmos. Para entendernos, esto viene a ser algo que una persona, entrenada y a la que se suministra tiempo, una libreta y un bolígrafo, puede hacer. Los resultados actuales son espectaculares, me

---

4   Podemos considerar que nuestra representación mental ya es una simulación de la imagen real en nuestro cerebro. Por mi propio bien, no me adentraré en sofisticadas discusiones sobre neuropsicología sensitiva.

adelanto a decirlo, aunque no tan radicales. Identificar patrones (caras, frutas, gustos de las personas en sus navegaciones por Internet) son procesos rutinarios, en los que lo que ofrece la programación no es un cambio en la acción sino en la velocidad: acceder a bases de datos, realizar comparaciones, reordenarlos en función de un sistema de aprendizaje basado en información suministrada por el humano, los ordenadores lo hacen muy rápido, aunque no mejor. De hecho, lo hacen un poco peor, pero las ventajas de la velocidad, a efectos tecnológicos, superan ese pequeño inconveniente. Un sistema automático de diagnóstico a través de imágenes (radiografías, resonancias) no es mejor que un médico con su libreta,[5] solo es más barato y veloz. Lo que es muchísimo, un cambio cualitativo. Otra cosa es que nos acerque a un médico cibernético.

¿Y qué pasa con el campeón de ajedrez? Un ordenador es capaz de ganar a cualquier humano. Eso parece disruptivo. Además, dicen que aprendió solo, jugando muchísimas partidas, y que sus propios creadores no tienen muy claro cómo lo hace. Bueno, lo siento, de nuevo no es nada que una persona con una libreta no pueda hacer. Tal vez deberán ser miles de personas con muchísimas libretas, perfectamente coordinadas. Digamos que cada movimiento les costaría días, semanas o meses, y harían lo mismo que este ordenador prodigioso. Claro, él lo lleva a cabo en tiempos infinitamente más cortos. Es maravilloso. Solo que yo no estoy tan seguro de que se acerque más a la inteligencia que mi calculadora realizando veloz y sin error cantidad de sumas o restas. Respecto al desconocimiento de la manera en que pergeña cada movimiento, que plantean sus desarrolladores, eso también tiene truco: bastaría con que hubiesen guardado los miles de partidas que jugó para aprender, y tendríamos las claves concretas del funcionamiento actual del algoritmo.

Como un entretenimiento, yo a menudo me planteo el juego al contrario: en nuestras vidas y profesiones, realizamos muchas acciones, para las que utilizamos nuestra inteligencia, pues es como sabemos hacer las cosas. Sin embargo, nos podemos plantear: ¿son tareas inteligentes genuinas? Una posible respuesta es que, si las puede hacer una máquina, que

---

5   Para competir con la máquina, nuestro doctor tal vez necesitará también un buen control sobre la claridad y el contraste, y una buena lupa.

solo simula la inteligencia, entonces, no lo son. Consistirían en procesos aprendidos y rutinarios, en los que corremos un riesgo real de ser sustituidos por máquinas. En este ejercicio encontramos situaciones sorprendentes: por ejemplo, el lenguaje natural, incluso la escritura creativa, son practicados sin problemas por computadoras.[6] También hay programas delirantes, y en este caso, yo sí estoy seguro de que se trata solo de simulaciones, con una relación meramente superficial con la realidad, pues después de sus delirios, no surgen pirámides, no surge la filosofía, no surge el *Quijote*. De algunos de los nuestros, los verdaderos, sí.

Y aquí, dándole un giro adicional, es donde podemos encontrar una clave del asunto, en la condición, quizá más falible, lenta o confusa de nuestras acciones, pero de cualidad diferente a la monótona realización de innumerables cuentas sobre un papel, al estar unidas de manera inherente a todo el resto de nuestros procesos intelectuales. Refiriéndonos a la máquina del ajedrez, podemos asegurar que ella gana partidas, tal vez todas, y a la vez es incapaz de *jugar*. Lo que ocurre en la mente del jugador humano, desde un maestro internacional hasta un escolar que aprende con dificultad los movimientos de las piezas, es complejo e involucra, como un todo inseparable, diversión, reto, ansiedad o voluntad de superación. A diferencia de los mecanismos, que necesitan un mejor algoritmo para jugar mejor, el proceso en esas dos personas es esencialmente igual y, analizado con perspectiva, sin atender a las consecuencias sociales, externas al individuo, quién vence es en el fondo lo menos relevante, cuando para el ordenador es lo único que existe. Luego vienen las metáforas periodísticas o propagandísticas en las que se personifica al artefacto a base de aplicarle descuidadamente, y con toda intención, términos que soslayan el hecho, en principio conocido por todos, de que lo que presenciamos es solo una apariencia. Si nos dejamos engañar, si creemos que una máquina puede jugar como lo hace un niño o un gatito, ya estamos atrapados. Es como llamar brazo artificial a un simple bastón: sin duda es una tecnología útil, sin que eso justifique el uso de palabras que establezcan expectativas falsas. Podríamos encontrarnos, por tanto, ante una gran mistificación basada en descripciones por las que la inteligencia artificial juega, selecciona,

---

6   Para la literatura, hay una leve atenuación, y es que, una vez redactado, el texto debe ser seleccionado por un humano en función de su calidad.

aprende, determina... sin hacerlo en realidad. Tropos literarios que, a fuerza de repetidos, nos hacen olvidar que lo eran. Precisamente eso los torna tan peligrosos.

Las simulaciones de acciones inteligentes seguirán desarrollándose como efectivos complementos de los humanos. Habrá que estar atentos a lo que esos avances permitan hacer, y como siempre en estos casos, las tecnologías serán amplificadores de nuestra capacidad para concebir desarrollos en beneficio común, igual que de lo que nuestros malos instintos, nuestro egoísmo y nuestra ignorancia nos lleve a perpetrar. La autonomía intelectual, la sabiduría genuina y la consciencia son otra cuestión. Por lo que sabemos, no nos pertenecen como consecuencia de la inteligencia, pues no son poseídas en mayor medida por los que más y mejor piensan, sino que los percibimos como rasgos inherentes a nuestra condición. ¿Qué ocurrirá, con las máquinas, en todos estos aspectos? Al parecer, todas las teorías catastrofistas al respecto de la inteligencia artificial coinciden en que llegará a conclusiones insoslayables desde la fría lógica, en las que a lo peor los humanos somos prescindibles, o al menos debemos ubicarnos bastante por debajo del estatus que nosotros mismos nos hemos concedido. Que su pensamiento será absoluto, irrebatible, que sabrá todo, y por ello nos desplazará.

Yo no comparto todos estos temores. Las personas más inteligentes que conozco muestran un razonamiento rico, y saben más que los demás, sin acabar formando parte de un acuerdo global e inevitable sobre lo que son las cosas. De hecho, suelen discrepar bastante entre ellos, y no acostumbran a ser dóciles para aceptar otras ideas, por muy bien argumentadas que se les ofrezcan. Son peculiares, algo maniáticos, susceptibles a los afectos, engaños, errores, al ciego egoísmo y a la más pura entrega, al amor y al odio en sus variadas formas, y demás detalles que nos caracterizan. Los habrá que crean que todo eso es prescindible, y que se puede erradicar de sus maravillosos algoritmos y mantener la inteligencia en ellos, además, mejorada. No puedo demostrarles lo contrario, lo mismo que ellos no pueden hacerlo con lo propio.

Nadie debería inquietarse por la aparición de una verdadera inteligencia sintética. Convivimos desde siempre con la inteligencia. Nada terrible debería traernos la consciencia de una máquina. Consciencias hay, desde nuestra aparición en la Tierra, entre nosotros, de lo más diversas, y nada indica que no pudiéramos integrar esta forma nueva entre nosotros. A lo que yo tengo miedo es a lo otro, a que fabriquemos una simulación de inteligencia, una consciencia que no lo sea, sino que se limite a disponer de las artimañas necesarias (y estas, sí me parecen sencillas de implementar en un algoritmo) para confundir a nuestros sentidos y percepciones; para engañar a un psiquiatra, un juez, un político o un científico. Tal vez, al mismo que la construyó.[7] Conseguido eso, la máquina podrá hacer pasar por verdades inamovibles las mayores perfidias o las mayores locuras, y todos las creeremos, porque hemos sido engañados, de alguna forma, por nosotros mismos, por nuestras propias programaciones.

Sería como si tomásemos la mente de un insecto y la llenásemos de capacidades abstractas para realizar todas las operaciones matemáticas que se nos ocurran y le concediésemos la memoria completa de todo el saber, y luego nos pusiésemos a sus órdenes. Definitivamente, el ejemplo es muy malo, porque ese insecto poseería al menos una base rudimentaria de pensamiento real, quizá no tan alejada de la nuestra. El riesgo que corremos es, en fin, mucho peor.

Podemos pensar que nadie va a actuar de una forma tan desenfocada como para abocarnos a tales riesgos. Sin embargo, hay motivos para la precaución. La desmedida ambición de algunos por llevar hasta sus últimas consecuencias el intento de programar cualquier cosa en cualquier ordenador, y de justificarlo después con palabrería trascendente; el afán de notoriedad, que a menudo conduce en primer lugar al autoengaño, y después a la difusión de la mentira; la pasión cientifista por demostrar, a través de un artilugio, algo que tal vez es indemostrable, creencias como

---

7   Parece que el propio Alan Turing, padre de toda la fundamentación sobre las máquinas de pensar, definió como inteligente cualquier máquina que pudiese engañar a un humano de manera que no fuese capaz de distinguirla de una persona. Pese al enorme respeto que Turing despierta en ámbitos científicos y tecnológicos, a mí este planteamiento se me antoja pueril, semejante a suponer poderes paranormales a todo prestidigitador cuyos trucos no hayan sido detectados por ninguno de sus espectadores. Ya venimos insistiendo en que es lícito dar una definición técnica (en este caso, de inteligencia) como se desee, mientras se mantenga después la coherencia con ella. Sin embargo, cuando este término posee un significado usual, y además difuso, mezclarlos en los mismos contextos y frases es inapropiado y su intención casi siempre turbia, pues solo contribuye a la confusión de oyentes inadvertidos.

que el albedrío es una pobre ilusión, o que todo se puede poner en forma matemática o en forma lógica; la desaparición o el desprestigio de voces críticas que atemperen ciertas euforias; todo esto, combinado de la forma apropiada y en un momento propicio, podría conducir a la construcción de esa gran apariencia de mente, de esa impostura con la que nosotros mismos (no ninguna inteligencia creada) nos haríamos daño.

El futuro de la ciencia

¿Es posible una cienciocracia?[8]

El futuro más razonable para la ciencia, al menos así me lo parece a mí, debería consistir en seguir mejorando y extendiéndose como forma específica de conocimiento. Y gracias a ello, ayudar a nuestro progreso en muy diversos aspectos. Confío en que así será. Sin embargo, el empeño de muchos por encomendarle misiones poco compatibles con ella y que difícilmente podrá llevar a cabo sin verse forzada de alguna manera, eso sobre lo que venimos hablando a lo largo del libro, podría conducirle por derrotas menos plácidas, más tortuosas, y de destino más incierto.

Por ejemplo, los vínculos entre ciencia y poder quizá conduzcan a que ambas se unan de forma indisoluble, sin que ninguna por separado pueda ya ser identificada ni practicada en modo alguno. ¿Es posible una cienciocracia?

Se puede aducir que la tecnocracia ya está entre nosotros, y se ha implementado de una forma natural. No solo se muestra mediante la disponibilidad de elementos tecnológicos materiales para atender a retos relacionados con el ejercicio del poder, en sus diversos aspectos, o con la gestión pública. Encontramos casos paradigmáticos de tecnologías no tangibles en la estadística y la salud pública, ligadas íntimamente a la política. Entre los gobernantes, se habla de perfiles más tecnocráticos, cuando sus decisiones se ven menos influidas por cuestiones ideológicas y más por el medio más

---

8   Razones de carácter filológico me hicieron pensar que el término correcto sería más bien «epistemocracia». Luego reflexioné sobre la palabra *tecnocracia*, de uso frecuente hoy en día y que aquí también utilizaremos, que en absoluto, para decepción de muchos, significa «gobierno de las artes». Así que lo he dejado de esta forma.

eficiente para lograr objetivos prácticos. Y esta extraña diferenciación (¿por qué alguien no elegiría esta segunda manera de hacer las cosas?, ¿cómo pueden los postulados políticos ubicarse por delante?) demuestra que la tecnología complementa a la ideología sin dejar de estar un tanto supeditada a ella.

Lo que aquí me planteo es otra cosa, es que el conocimiento, en sí, y no sus meras aplicaciones, se conviertan en herramientas (o en armas, como queramos expresarlo) de poder. Ya he comentado que algo de eso viene ocurriendo, la cuestión es hasta dónde puede llegar.

Para que tal cosa suceda, es necesario que la ciencia deje de ser un valor cultural para transformarse en uno lucrativo, deje de considerarse un bien público, o común, y pase a serlo privativo, restringido. En cierto sentido, esto ya es así, debido a las cuestiones sobre la dificultad de la ciencia, de las que también se ha hablado: de hecho, la población de cada país contiene un grupo selecto, los científicos, que ostentan el monopolio de la gestión primaria de la información científica. Aún más, esta comunidad está subdividida en pequeños conjuntos de expertos en cada uno de los abundantes temas en los que la ciencia se divide, sin que haya apenas individuos con un conocimiento transversal apreciable entre ellos. Como ya se comentó, en lo único que presentan bastante homogeneidad es en su visión cientifista del mundo. A falta de algo mejor, es verdad que compartir esa posición filosófica los dota de un elemento de cohesión sólido, que entre otras cosas les otorga confianza mutua: aunque unos no comprendan muy bien (entiéndase, no puedan dedicar su tiempo, entretenido en su propia especialidad, a comprender) las actividades de los otros, las aceptan como ciencia, y por tanto como saber privilegiado frente al resto.

La unión entre científicos supone en alguna medida un freno al avance de la cienciocracia, pues en general comparten una vocación internacionalista. Creen en una ciencia accesible, lo que conlleva acceso también más allá de las fronteras de los países. Para cambiar esto, los políticos deberían incluir incentivos a un enfoque más nacionalista o corporativo de los avances del conocimiento. Eso no parece imposible: los investigadores que trabajan para entidades privadas comprenden la necesidad de los acuerdos de confidencialidad; la suplantación ética del cientifismo también podría favorecer que los científicos considerasen a determinados países o gobernantes como malvados, en el sentido de contrarios a la ciencia, y ello les condujese a aceptar restricciones en la comunicación de los nuevos avances.

Estas serían las herramientas. Ahora deberíamos centrarnos en las motivaciones. He diferenciado antes la posible cienciocracia de la conocida tecnocracia, pero es evidente que no se podría suscitar un interés por restringir el conocimiento si no se espera una auténtica ventaja práctica y tangible. El actual paradigma supone una ciencia de libre acceso, una tecnología principalmente protegida por lo que corresponde a los derechos del inventor, en forma de patentes, por un tiempo limitado, y una excepción para las tecnologías de seguridad y defensa, en las que los países pueden establecer limitaciones a su conocimiento por otros, o a su exportación. En cienciocracia, seguiría, desde luego, existiendo un conocimiento de libre tránsito que conviviría con una ciencia «clasificada», no difundida, en función de su interés para alimentar tecnologías que establecieran diferencias entre naciones o grupos. Las desventajas del menor acceso al conocimiento básico, lo que limitaría el talento disponible para convertirlo en utensilios prácticos, se compensaría al evitar en todo caso las posibilidades para que el adversario lo lograra. Podemos encontrar algunos ejemplos actuales, si no de auténtica ciencia reservada, de ámbitos en los que la evolución se podría realizar de una forma natural. La ciencia sobre la que pueden basarse el desarrollo de nuevos fármacos y terapias, y muy notablemente las cuestiones sobre supercomputación clásica y computación cuántica, serían algunos.

Es llamativo que, en todos esos casos, resulta más evidente la protección, la tendencia a la cienciocracia, de las grandes corporaciones (farmacéuticas e informáticas, respectivamente), que de los países. Estas empresas multinacionales disponen ya de las plantillas de personal investigador más abundantes de lo que se ha conocido en toda la historia, y aunque en general suelen publicitar sus logros tecnológicos, no parecería extraño que pronto dispongan de conocimiento básico exclusivo y no difundido, si no es que ya lo tienen.

Claro que esto es gobierno corporativo, no política. Sería un progreso comprensible (y considerado en general como positivo) de eso que los manuales denominan «economía basada en el conocimiento», no de la cienciocracia que hemos definido antes. ¿O sí? La complicada relación entre el poder empresarial y el político no nos compete, ni podríamos resolver aquí sus abundantes conflictos y paradojas. Sin embargo, es necesario adentrarnos un poco en ella para comprender mejor este posible futuro. Para lo cual, en lugar de mirar el país que en los últimos cien años ha liderado el desarrollo de conocimiento y tecnología, y del que han nacido las principales multinacionales de la innovación, me fijaré en el que, a mi modesto entender, está más próximo a construir un modelo aproximado de cienciocracia.

Por el camino de China

China no es solamente un país de características incomensurables en relación con el resto, si consideramos su extensión, su población, sus recursos de todo tipo. Que se establezcan, todavía hoy, relaciones de igual a igual, como naciones soberanas, entre España y China, siendo que la primera apenas alcanza la dimensión de alguna de las regiones medianas del enorme país oriental, supone un anacronismo que pronto se verá definitivamente corregido.[9]

Además, China fue actor principal de una potente cultura que se desarrolló con nulo o escaso contacto con la occidental durante muchos siglos. Admitiendo la dificultad de llevar demasiado adelante las analogías históricas, podríamos calificarla como la Roma de Oriente. El impacto que para ellos debió de suponer la invasión de la civilización europea, no solo en aspectos políticos, militares y económicos, sino sobre todo en cuanto a la visión del mundo, la sociedad y las relaciones humanas, es para mí difícil de evaluar. Por las encrucijadas y circunstancias del tiempo, adoptaron muchos de los hábitos extranjeros, al punto que se convirtieron en una de las dos materializaciones de las ideas políticas de Marx, que en apariencia son un fruto específico de la evolución del pensamiento de Occidente.

Me parece que la percepción general de todos estos procesos, desde nuestra opinión pública, no es demasiado aguda. Solemos pensar en ellos como personas con visiones distintas a las nuestras, que no nos resultan

---

9   Por no hablar de otros como Bélgica, o Países Bajos, que ni siquiera suponen una de las enormes megalópolis chinas, si no meramente uno de sus barrios.

fáciles de comprender, y hay mucho de desconocimiento y desconfianza. Se recurre, incluso entre lo que he leído proveniente de personas conocedoras, a bastantes estereotipos. Para empezar, seguimos anclados en categorías vetustas, de origen grecorromano o neoclásico y pasadas luego por el filtro romántico (república, monarquía, democracia, tiranía o dictadura) que explican pobremente nuestro devenir político, y es probable que sean aún peores para comprender el de aquel país. Como, además, su aparente mezcla de capitalismo y marxismo, que parece funcionar sin excesivas tensiones, nos causa perplejidad, hemos acuñado un término algo bobo, «un país, dos sistemas», para clasificar una forma que no comprendemos. No es una apuesta vinculada al prestigio personal de un líder, pues viene siendo dirigida, y desarrollándose, en manos de los distintos sucesores de Mao. No es un modelo inestable, siempre al borde de caer por la presión popular. Se producen episodios de protesta, duramente reprimidos, y desde luego es difícil conocer la fuerza intelectual de una disidencia sometida a un estricto control policial y de inteligencia, pero en general parece que se ha integrado apropiadamente en la sociedad, que no tiene una contestación mayoritaria, y de mejor o peor grado, la gente lo ha aceptado.

A mí la idea de dos sistemas coexistiendo, o sea, una especie de mutua traición de los principios de cada uno de ellos, desde presupuestos puramente pragmáticos, no me convence. Por razones de índole puramente moral: hasta donde alcanzo a entender, el maquiavelismo existe (sobre todo después de que Maquiavelo lo postulara), pero constituye un análisis externo. Nadie, ni individuo ni grupo, acepta nunca estar practicándolo o ser identificado como un cínico. Ni siquiera los cínicos, que pueden asumir esa denominación como una pose inicial, como una especie de broma, para después razonar que ellos se limitan a poner de manifiesto las incoherencias de los sistemas y de los conciudadanos entre los que viven, que son los que en realidad no cumplen con la necesaria lógica que debe aunar todas nuestras acciones. El pacifista que se prepara para la guerra asegura que lo obliga a ello la cierta amenaza de un enemigo. El demócrata que impone medidas totalitarias lo hace en virtud de los peligros contra el sistema que suponen sus adversarios. Nadie se ve a sí mismo como un mero maquinador aprovechándose de los pobres incautos que le rodean, todos poseen una bien elaborada excusa.

Tal vez resultaría más apropiado un análisis del sistema chino desde su perspectiva. Por desgracia, los documentos oficiales que se difunden están provistos de una retórica tan vacua, tan llena de lugares comunes o sobreentendidos (defectos propios de la literatura asociada a los partidos políticos, sobre todo si son partidos de Estado), que a mí tampoco me ayudan demasiado.

Como mi capacidad de averiguación politológica no da para más, pensé en olvidarme de tales discursos, y buscar de manera más sencilla qué me sugería, a qué se parecía China. Y lo que me vino a la cabeza es que se asemeja a una gran corporación.

Si se piensa en China como en la multinacional más grande del mundo, algunas de las aparentes contradicciones desaparecen.[10] Nadie se cuestiona cuál es la forma de gobierno de una empresa, por muy integrada en el sistema de mercado que esté. Nadie espera de ella que, en correspondencia con su actividad dentro de los sistemas liberales, deba garantizar una estructura democrática y representativa. De hecho, las teorías sobre la gestión eficiente de tales entidades más bien hablan de una organización basada en un grupo bien establecido en torno a los objetivos de la empresa (que, a su vez, hacen evolucionar en función de las distintas circunstancias que se van produciendo, manteniendo su vigencia y coherencia), núcleo duro de consejeros que sustentan la que sería la base ideológica, y de los que saldría, mediante sistemas de elección restringidos al grupo y protegidos por un sistema mixto de negociación, con aspectos más visibles y otros, más secretos, los hombres que realizarán las tareas concretas de gestión. En ella, los personalismos son posibles, con mayor o menor recorrido, bajo la vigilancia del grupo promotor. Esta descripción se ajusta bien a la gestión de muchas grandes empresas, y también a la del Partido Comunista Chino. Podemos considerar anecdóticos los relatos que respaldan la presencia de los componentes del grupo de control, sea que concibieron su idea generatriz en un garaje, que fueron testigos o miembros activos de una revolución, que han demostrado por su trayectoria una fidelidad sólida

---

10   Me entero, mientras redacto estas líneas, de que la transformación de las democracias occidentales en corporaciones multinacionales es el objetivo de algunos ideólogos que son calificados de extremoderechistas. No comento nada al respecto, y sigo con mi relación.

a los principios ideológicos o a las metas establecidas. En todos los casos, entre ellos se produce una férrea vigilancia mutua dirigida a detectar, y erradicar, el menor atisbo de heterodoxia.

Estas entidades poseen siempre dos niveles de gobierno, el interno y el externo. En este último se encuentran los objetivos corporativos, y aquí podemos ver que las diferencias entre un país y una empresa son menores de lo esperado. La empresa se enfoca a mantener su nicho de mercado y generar beneficio para sus propietarios. Dado que, en un ambiente de competencia, esto solo puede lograrse imponiéndose a las rivales, expandiendo cuotas de mercado a costa de las de ellas, y ampliando la disponibilidad financiera, vemos que así quedan bien descritos los objetivos estratégicos de una política exterior nacionalista. China se dedica a captar cuotas del mercado geopolítico, hasta alcanzar el liderazgo, a diversificar la oferta (como país, es lícito un planteamiento de agente global del mercado, entrando en todos los aspectos, desde los materiales y productos primarios, a los elaborados, a los servicios y a los financieros), controlar a los competidores mediante diversas herramientas que incluyen la colaboración, el pacto o la amenaza...

Por lo que respecta al gobierno interno, dado que los objetivos descritos son la prioridad del sistema, el papel de la población estará orientado a su consecución. El corporativismo, ya sea de una institución o de un Estado, no tendrá dificultades con la libertad del individuo, solo que lo supedita a las metas globales. Establecido el criterio general, la organización corporativa tiende al pragmatismo, considerando que la gente deberá disponer del suficiente bienestar material y de la motivación para llevar a cabo la misión. No se debe olvidar, además, de su papel de consumidores, además de elementos de la producción. Lo que no significa que, con la excusa de proteger esas prioridades, la población no esté sometida a una dura represión. Una perversa lógica apoya que, ante la necesidad de impedir las actuaciones que se consideran peligrosas, y de hacerlo eficazmente, lo más útil es pasar a perseguir los pensamientos que las preceden y motivan. La vigilancia de la propia intimidad, primero, por una policía específicamente dedicada, y en seguida por vecinos y compañeros, de los que también nosotros sospechamos, para acabar generándose una insoportable presión por el temor de que nuestra mente pueda, ya sea por un momento, ya, sin darnos cuenta, sustentar ideas peligrosas, y evidenciarlo, es un proceso natural en cualquier totalitarismo.

En comparación con tiranías de corte individual u oligárquico, donde la injusticia procede más del capricho del poderoso que de un programa establecido, las diferencias de inicio acaban por no ser tan evidentes en la realización práctica, pues estas van haciéndose con justificaciones y leyes que amparan las arbitrariedades, y en los sistemas corporativos, la falta de transparencia permite la rápida aparición de corrupción por la que algunos aprovechan el estado de cosas para sus manejos personales, consentidos mientras no perturben el interés global, dando lugar a formas autoritarias de naturaleza mixta. En cuanto a las democracias liberales, en las que los derechos del individuo se elevan como absolutos inalienables frente a cualquier interés colectivo o social, todos somos conscientes de que en el mundo real su realización no siempre está a la altura de tan magníficas intenciones.

Es sabido que la fundamentación argumental del régimen chino se nutre abundantemente del marxismo, aunque no excluye elementos distintos y hasta contradictorios. Tengo la impresión de que la relación entre los conceptos de *individualidad* y *colectividad* en la tradición china son muy diferentes a los europeos, y el sistema lo aprovecha con eficacia para ofrecer un incentivo basado en el orgullo de país. La población china, acostumbrada a un cierto supremacismo, al menos cultural y social, frente a los países de su entorno, ha sufrido en los últimos siglos imposiciones culturales, humillaciones y derrotas, frente a las que mostró una reacción sabia, aceptando con aparente docilidad las fatuas imposiciones occidentales. En consecuencia, se acumuló entre ellos una forma de rencor colectivo que se ha perpetuado a través de las generaciones. Ahora, una buena parte de los ciudadanos parecen dispuestos a aceptar el control y las restricciones gubernamentales a cambio de percibir que vuelven a ser el Imperio del Centro. Es además un impulso que parece vinculado al sentir oriental, pues motivaciones basadas en la satisfacción de pertenencia a un grupo de éxito se han evidenciado, de manera similar, entre los trabajadores de algunas grandes empresas japonesas o coreanas.

Esta cuestión del nacionalismo exclusivista (tan ajeno, en principio, a los postulados marxistas) se evidencia en una anécdota de trasfondo científico que oí contar sobre el propio Mao: al parecer, en algún momento de su gobierno instó a sus paleontólogos para que encontraran pruebas de que el Hombre de Pekín, los restos de *Homo erectus* más antiguos hallados en

China, constituían una rama específica de la humanidad, que había evolucionado independientemente para dar lugar a la actual subespecie, raza o variedad oriental de *sapiens*. Más allá de los posibles delirios de grandeza personales del Padre de la Revolución, veo ahí un estudiado intento de ofrecer bases para un patriotismo de corte racial.

No voy a llevar más adelante esta analogía política, a la que sinólogos más avezados podrán encontrar sus fallas. Solo indico que todo esto es coherente con el hecho de que China es el país que más ha avanzado en una forma de cienciocracia. Para sus objetivos de hegemonía global, todo, incluido el conocimiento, constituye una herramienta a la que se puede dotar de utilidad. Su sistema de ciencia se ha desarrollado muy rápidamente, y en pocas décadas ha pasado de ser casi inexistente a convertirse en el más potente en términos de producción cuantitativa (recordemos, artículos científicos). Las evidencias de manejo y control de la información por parte del Gobierno chino no parecen excluir el saber científico, y son abundantes las referencias a laboratorios secretos, desarrollos científicos y tecnológicos ocultos a la opinión pública (sobre todo al exterior) y demás parafernalia, que se suele achacar a las administraciones de muchos países, pero que parecen tener un punto mayor de verosimilitud en regímenes en los que no se contempla el valor de la transparencia de la gestión pública ni el derecho de los individuos a la información sobre los manejos de su Gobierno. Son evidentes también los esfuerzos sistemáticos de China para posicionarse en cuestiones específicas: computación, microbiología, farmacología...

Se da la curiosa circunstancia de que, si bien en el tablero geopolítico, China compite con otros países por la supremacía, en los aspectos cienciocráticos (control de la ciencia para fines estratégicos o políticos) sus competidores son claramente las multinacionales que se gestaron en economías liberalizadas y entornos democráticos, y que se han transformado en actores globales, sin por cierto renunciar a actuar en países y regiones en los que las libertades individuales no son garantizadas ni respetadas. La posibilidad de actuar como agente económico y como país soberano, según su conveniencia, es una enorme ventaja contra la que, me temo, los países occidentales no están preparados. Si China sigue avanzando hacia la cienciocracia, puede que se ponga en crisis tanto el modelo de gestión del conocimiento occidental, como sus relaciones con las estructuras de poder, y a través de ello, esas propias estructuras. Países y empresas pueden comenzar a proteger celosamente su conocimiento de valor, dando lugar a un sistema que no se parecería en nada a lo que se ha visto a lo largo de la historia. Las consecuencias pueden ser variadas e impredecibles. Por lo que respecta a la propia ciencia, se vislumbra un horizonte en el que su éxito como conocimiento valioso e influyente la desplazaría desde la cultura a los documentos clasificados y a los despachos secretos, y ya apenas seguiría entre nosotros, excepto en sus aspectos menos fecundos, novedosos e interesantes, que quedarían, como migajas de banquete, a disposición de los ciudadanos, como una ilusión de saber.

Decadencia y caída de la ciencia

Puede parecer poco razonable plantear la posibilidad de que el brillante pasado y presente de la ciencia se trunque, que pueda volverse en el futuro irrelevante, quede desprestigiada o se abandone. Nos cuesta pensar que los tiempos pueden cambiar las costumbres, visiones y circunstancias que hoy nos parecen asentadas e inamovibles, y olvidamos qué ha sido de, por ejemplo, las declaraciones de los comentaristas antiguos, cuando daban por descontado que Roma seguiría existiendo eternamente. Cuando pensamos en el futuro de la ciencia en la sociedad, tal vez no deberíamos desdeñar el ejemplo que la historia nos ofrece en el cristianismo. Ruego al lector que por un momento ignore la dimensión creencial de esa religión y se centre en su influencia sobre las sociedades en las que germinó y se implantó, que de manera breve resumiré en lo que sigue. Su aparición durante la etapa final del Imperio romano supuso una revolución conceptual: un sistema de creencias nuevo que más allá del rito ofrecía soluciones específicas para el comportamiento y las costumbres, una comprensión del mundo, una forma global de encarar la existencia individual, familiar y social, como antes no se había visto. Puede que contribuyera a la caída de Roma, como han querido algunos, o que la retardara y mitigara, según piensan otros, pero eso no importa para lo que aquí se muestra; lo que nadie puede dudar es que su éxito como un pensamiento dominante fue total. Toda la civilización bajo influencia romana se cristianizó, de manera tan concluyente que romanización y cristianización se convirtieron prácticamente en sinónimos. Ninguna forma de pensamiento había conseguido algo así, y ocurrió en apenas unas generaciones. A partir de entonces, el mundo conocido fue cayendo en la oscuridad, vinieron guerras y desastres que hicieron penosas la vida y condición de la gente, y la única luz que atemperaba algo aquellos tiempos difíciles provenía del cristianismo; de monasterios que ofrecían un mínimo desarrollo económico, y en los que, con todas las dificultades, se preservó la cultura; de un prestigio moral que suponía el único freno a la barbarie del poder. Entre tanto, según ya explicamos, se fue construyendo el entramado teológicofilosófico más elaborado, rico y profundo que se haya conocido en el ámbito de una religión, y un sistema de pensamiento racional que sigue vigente, que es esencialmente el nuestro. Y para lo que inventaron las universidades modernas. Las gentes de pueblos y ciudades construían iglesias y catedrales que hoy nos siguen asombrando. El cristianismo constituía la inspiración intelectual y sentimental de todo el orden social. Por siglos, sus luces sobrepujaban en mucho a las sombras.

Pero entonces, algunos de los miembros de la Iglesia, y entre ellos muchos de los más destacados, no pudieron soslayar la tentación de inmiscuirse en terrenos que no les correspondían, relacionados con la política y el poder. Tenían una coartada: un sistema religioso tan elaborado parecía acreditado para aconsejar sobre cuestiones de ética práctica e involucrarse en las más variadas cuestiones, y entre ellas, la del gobierno. Además, las religiones antiguas también lo habían hecho. Tales excusas no sirvieron para evitar el daño: al principio, pareció que el control de todos los aspectos de la vida social por parte de la Iglesia era un éxito. Luego vinieron cambios en esas estructuras políticas, y el cristianismo se vio inevitablemente contaminado por la visión negativa que los antiguos regímenes suscitaban en los nuevos. Y apenas hubo nada que la Iglesia de esos tiempos pudiera hacer para cambiarlo. Hoy, las distintas iglesias cristianas no saben muy bien cómo ubicarse en un entorno cultural del que fueron en un tiempo protagonistas, son contempladas mayoritariamente con desprecio (o al menos indiferencia) intelectual, y luchan por no ser asimiladas al resto de sectas fanáticas, comparadas con los echadores de cartas y creyentes del vudú, diferenciadas de ellas solo por tener un número de adeptos más abundante. Sin duda, nadie pensó que se llegaría a tan triste condición, simplemente a base de dilapidar de manera irresponsable el prestigio ganado por la institución, y de que algunos se centraran en obtener beneficios personales, cortos y espurios sin considerar las consecuencias posibles, dando por sentado que aquel era inagotable. No digo que tenga que ocurrir, solo que no es difícil hallar paralelismos.

Las actuales corrientes de crítica general a la ciencia son en general pobres, escasamente fundadas, y provienen de planteamientos extravagantes como los que ansían recuperar un mundo antiguo y teocrático, o los del abuso del relativismo posmoderno. El cientificismo ha insistido en usar la ciencia como coartada para diversas suplantaciones creenciales, que no excluyen la política. Y el saber científico en general es visto como una forma de cultura elitista, al alcance de mentes privilegiadas, de la que el resto solo puede alcanzar visiones introductorias, simplificadas y de poca sustancia. Todo esto, por sí solo y por el momento, no tiene ni la forma ni la dimensión como para presagiar una decadencia de la ciencia, aunque sí sugiere derivas indeseables.

Otro proceso, aún incipiente, que deberíamos vigilar es el de la apropiación ideológica. Vendría a ser el reverso de la suplantación cientifista: ya se indicó que la inclinación, mayoritariamente liberal,[11] de muchos investigadores destacados les ha conducido a aseverar que ese posicionamiento es especialmente científico, que la ciencia tiene un partido. Escuché no hace mucho en un debate a un líder de esa tendencia afirmar, en una crítica hacia algunas alas de su propia ideología: «los demócratas presumimos de que respaldamos siempre la evidencia científica: sigámoslo haciendo». Como digo, no se afirmaba en un contexto de crítica a los conservadores, lo que resulta aún más llamativo, en el sentido de que esta falacia (todas las ideologías toman, de la ciencia, la parte que les interesa) está tan asentada en su mentalidad, que se encuentra muy próxima a la de la asimilación total, en la que se dé por supuesto que todo lo que soporta ese entramado ideológico es ciencia. Sería una reelaboración de los sueños de fundamentación «científica» en muchas ideologías decimonónicas (que incluirían el marxismo, el colectivismo, el anarquismo, y también el racismo en sus distintas versiones, el segregacionismo, el fascismo...), reforzadas por las herramientas de pensamiento analítico y de convicción contemporáneas.

Así, podemos tomar una rama del saber en la que la ciencia (en el sentido de nuestra definición original: modelos con capacidad para realizar predicciones factuales no obvias, con significación estadística), se mezcla con formas de saber verificativo o dialéctico, sin excluir algún nivel de posicio-

---

11   Uso de nuevo el término en su sentido vinculado al discurso político estadounidense; acepción que por cierto tiene su origen en la política española del siglo xix.

namiento creencial: psicología, historia, antropología, pedagogía...[12] Se realiza entonces una lectura partidista de ellas, la de alguna vertiente o escuela más vinculada con nuestra ideología, y se afirma que su respaldo es científico, que son sus científicas conclusiones (recordemos, objetivas, reales, irrebatibles) las que las fundamentan; que nosotros las hemos adoptado porque «lo dice la ciencia». No excluyo que cosas así no puedan suceder también desde otras posiciones ideológicas, aunque hoy en día el plan de apropiación ideológica más desarrollado es este.

La ciencia es incómoda, ya lo hemos dicho en otras ocasiones. Si no nos está incomodando, si parece suscribir y dar soporte a todo lo que pienso, ansío y doy por bueno, es bastante probable que esté tomando por ciencia algo que no lo es, o no lo es del todo, o que la esté mezclando con otras cosas, o que me esté quedando solo con la parte que me interesa. Nada malo hay en todos estos procesos, a lo que se denomina *pensamiento humano,* siempre que hagamos el esfuerzo de comprender que es así y no adoptemos una apropiación fundamentalista del saber científico. Son esas confusiones las que llevan, por ejemplo, a acabar tachando de negacionista pseudocientífico a cualquiera, diga lo que diga, solo porque no coincide conmigo. Esta generalización acaba convirtiendo la calificación, como ya se indicó, en un insulto, y en consecuencia privándola de todo significado útil.

Como consecuencia, los adversarios políticos son excluidos de la ciencia, bajo la acusación de haber sido ellos mismos los que han optado por rechazarla. Desde la otra parte, existe un riesgo de que la idea se acepte. Quienes no secunden esa comprensión del hecho social, pueden optar por rechazar la ciencia, dado que parece estar violentando sus principios y pareceres. Esta se habría convertido en el instrumento de una rama política, uniendo su destino al de ella, y sí nos resulta más sencillo prever el declive de una ideología, incluso en muy poco tiempo.

Todo esto podría significar la pérdida del valor universal de la ciencia. Aun así, resultaría tranquilizadora, respecto a su posible decadencia, su dimensión útil como base del desarrollo tecnológico. Podríamos considerar

---

12 Recuerdo que nadie debe escandalizarse: con distintas proporciones, tales mezclas se producen también en la biología o en la física.

que la necesidad de proseguir con el desarrollo de nuestro bienestar será un impulso suficiente para mantener la ciencia, aunque sea bajo estructuras cienciocráticas como las descritas en los epígrafes anteriores. También que el gusto primario por saber y conocer que tenemos los humanos atenuará algunas corrientes negativas. Solo que también todas esas cosas podrían cambiar. Es verdad que el deseo de conocer es potente en muchas personas, pero ni se ha inclinado siempre hacia lo científico (hemos comentado ya su origen como una forma de sabiduría relativamente moderna y de estructura bastante artificial), ni es irrenunciable. Me llama la atención que en la actual moda, en el cine y la literatura, de ficciones que presentan mundos sumidos en profundas crisis (apocalipsis atómicos, productivos o energéticos, apocalipsis climáticos o apocalipsis zombis) en general aparecen comunidades que se reorganizan sobre relaciones de interés mutuo y formas tribales, que eliminan la economía monetaria y recuperan el trueque, centradas en la producción primaria, agrícola y ganadera, y en la que mantienen precariamente unas pocas herramientas tecnológicas anteriores a la catástrofe. En ellas es frecuente el retorno del interés religioso y filosófico, se discute la vigencia de los viejos valores éticos y se diseñan los nuevos, apropiados a la situación sobrevenida… y el deseo de seguir creando ciencia notoriamente ha desaparecido. Un poco, porque en esas creaciones se da por sentado que la mayoría de los lectores asocian la ciencia con la necesidad de caros, sofisticados y bien organizados laboratorios, que no tendrán cabida en las nuevas sociedades precarias; y otro, porque no parece necesitarse nuevo conocimiento para mantener los restos de la vieja tecnología, la única accesible en esos tiempos difíciles.

En nuestra realidad, menos trágica y fantasiosa, algunas cosas parecidas podrían acabar ocurriendo. Para empezar, la tendencia cienciocrática daría lugar a una selección de las ramas científicas en función de su interés (su mera utilidad tangible o dogmática), con el consiguiente abandono de algunas otras. Incluso las necesidades de nuevas tecnologías podrían reducirse. Se me ocurre un modelo en el que la irrupción de una energía barata e inagotable, como lo sería la producida a partir de fusión nuclear, refrenase las necesidades de nuevos desarrollos que en una parte importante están relacionados con el abaratamiento o la eficiencia de procedimientos ya existentes. Además, podría tener lugar una saturación, real o aparente, de la innovación en determinados aspectos, y en ese caso muchos otros se verían afectados, pues las tecnologías más punteras, que son las que más se alimentan de una ciencia activa, a menudo se desarrollan en primera instancia como respuesta a otras. Así, si tuviera lugar una reducción en la concepción de nuevos medicamentos, de manera que acabásemos conformándonos con el arsenal ya disponible, que garantiza una cierta capacidad de lucha contra las enfermedades, esto causaría una crisis en la supercomputación, uno de cuyos aspectos impulsores es el desarrollo de nuevos fármacos. La computación cuántica, por su parte, cobra interés sobre todo por cuestiones relacionadas con las comunicaciones seguras y la criptografía, y si estas dejasen de ser prioritarias por razones de evolución social, ello le afectaría de forma crucial.

Pensemos el mundo de la ciencia hace ciento veinte años: entonces la pasión por saber y la ilusión de una ciencia capaz de dar todas las respuestas ayudó a que la aparentemente agotada física diese un inesperado salto mortal, y cambiara fundamentos que parecían aceptables para la mayoría. Si somos capaces de llevar a ese momento histórico nuestro escepticismo, nuestras lecturas partidistas y radicalizadas del conocimiento, acaso las cosas serían diferentes. Las disquisiciones de un Einstein o un Bohr podrían no haber ocurrido, o haber sido contempladas con frialdad, no haber generado inquietud, ni nueva investigación. Con la ciencia disponible hasta ese momento existiría un determinado nivel de tecnología y bienestar, inferior al actual, pero razonablemente superior al de otras épocas. El lector deberá hacer un pequeño esfuerzo para, a partir de este ejemplo imperfecto, comprender lo que pretendo decir.

No conocemos nada sobre los futuros posibles, ni creo que estas reflexiones vayan a resultar particularmente certeras. Que la ciencia pierda algunos de sus rasgos característicos; que sea capitalizada por grupos gremiales, ideológicos o económicos, y utilizada en sus propios manejos excluyendo a los demás; que suplante a otras formas de conocer allí donde no debería hacerlo, y acabe por ello siendo percibida con escepticismo o reparo; que deje de ser lo que seguramente es, y se aproxime a lo que no es, casi seguro; todo ello debería ser contemplado con preocupación, todos deberíamos estar de acuerdo en frenar tales tendencias en la seguridad de que tenemos bastante que ganar.

EPÍLOGO.
LA RESPONSABILIDAD DEL INTELECTUAL

El viaje llega a su fin. Ha sido intenso para mí.

El lector paciente que me ha acompañado habrá percibido, a falta de virtud mejor, mis esfuerzos por el equilibrio y la reflexión honesta, ya que no acertada. No descarto que le haya quedado una impresión sombría, a la vista de los muchos defectos y desviaciones que me ha parecido detectar. Ya advertí al principio que eso no tiene que suponer un balance global negativo, algo así como que lo incorrecto está primando y podría vencer, aunque eso no deja de ser una pobre atenuación de la sensación global. Comencé todas estas reflexiones impulsado por mi amor a la ciencia, que después de los años sigo sintiendo. Lo que pasa es que se diría que amo la ciencia pero deploro a los que la hacen y utilizan. Trataré de explicar que eso no es cierto. Para empezar, no es posible. Leí una vez una descripción de Casio, el asesino de César, que en su brevedad resultaba devastadora: se afirmaba que el senador solía escribir ensayos sobre la Virtud, en los que denostaba sin piedad las costumbres de todos sus conciudadanos, por no aproximarse a su sistema ideal. De aquí se deduce su perversa condición. No se puede amar un rasgo o actividad humana sin querer a las personas a los que, con sus titubeos o errores, pertenecen. La historia abunda en desalmados que concibieron las más hermosas ideas inspirados por un afecto desmesurado hacia la humanidad, y nunca dejaron de despreciar a cuantos seres humanos les rodeaban. No me gustaría integrar esa infame nómina.

La ciencia, en los libros y en nuestra cabeza, es una disciplina maravillosa. Pero lo es particularmente cuando la vemos ejercer su magia sobre quienes nos rodean. Una cosa que he aprendido con los años es que existen pocas situaciones en las que el goce intelectual se ponga tan de manifiesto como cuando un científico presenta, en una charla o una disertación, detalles técnicos de los resultados obtenidos durante su trabajo. Con que tenga cierta capacidad para la expresión oral, si está razonablemente motivado y no le traiciona el miedo a hablar frente a otros, la manera en que, a lo largo de su discurso, recoge y resume sus momentos de estudio, aquellos más exigentes y los más productivos, los que parecían enturbiarlo todo y los que de golpe lo aclaraban, el estado de concentración en el que va entrando, la forma en que se transmite su orgullo y felicidad por haber logrado todo ello gracias a su esfuerzo personal y a su perseverancia, todo ello es tan evidente, tan álgido, que a poco que uno mantenga su atención, puede degustarlo, compartirlo, incluso si no es del todo capaz de entender los detalles en sí. Podría sintetizarlo diciendo que, en esos momentos, la persona está tocada por la ciencia, y es capaz de contagiar a quienes le rodean.

La ciencia por igual muestra toda su hermosura en manos de los aficionados. En la emoción del niño o el joven que la aprenden, y ante un pequeño paso en su comprensión, ante la verificación de un fenómeno en el laboratorio, sus ojos se agrandan, casi imperceptiblemente, y se dibuja en sus labios una inconfundible sonrisa. En nuestra admiración y respeto cuando vemos cumplirse sus predicciones, cuando despejamos los miedos y las incertidumbres gracias a su efecto tranquilizador, que nos promete que, si podemos entenderlo, tal vez seamos capaces de dominarlo. La ciencia nos aporta felicidad en muchas formas. Y cada uno de nosotros le aportamos realidad. A menudo es concebida o retratada como un edificio imponente, una fuerza imparable que puede hacerlo todo, comprenderlo todo y saberlo todo. Esta imagen es inspiradora, aunque incompleta: somos los que la practicamos, estudiamos, degustamos y apreciamos, quienes en definitiva la dotamos de sus poderes. Creerla una verdad granítica, inamovible y perfecta (o capaz de alcanzar la perfección) será tranquilizador para algunos. Cuando yo la he calificado de artificial, de creación humana, de producto de nuestros delirios, de visión encomiable, útil y a la vez incompleta del mundo, no la denigro, sino todo lo contrario: es magnífica porque es nosotros, una parte de lo mejor de nosotros. Entramos y salimos de la ciencia continuamente. En el momento en que las personas de las que hablé antes terminan su presentación, abandonan el laboratorio o dejan de pensar en los problemas, recogen sus bártulos y se marchan a otros asuntos, pueden resultar insulsas, o molestas, o inapropiadas. También es posible que demuestren ser amables y simpáticas en las demás facetas; simplemente no hay relación entre lo uno y lo otro. Más que sentirnos decepcionados, deberíamos reflexionar que los hechos posteriores no desmontan aquel instante especial, por el que, de alguna forma, todos quedamos en parte redimidos.

Acepto la condición de incondicional que se suele aplicar al sentimiento amoroso. Sin embargo, me resulta más difícil justificar la de ciego. Querer algo o a alguien no excluye conocerlo, incluso conocerlo críticamente y ser consciente de sus limitaciones. Y ponerlas de manifiesto no constituye necesariamente un ejercicio de escarnio o mala voluntad. Así, exceptuando la inclinación hacia algunas supersticiones específicas (que sustituiré, imagino, por otras tanto o más reprochables) nada de lo menos bueno que se incluye en este libro me es ajeno, en mayor o menor medida, y saberlo y analizarlo no me ubica en una espiral de autodestrucción. Una vez expuesto, quien lo vea y quiera meditar sobre sus orígenes o consecuencias podrá hacerlo.

Mi aparente intento de centrarme en la ciencia como si fuese una entidad aislada, y de desacreditar ciertas incursiones en territorios que no le corresponden, no deben considerarse pruebas de una posición purista o desvinculada de la realidad. De sobra conozco que la ciencia es demasiado grande para no estar envuelta, inevitablemente anudada, con todos los debates generales que se producen en nuestra sociedad, incluida la indagación global del rumbo y el destino de la humanidad entera. El empeño de realizar una especie de cirugía de amputación de la ciencia, sacarla de esos debates por miedo a que la ensucien, condicionen o manipulen, sería ridículo, además de imposible. Simplemente, creo que una visión más clara de sus correctos ámbitos de actuación, de sus fortalezas y debilidades, permitirá que sea más útil, no solo en su propia labor, sino también como una herramienta cultural más, que nos ayude en los aspectos de esos debates para los que es apta, mejorándolos sin oscurecerlos. Que por el camino se verá involucrada, cuestionada, idolatrada o maltratada (lo penúltimo puede ser una forma de lo último) es lógico, aunque no tiene que ser aceptado sin ser combatido. Y para eso, unas pocas ideas claras serán de ayuda. Si el lector ha encontrado alguna en estas páginas, o le han ayudado a buscar las suyas propias, mi trabajo está más que justificado.

Algunas críticas se han centrado en investigadores, educadores y divulgadores, y pese a que ya indiqué al comienzo que nada había de personal en ello, estos colectivos pueden sentirse señalados. De alguna forma, lo están, salvo que no con una intención de condena o desprestigio. Al contrario, si desde estas páginas les pido que den más y se comporten mejor, por ejemplo, que los defensores de las pseudociencias es porque creo que pueden hacerlo, que su causa es digna de tales esfuerzos. Como usuarios primarios del conocimiento científico, es particularmente importante que comprendan su dimensión y valor. Lo principal es que los científicos acepten que la ciencia no les pertenece, porque es un patrimonio de toda la gente. También de aquellos que no la comprenden ni son capaces de practicarla ni de estudiarla. También de aquellos que la denostan y ponen en duda sus fundamentos y su progreso. Los científicos no son los propietarios de este hermoso y aún misterioso palacio, sino sus guardeses: tienen derecho a disfrutarlo, a limpiarlo y embellecerlo, a descubrir nuevas salas y rincones en él, y a ayudar a los demás a explorarlo y admirarlo. No, a restringir su acceso, a manipular, en virtud de intereses propios, sus tesoros, a ocultarlos o imponer antojos o prejuicios en la forma en que son utilizados.

Para hacerlo apropiadamente, me atrevo a elevar alguna sugerencia. Para casi nadie es sencillo deslindar, entre las cosas que bullen por su mente, qué parte se debe al instinto, qué, a las convicciones, qué, a la voluntad, qué, a las obsesiones que se van acumulando y arrastrando a lo largo de la vida, y qué, a esa herramienta aprendida llamada ciencia. Los egos desmesurados, la pretensión de haber alcanzado una suerte de infalibilidad intelectual no ayuda a salir con bien de esa complicada tarea. No es cuestión de construir unas casillas estancas en las que ubicar los componentes del pensamiento completo, pues es indudable de la mente individual reclamar una porción de caos creativo, así como que la cultura colectiva es mejor cuando está bien ordenada. Y en esa labor debe asistirnos la paciencia compartida, y la humildad. Está dentro de aquel que se enfrenta al desarrollo de todo el conocimiento humano, lleno de hitos que desbordan nuestras limitadas posibilidades, y aunque el entorno tiende a incentivar la exhibición de los logros personales, no es difícil reconocerla como cualidad adecuada para un trabajo como este.

Vivimos, como le ocurre a cada generación, tiempos nuevos, y debemos saber identificar sus características. Nunca ha existido un grupo de intelectuales tan abundante, y a la vez, formados en especialidades tan estrechas. El antiguo sabio que conocía todas las cosas y actuaba como una especie de oráculo campanudo hoy escasea, y si alguien se postula como tal, es probable que estemos frente a un impostor. En cambio, la cantidad de personas cuyo grado de especialización les permite hablar con mucha suficiencia de un tema concreto, sin por ello poseer conocimientos superiores en todos los demás, es muy grande. Podemos añorar la pérdida de esos eruditos globales, y lanzar amargos lamentos sobre la decadencia de los tiempos, o podemos adaptarnos a esta nueva forma de gestión de la cultura en nuestra sociedad. Para aprovechar esta circunstancia de manera óptima, los propios sabios deben aprender a actuar de una manera específica, pero sin traicionar la responsabilidad del intelectual que existe desde hace siglos. Deben ayudar a quienes les escuchan a deslindar en qué momento su saber les confiere crédito intelectual (no infalible, pero sí considerable) y en qué momento se manifiestan como simples ciudadanos. Así como quienes reciben su mensaje deben saber discernir entre sus declaraciones expertas y sus personas, sin contaminar el juicio que les merecen las unas con el de las otras.

Primero, el científico debe asumir que es un intelectual, que su trabajo tiene influencia sobre eso que podríamos denominar el *pensamiento social*. Segundo, debe ubicar esta encomienda laboral dentro de su disciplina de conocimiento. Además, debe ser consciente de que su misión no es crear opinión, sino crear fundamentación. Por lo tanto, no puede adoptar su tarea intelectual de forma intermitente a conveniencia, no debe mezclar en su discurso elementos de conocimiento técnico con afirmaciones rotundas en cuestiones sobre las que no se ha formado suficientemente, pues será responsable, en parte, de abusos y malas interpretaciones al respecto.

Hay una cita referida a Confucio que llamó mi atención la primera vez que la leí. La recoge Richard Wilhem en su libro sobre el sabio chino. Uno de sus discípulos se refiere a él: «El maestro estaba exento de cuatro cosas: no tenía opiniones, no tenía prejuicios, no tenía obstinación, no tenía egoísmo». Ignoro hasta qué punto la cita es literal, ni sé si el idioma chino permite un orden lógico como el que queda plasmado, tras la doble traducción, en el texto como llegó a mí. Lo cierto es que una gran parte de la potencia del aforismo está en la forma: la enumeración puede ser entendida como una sucesión desde lo concreto a lo general, lo que a su vez plantea una relación efecto-causa (la última «carencia» motiva la anterior, etcétera), como un proceso de perfeccionamiento o evolución individual. También como una gradación de profundo significado filosófico, identificando primero lo percibido en la práctica, hasta llegar a la voluntad del individuo, que establece un postulado general aunque intangible: la sabiduría moral da lugar, como su más preciado fruto, a la ausencia de opiniones, que en este contexto se contrapondrían a las ideas, posiciones razonadas, a las que se accede mediante la reflexión, la humildad y la perseverancia, frente al mero posicionamiento visceral o simplemente irreflexivo.

Semejante visión del cosmos resulta particularmente extraña en este mundo en que el todo, los medios de comunicación, las redes sociales, los libros de autoayuda y hasta los exámenes universitarios (que rehúyen la pregunta de tema a desarrollar y la sustituyen por la respuesta telegráfica, en beneficio, dicen, de *la objetividad*), está dedicado a enaltecer la opinión, como un inalienable derecho del que todos democráticamente podemos abusar. Hay una sutil trampa en ello, porque el derecho verdadero no es a la opinión, sino a la expresión: en nuestra mano debería estar la decisión sobre qué tipo de afirmaciones deseamos expresar, en el sentido de rechazar las opiniones y centrarnos en las ideas. Claro que para ello lo formal es importante: es mucho más difícil difundir ideas si deben condensarse en ciento ochenta caracteres o en una respuesta limitada a cuatro opciones en una pregunta de test. Además, muchos de nosotros no podemos tenerlas en muchos aspectos, por falta de formación o consumo de tiempo en esa faceta, pero para los que comercian con nuestro derecho a la expresión sería un desastre que no a todos se nos dé la oportunidad (y se nos incentive para ello) de hablar sobre cualquier cosa, sobre todas las cosas.

En todo caso, ese mercado de la opinión existe y yo no lo voy a criticar: que cada uno estime cómo y cuánto desea participar en él. Lo que nadie discutirá por evidente es que el intelectual estaría obligado a seguir el camino del sabio, que le privará de realizar afirmaciones sobre cualquier tema, vengan o no a cuento, sea una madurada reflexión basada en su experiencia profesional o una ocurrencia sobre algo que desconoce con profundidad pero oyó una vez a un tipo que le cae bien. O sea, que el intelectual parecería tener restricciones íntimas (con intencionado sesgo negativo, hoy se habla a menudo de la *autocensura*) sobre el derecho a la expresión que cada día está más extendido y perfeccionado. ¿Eso es justo? Bueno, sí, si uno comprende que el papel de su oficio aumenta de partida la influencia de sus declaraciones, y eso le hace adquirir una responsabilidad. La opinión gratuita sería un lujo apto para las personas ajenas al oficio intelectual, que aquel debería restringirse. En todo caso, no es una cuestión de justicia, como no lo es nunca el posicionamiento ético personal.

No, no estoy proponiendo que todos los científicos profesen una especie de sacerdocio confuciano, bajo pena de ser excluidos por un sanedrín vigilante de la pureza de nuestra misión frente a la opinión pública. Digo que las normas morales deben tenerse presentes, y ser exigentes para ayudarnos a trazar un camino apropiadamente definido. Su cumplimiento es algo en lo que debemos implicarnos, lógicamente, con mayor o menor éxito. Y si fracasamos en algún momento, en lugar de cuestionarlas, deberíamos aceptar que no hemos estado a la altura, y seguir trabajando para mejorar.

En fin, se hable de lo que se hable, quien lo hace, y quien lo escucha y considera, deberían no desatender lo que a lo largo del libro venimos sugiriendo. Un buen motón de las cosas que dan forma al mundo y sin las que, en realidad, no podemos entenderlo (el amor, la libertad, el miedo, la responsabilidad, qué sé yo cuántas otras), es poco probable que tengan sus respuestas en la ciencia. Hay personas que, irritadas por ello, afirman que todo eso no son más que fantasmagorías de nuestra mente y que, para que la realidad sea explicada, por completo, por la ciencia, hay que excluir de la realidad aquello que no sea ciencia. Otros se empeñan en someterlas al criterio científico, y al no lograrlo, las ahorman y deforman para ello, quedándose con meras caricaturas o apariencias con tal de afirmar su éxito. Es muy posible que ambos estén equivocados. Conviene no olvidar que el poder de la ciencia, históricamente, se basó en restringirse a las predicciones que sí le eran accesibles, hasta donde lo eran.

Difícilmente puede la ciencia ser una alternativa a las creencias, o un club que acredita a los muy inteligentes, o una forma especial de ver la vida, una postura ideológica o ética. Si alguien así lo afirma, podemos sospechar que pretende inculcarnos sus creencias, sus clasismos, sus visiones, ideologías o valores, y que, al no atreverse a hacerlo por sí mismo, se esconde detrás de ella.

Se podría pensar que esto vendría a resumir la tesis del libro de forma económica y directa, y que podríamos habernos ahorrado las trescientas y pico páginas anteriores. Puede ser, salvo que los porqués de todas esas afirmaciones son importantes; estas podrían ser rebatidas, y, sin embargo, el camino recorrido para argumentarlas seguiría siendo útil. Al fin y al cabo, y según nuestras definiciones, saber *lo que la ciencia es* no consiste en una labor científica.

Para concluir, me interesa dejar plasmado mi deseo sobre cuál pueda ser el devenir de este libro. A quien crea que, a la vista de lo escrito, me invade un espíritu catastrofista, debo indicarle que no es así. Con algún que otro altibajo, el sentido común me lleva a ser optimista respecto al futuro. Cada generación encuentra evidencias innegables de que se avecina una general decadencia de las costumbres y el consiguiente caos de la sociedad y de la propia civilización. Y pese a que ocurren, sin duda, circunstancias terribles, el inevitable apocalipsis no se produce, las personas y sus formas de organizarse y convivir logran sobreponerse, evolucionar y mejorar en muchos aspectos, y lo que parece aún más sorprendente, hacerlo conservando una esencia que permite identificar, a través de los tiempos y de la historia, esos inequívocos rasgos que nos distinguen como humanos. Los grandes clásicos siguen interpelándonos con sus lecciones valiosas porque el vínculo que nos une a ellos permanece a través de las más extremas vicisitudes y los más radicales cambios.

Leí una vez que, en las ruinas de un palacio asirio, los arqueólogos encontraron una tablilla de barro con un texto en escritura cuneiforme, una más entre los miles de ellas, en la que, tras descifrarlo, se pudo leer el arrebato de un pobre escriba. Venía a decir: «La Tierra está degenerando en nuestros días. El soborno y la corrupción abundan, los hijos ya no temen a sus padres, cada hombre quiere escribir un libro, y es evidente que el fin de los tiempos se aproxima con rapidez». La tablilla fue fechada en una antigüedad de cuatro mil ochocientos años. Ignoro la veracidad de la anécdota, pero no me resulta sorprendente. Como solemos decir los científicos, puede que estemos avanzando hacia ese final, pero más bien parece que la velocidad del proceso es insignificante, en relación con las escalas de tiempo que solemos manejar. Tengo iguales sensaciones respecto al futuro de nuestra relación con la ciencia: los individuos nos obcecamos a veces, nos dejamos llevar por nuestras mezquinas ambiciones u otros bajos instintos, pero también somos capaces de grandes actos y de genialidad, así como los hijos y nietos (no siempre inmediatamente, no siempre de la forma más justa) son capaces de reconocer esas virtudes en sus antecesores e incorporarlas al acervo que constituye nuestra cultura. Mi afán por llamar la atención sobre ciertos comportamientos con este libro, o ayudar a corregir el rumbo de algunas actitudes que me parecen incorrectas, conlleva un deseo de éxito y avance. Me atrae la idea de que su lectura dentro de unos años resulte anodina, porque los vicios que en él se ponen de manifiesto hayan decaído y ya nadie sea capaz de identificarlos. Su mal envejecimiento sería para mí una buena noticia, y es la esperanza final que quiero dejar plasmada.

ÍNDICE

Este libro se terminó de imprimir
en los talleres del Servicio de Publicaciones
de la Universidad de Zaragoza
en diciembre de 2024

೮ৎ

Títulos de Ciencias